● 情報システム工学 ●
MKC-3

情報ネットワークの基礎 [第2版]

田坂修二

数理工学社

編者のことば

　情報の科学技術はコンピュータのハードとソフト，基礎と応用に関するもので，電子計算機の発明以後，20世紀後半爆発的に拡大と高度化を続けて来た．その間蓄積された量も既に膨大であり，これから情報の分野を志向する人々への良きガイドとして，今一度しっかりと整理した上で慧眼にて重要なものを取り出し，数理の視点から昇華し普遍化しておく必要があろう．

　また，21世紀を迎えて情報の科学技術は理学，工学，社会科学，人文科学，医学，薬学，農学などほとんどの学問分野及び地球上の人間社会にとって必須のインフラとなったと言えよう．インターネットは世界中のコンピュータを結び，地球全体を一つの生物にたとえれば，その体全体に張りめぐらされた神経系のようである．様々な学問分野及び政治，経済，社会，環境に携わる多くの人が情報の科学技術の基礎を修得しなければならない時代を迎えている．そうした人々が修得し易い教材が望まれている．

　さらに，世界の工場と呼ばれた日本の産業界は低開発国の安い労働力を背景とした技術向上の前に危機を迎え，その再生が待望されている．その活路の一つは技術の高度化であろう．技術を高度化するには既開発の技術をきちんと整理昇華してその上に高度な技術を築ける健全な土台を用意する必要がある．その意味でも情報の科学技術の整理と普遍化が望まれている．

　21世紀は「脳の世紀」とも言われる．脳は生物個体を制御する組織構造の名称であり，残された最大の謎の一つである．その働きは知能と呼ばれる．脳の研究の中で，その仕組みを情報の面から科学的に解明し，それを工学的に応用する研究は重要であり，その進展が期待されている．情報の科学技術の高度化の大きな目標の一つであろう．

　そうした現状を踏まえて，現時点にて情報の科学技術をしっかりと整理して普遍化し数理の視点から昇華して，多くの人が修得し易い教材を用意することの意義は大きく，この度ライブラリ「情報システム工学」が企画された．各執

筆者には情報の科学技術の本質と実体を明解に説くとともに理解を助ける具体的例題を演習問題として用意していただくようお願いした．書目群Ⅰでは情報の科学技術の基礎となる書目を配置し，書目群Ⅱでは発展的かつ論理深度が深いため平易な書が望まれるものを配置した．

2003 年 11 月

編者　中野良平

「情報システム工学」書目一覧	
書目群Ⅰ	書目群Ⅱ
1　コンピュータリテラシー	A–1　統計的パターン認識
2　コンピュータアーキテクチャの基礎	A–2　コンピュータビジョンとグラフィックス
3　情報ネットワークの基礎 [第 2 版]	
4　情報理論の基礎	A–3　ニューラル情報処理の基礎数理
5　アルゴリズムとデータ構造	A–4　複雑系とエージェント
6　オートマトンと形式言語	A–5　強化学習の基礎数理
7　新データベース論	A–6　機械学習とデータマイニング
8　数値最適化の基礎数理	A–7　マルチメディア通信
9　論理と推論の基礎	A–8　暗号理論の基礎
	A–9　自然言語処理の基礎
	A–10　ロボティクスの基礎

(A: Advanced)

まえがき

　本書は，2003年に出版された拙著"情報ネットワークの基礎"の第2版である．初版発行から10年の歳月が流れ，その間に情報ネットワークの技術は大きく進展するとともに，我々の日常生活に深く浸透してきた．計算機システムと通信ネットワークのシナジー的融合体である情報ネットワークは，電気，ガス，水道，道路，鉄道などと並び現代社会のインフラストラクチャとなっている．

　本第2版は，10年間における技術や使用環境の変化を反映した内容になっているが，狙いは初版と同じである．**個別のアプリケーションに特化した技術ではなく，多数のアプリケーションに共通の基盤技術を解説する入門書**である．

　現在では，情報ネットワークといえば直ちにインターネットを思い浮かべるほど，その存在が大きい．このため，インターネット技術を解説した良著は多い．しかし，それらの書籍は，初心者にとっては必ずしも取っ掛かりやすいものではない．本書の学習により，読者はインターネットの専門書や技術文書を読解できる程度の基礎知識を習得できるようにした．とは言え，本書は，インターネットは情報ネットワークの実現形態の一つであるという立場を取っている．

　第2版では，情報ネットワーク技術の議論の出発点となる基本的問題を四つに集約する．具体的な重要技術は，これらの問題の解決策として，階層化アーキテクチャの物理層から応用層までの枠組みの中に位置付けられている．

　内容的には，第2版は初版を大幅に更新した．特に，アクセスネットワークとして，有線ではIEEE802.3(イーサネット)，無線ではIEEE802.11(Wi-Fi)が広範に普及したので，これらの解説をやや詳細にした．更に，ネットワークセキュリティの重要性に鑑み，その概要を扱う章を新たに設けた．

　情報ネットワークの実際の構築と運用においては，国際標準が大きな役割を果たす．標準化は，技術と人間社会との接点であり，技術論のみでは割り切れない側面が多い．工学の学習においては，このような側面を見ておくことも必要であるので，随所で国際標準に言及している．

まえがき

また，初版同様に，各階層のサービス品質 (QoS) とユーザ体感品質 (QoE) との観点から，情報ネットワーク基礎技術の構造化と定量的評価を試みている．

本書は，理工系学部の情報系及び電気電子系学科の学生を対象とし，計算機の基礎を学習済みであることを前提としている．オペレーティングシステムと電子通信工学の基礎知識を持っていると内容理解の助けにはなるが，必須ではない．また，第 10 章 "性能評価" で確率論を使用している他は，特別な数学の知識を仮定していない．確率論の概要は付録にして学習の便宜を図っている．

本書の第 1 章から第 4 章までを学習することによって，情報ネットワークの基本事項を一通り知ることができる．第 1 章で情報ネットワークの定義と後続章の学習の準備を行い，第 2 章でネットワークアーキテクチャと QoS/QoE の考え方を導入する．第 3 章は物理層を対象とし，後の章で必要となる電子通信工学の要点を述べる．第 4 章は誤り訂正・検出符号の基礎を説明している．

第 5 章以降では，章の順を追っての学習を想定しているが，必要な章だけを選択してもよい．第 5 章は無線通信やローカルエリアネットワークで使用されている MAC プロトコルを扱う．第 6 章はデータリンク層プロトコルを対象とし，HDLC と PPP を紹介する．第 7 章の主題はネットワーク層であり，交換方式やルーティングの原理を述べる．第 8 章は，インターネットプロトコルスイート (TCP/IP) を説明している．第 2 版では，応用層プロトコルとして DNS と HTTP を取り上げた．第 9 章は，ネットワークセキュリティの基本事項を扱う．第 10 章は，待ち行列理論の性能評価への適用の入門的解説である．

筆者は，名古屋工業大学において，データ通信や情報ネットワークの講義を 36 年にわたって担当してきた．講義での初版本使用で得られた経験を，第 2 版に活用した．第 2 版の構想や原稿作成については，名古屋工業大学布目敏郎准教授に有益なご意見やご助力を賜った．田坂研究室の大学院生諸氏には，TA として講義の実施・改善にご支援を頂いた．また，(株) デンソー技研センターでは，永年の同社ハイタレント研修を通じて，第一線の技術者の方々から，講義内容改善に関し多くの貴重なご意見を頂戴した．これらの皆様に深く感謝する．

第 2 版が，初版同様，情報ネットワークを初めて学ぶ読者にとって，この分野への興味と理解を深めてさらなる学習へと進むきっかけとなれば幸いである．

2013 年 8 月

田坂　修二

目　　次

1　序　　論　　1
- 1.1　情報ネットワークの構成 …… 2
  - 1.1.1　端末の機能 …… 2
  - 1.1.2　通信ネットワークの機能 …… 6
  - 1.1.3　情報ネットワークの技術 …… 7
- 1.2　情報ネットワークの分類 …… 8
- 1.3　情報ネットワークにおける技術課題 …… 13
- 1.4　情報ネットワークに関する標準化組織 …… 14
- 1.5　オクテットとビットの表記順序と送信順序 …… 15
- 演習問題 …… 16

2　ネットワークアーキテクチャ　　17
- 2.1　通信プロトコルにおける基礎概念 …… 18
  - 2.1.1　伝送方向 …… 21
  - 2.1.2　送達確認 …… 21
  - 2.1.3　誤り制御 …… 22
  - 2.1.4　フロー制御 …… 23
  - 2.1.5　順序制御 …… 25
  - 2.1.6　ピギィバックACK …… 26
  - 2.1.7　コネクション制御 …… 26
  - 2.1.8　分割・組み立ておよび連結・分離 …… 29
  - 2.1.9　各種アドレスとアドレス解決 …… 29
  - 2.1.10　交換方式 …… 30

	2.1.11	ルーティング	30
	2.1.12	MAC プロトコル	31
	2.1.13	認証	32
	2.1.14	マルチキャスト	33
2.2	階層化の考え方	34
2.3	OSI とインターネットプロトコルスイート	37
2.4	OSI における階層化と実現方法	42
2.5	サービス品質 (QoS) とユーザ体感品質 (QoE)	44
	2.5.1	QoS と性能	44
	2.5.2	QoE	45
	2.5.3	インターネットにおける QoS と QoE	47
	2.5.4	性能と待ち行列	50
演習問題			52

3 伝送路と物理層　　　　　　　　　　　　　　　　53

3.1	情報伝送速度が制限される基本的要因	54
3.2	伝　送　路	56
	3.2.1　通信ケーブル	56
	3.2.2　無線周波数帯	58
3.3	同　期　方　式	59
	3.3.1　非同期システム	59
	3.3.2　同期システム	60
3.4	信号伝送方式	61
	3.4.1　基底帯域伝送	61
	3.4.2　変調を用いた伝送	61
	3.4.3　物理層での情報伝送速度向上のための指針	64
3.5	多重化方式	65
	3.5.1　周波数分割多重	65
	3.5.2　時分割多重	66
	3.5.3　直交周波数分割多重	67
3.6	DTE/DCE インタフェース	69
演習問題		70

4 誤り制御符号　　　71

- 4.1 誤り訂正・検出の原理 …………………………………… 72
- 4.2 サイクリックチェック方式 ……………………………… 74
- 4.3 CRC 符号化回路 …………………………………………… 76
- 4.4 畳み込み符号 ……………………………………………… 79
- 演習問題 ……………………………………………………… 80

5 MAC プロトコル　　　81

- 5.1 MAC プロトコルの基礎概念 …………………………… 82
- 5.2 固定割当方式 ……………………………………………… 84
- 5.3 ランダムアクセス方式 …………………………………… 85
  - 5.3.1 純アロハ ……………………………………………… 85
  - 5.3.2 スロット付アロハ …………………………………… 86
  - 5.3.3 CSMA および CSMA/CD …………………………… 87
  - 5.3.4 フレームの再送について …………………………… 89
- 5.4 要求割当方式 ……………………………………………… 90
  - 5.4.1 ポーリング方式 ……………………………………… 91
  - 5.4.2 トークンパッシング方式 …………………………… 92
  - 5.4.3 予約アロハ …………………………………………… 93
  - 5.4.4 予約方式 ……………………………………………… 94
- 5.5 IEEE802.3 LAN …………………………………………… 96
  - 5.5.1 IEEE802.3 LAN の種類 ……………………………… 96
  - 5.5.2 ギガビットイーサネット …………………………… 98
  - 5.5.3 MAC フレームフォーマット ……………………… 99
  - 5.5.4 パケット間ギャップ ………………………………… 102
  - 5.5.5 半二重モードにおけるパケット送信手順 ………… 102
  - 5.5.6 LLC プロトコル …………………………………… 103
- 5.6 IEEE802.11 無線 LAN …………………………………… 105
  - 5.6.1 ネットワーク形態 …………………………………… 106
  - 5.6.2 MAC アーキテクチャ ……………………………… 108
  - 5.6.3 MAC フレームフォーマット ……………………… 113
  - 5.6.4 OFDM を用いる PHY ……………………………… 114
- 演習問題 ……………………………………………………… 116

目　次　　ix

6　データリンク層プロトコル　　117

6.1　HDLC　　118
- 6.1.1　歴史的経緯　　118
- 6.1.2　HDLCにおける基本用語　　118
- 6.1.3　HDLCフレーム構成　　120
- 6.1.4　送信ビットの透過性　　122
- 6.1.5　動作モードの選択　　123

6.2　PPP　　124
- 6.2.1　PPPの基本動作　　124
- 6.2.2　PPPoE　　127

演習問題　　128

7　データ交換とネットワーク層　　129

7.1　交換方式　　130
- 7.1.1　回線交換　　131
- 7.1.2　パケット交換　　132
- 7.1.3　ATM交換　　134
- 7.1.4　各交換方式の特徴　　136

7.2　パケット交換におけるコネクション制御　　138

7.3　ルーティング　　143
- 7.3.1　ルーティングアルゴリズムの分類　　143
- 7.3.2　非適応形ルーティング　　144
- 7.3.3　距離ベクトルルーティング　　144
- 7.3.4　リンク状態ルーティング　　148
- 7.3.5　階層的ルーティング　　150
- 7.3.6　デフォルトルーティング　　151
- 7.3.7　移動端末へのルーティング　　151
- 7.3.8　インターネットのルーティングプロトコル　　152

7.4　輻輳制御　　153

演習問題　　156

8 TCP/IP … 159

- 8.1 IPv4 … 160
  - 8.1.1 IPv4 データグラムフォーマット … 161
  - 8.1.2 クラスフル IPv4 アドレス … 163
  - 8.1.3 プライベート IP アドレスと NAT … 165
  - 8.1.4 サブネットワーク … 166
  - 8.1.5 データグラム分割と再構成 … 168
  - 8.1.6 IP ルーティングの原理 … 170
  - 8.1.7 クラスレス IPv4 アドレスと CIDR … 172
  - 8.1.8 IP ルーティング総括 … 175
  - 8.1.9 ICMP … 176
  - 8.1.10 ARP と RARP … 177
  - 8.1.11 DHCP … 178
- 8.2 IPv6 … 179
- 8.3 TCP … 181
  - 8.3.1 TCP の特徴 … 181
  - 8.3.2 セグメントフォーマット … 182
  - 8.3.3 ポート番号 … 185
  - 8.3.4 NAPT … 185
  - 8.3.5 コネクション制御 … 186
  - 8.3.6 再送タイムアウト値 … 189
  - 8.3.7 フロー制御 … 190
  - 8.3.8 輻輳制御 … 195
- 8.4 UDP … 196
- 8.5 ソケットシステムコール … 198
- 8.6 QoS 保証技術 … 200
- 8.7 DNS … 202
  - 8.7.1 ドメイン名 … 202
  - 8.7.2 DNS 資源レコード … 203
  - 8.7.3 DNS による名前解決 … 204
- 8.8 HTTP … 205
- 演習問題 … 207

9 ネットワークセキュリティ　209

- 9.1 暗　号 ･･ 210
  - 9.1.1 共通鍵暗号 ････････････････････････････ 211
  - 9.1.2 公開鍵暗号 ････････････････････････････ 214
  - 9.1.3 PKI ･･････････････････････････････････ 215
- 9.2 認　証 ･･ 217
  - 9.2.1 メッセージ認証 ････････････････････････ 217
  - 9.2.2 エンティティ認証 ･･････････････････････ 218
- 9.3 通信セキュリティ ･･････････････････････････････ 219
  - 9.3.1 SSL/TLS ････････････････････････････ 219
  - 9.3.2 IPsec ･･････････････････････････････････ 220
  - 9.3.3 ファイアウォール ･･････････････････････ 222
  - 9.3.4 VPN ･･････････････････････････････････ 223
- 演 習 問 題 ･･ 224

10 性 能 評 価　225

- 10.1 性能評価尺度 ･･････････････････････････････････ 226
- 10.2 待ち行列のモデル ･･････････････････････････････ 229
  - 10.2.1 基本モデル ････････････････････････････ 229
  - 10.2.2 待ち行列網モデル ･･････････････････････ 232
  - 10.2.3 待ち行列理論と通信トラヒック理論 ･･････ 233
- 10.3 リトルの公式 ･･････････････････････････････････ 234
- 10.4 ポラツェック-ヒンチンの式 ･･････････････････････ 237
- 10.5 ポアソン過程 ･･････････････････････････････････ 241
  - 10.5.1 ランダム到着 ･･････････････････････････ 241
  - 10.5.2 確率母関数による解法 ･･････････････････ 243
- 10.6 指 数 分 布 ････････････････････････････････････ 247
  - 10.6.1 ポアソン到着と指数分布到着間隔 ････････ 247
  - 10.6.2 指数分布の無記憶性 ････････････････････ 248
- 10.7 M/G/1 待ち行列 ････････････････････････････････ 250
  - 10.7.1 解析方法 ･･････････････････････････････ 250
  - 10.7.2 平均待ち時間 ･･････････････････････････ 251
- 演 習 問 題 ･･ 257

付録	確率論の概要	259
1	基礎概念	260
2	条件付確率	261
3	確率変数	263
4	期待値	264
5	マルコフ過程	266

さらに勉強するために … 267

参考文献 … 268

索引 … 272

- UNIX は，The Open Group が独占的にライセンスしている米国ならびに他の国における登録商標です．
- その他，本書で使用する商品名等は，一般に各メーカの登録商標または商標です．なお，本書では，TM，Ⓒ等の表示は明記しておりません．

- 本書のサポートページ (演習問題解答など) は
    http://www.saiensu.co.jp
  にございます．

1 序論

情報ネットワーク (information network) と密接に関係する概念として**情報通信**がある．この言葉が本格的に使われるようになったのは，1970年代後半からである．**データ通信**を中心とした情報処理と融合した電気通信の形態を表すために，日本では用いられるようになった．情報通信という概念は，具体的には，情報ネットワークの形で実現される．すなわち，情報ネットワークは，情報処理システムと通信ネットワークとが融合した高度情報システムである．情報通信技術を **ICT** (Information and Communication Technology) と呼ぶこともある．

データ通信は，コンピュータデータの処理と伝送を行う．これに対して，情報通信ではコンピュータデータに加えて，音声や画像まで含めたマルチメディアを対象とする．したがって本書では，情報ネットワークは，マルチメディア情報の処理と伝送を統合的に行うシステムと定義しておく．

本章では，まず，情報ネットワークの構成要素とその機能を規定する．次に，情報ネットワークを構築するために必要な技術のリストを提示し，本書での学習対象を明確にする．さらに，情報ネットワークの分類を行い，それぞれの特徴を示すとともに，情報ネットワークにおける技術課題を説明する．最後に，情報ネットワークに関する代表的な標準化組織を簡単に紹介する．

キーワード

情報ネットワーク
情報通信　　ICT
端末　　局
通信ネットワーク
標準化組織

1.1 情報ネットワークの構成

情報ネットワークは，図 1.1 に示すように，基本的には**端末** (terminal) と**通信ネットワーク** (communication network) によって構成される．

端末には，パソコンから大型計算機までのコンピュータ一般，固定および携帯の電話機，スマートフォン，タブレット端末，ゲーム機，ファクシミリなど多様なものがある．ここでは，端末としては，CPU やメモリを持ち，何らかの情報処理機能を具備したものを想定する．これらの端末の使用者は，人間の場合もあればセンサを含んだ機械の場合もある．端末は，通信の観点から，**局** (station) と呼ばれることもある．また，インターネットでは，**ホスト** (host) と呼ばれる．局が最も広義であるが，本書では，端末，局，ホストのいずれかの用語を状況に応じて使うことにする．

一方，通信ネットワークは，**有線ネットワーク** (wired network, cable network) と**無線ネットワーク** (wireless network, radio network) に分類される．

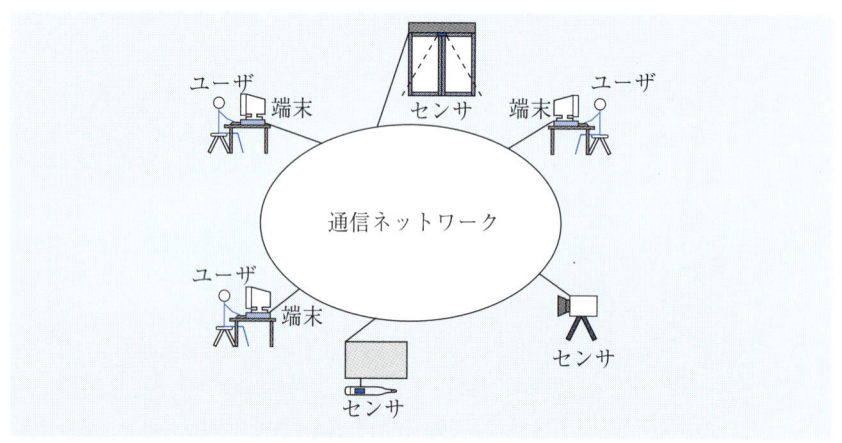

図 1.1　情報ネットワークの構成

以下に，これら二つの構成要素が持つ機能と実現技術とを簡単に説明する．

1.1.1 端末の機能

端末が持つ基本機能は，**情報の獲得/創生，処理/変換，表示/出力，送受信**である．これらの機能を実現するために，CPU，メモリ，入出力装置および通

1.1 情報ネットワークの構成

信制御装置が必要となる.

端末の最も簡単な構成例を図 1.2 に示す (この図は,説明のため,構成を大幅に単純化している). 実現すべき応用に応じた種々の入出力装置によって多様な形態の端末が存在している. 通常のパソコンならば,入力装置としてキーボードとマウス,出力装置として液晶ディスプレイ,プリンタ,スピーカーなどがあるが,マイクロフォン,ビデオカメラやスキャナの入力装置を持つものも多い. 最近の携帯情報端末や携帯電話機も類似の入出力装置を持っている. また,各種のセンサを入力装置とした端末も増えている. これらの端末では,人間は介在せず,センサが温度,湿度,光,物体の位置などの多様な情報を獲得して,遠隔地に送信したり,逆に受信した情報をもとに何らかの情報を出力したりする.

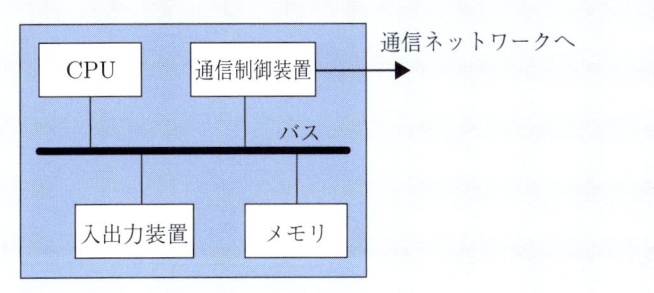

図 1.2 端末の構成例 (大幅に単純化している)

端末が扱う情報には多くの種類があるが,これらは大きく二つに分類される. 一つは論理構造と時間構造の両方を持つ情報であり,**連続メディア** (continuous media) または**ストリームメディア** (stream media) と呼ばれる. 他方は論理構造のみを持ち,**離散メディア** (discrete media) と呼ばれる. 前者は,音声,ビデオ,時系列データ (センサ情報など) であり,その内容が時間とともに変化する. 後者は,コンピュータデータ,テキスト,静止画のように,その内容が時間の関数にはなっていないものである. どちらの種類の情報にしても,0 と 1 の 2 値情報として表現しなければならないため,そのデータ構造を論理情報として保持しておく必要がある.

音声のような 1 次元連続メディアの場合には,図 1.3 に示すように,**標本化** (sampling),**量子化** (quantization) および**符号化** (encoding) による 2 値化が

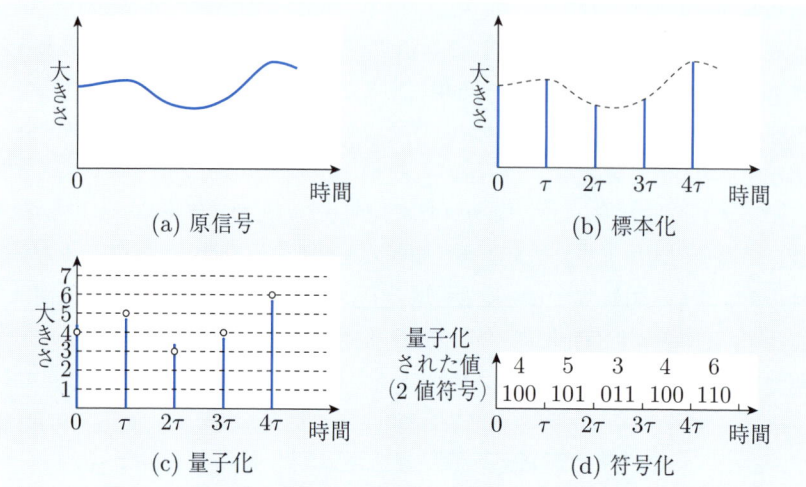

図 1.3　1 次元連続メディアの 2 値化

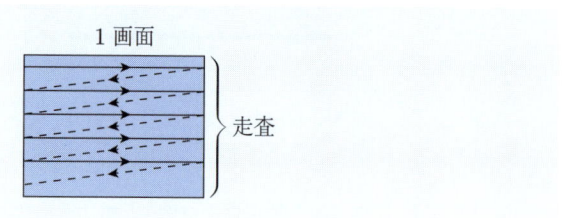

図 1.4　静止画像の 1 次元化

行われ，ビット系列に変換される．

　静止画のような 2 次元情報の場合は，図 1.4 に示す**走査** (scanning) によって 1 次元情報に変換される．そして，この 1 次元情報に空間的標本化，量子化，符号化の操作を適用し，ビット系列を得る．

　ビデオ情報の場合には，図 1.5 のように，十分に短い一定の周期 T で静止画を送出する．T は人の目の識別可能最短時間より短いので，静止画列の受信者には，動きのある映像に見える．個々の静止画を**ビデオフレーム** (video frame) または**ピクチャ** (picture) と呼ぶ．普通の商用テレビ放送では，1 秒間に 30 個の割合 (30fps[frame–per–second], $T \cong 33$ ミリ秒 [ms]) でビデオフレームを送信している (本書では記号 "$\cong$" は，数値として近似的に等しいときに用いる)．

1.1 情報ネットワークの構成

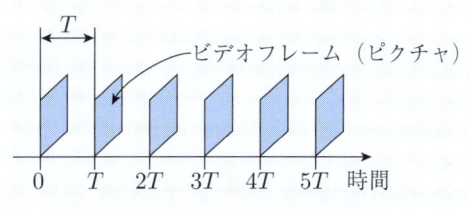

図 1.5 ビデオフレーム系列

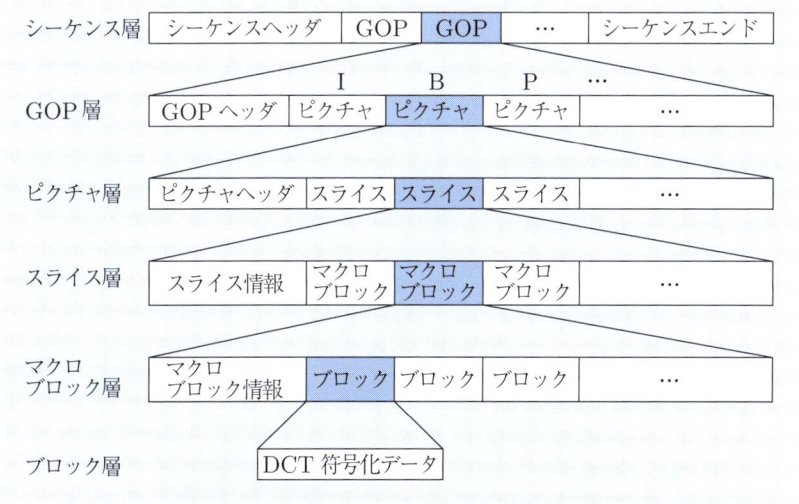

図 1.6 MPEG ビット系列のデータ構造

大部分の場合，連続・離散の両メディアとも，**情報圧縮符号化**が行われるため，そのデータ構造は複雑になる．一例として，ビデオの情報圧縮符号化方式の一つである **MPEG**(Moving Picture Experts Group) の符号化ビット系列[1]を，図 1.6 に示す．

このように，端末が扱う情報は，複雑なデータ構造を持つ．そして，その情報は，1 次元のビット列として通信ネットワークに送出される．受信側端末は，受信したビット列からもとのデータ構造の情報を再現する．

1.1.2 通信ネットワークの機能

有線部分と無線部分の両方を含む通信ネットワークの構成例を図 1.7 に示す．

通信ネットワークは，端末から送出された情報の**伝送** (transmission)，**交換** (switching)，**処理/変換** (processing/transformation) を行う．論理構造・時間構造の情報を持ったビット列を，その構造を損なうことなく，送信側端末から受信側端末に届けなければならない．したがって，ネットワーク利用者にとっては，端末同士が直結されているように見える通信ネットワークが理想的である．しかし，現在の通信ネットワークでは**電磁現象**を利用して情報の転送が行われるため，物理法則に支配され，情報の**遅延** (delay)，**誤り** (error)，**欠落** (loss) などが発生する．したがって，これらの障害に対処する技術が重要になる．

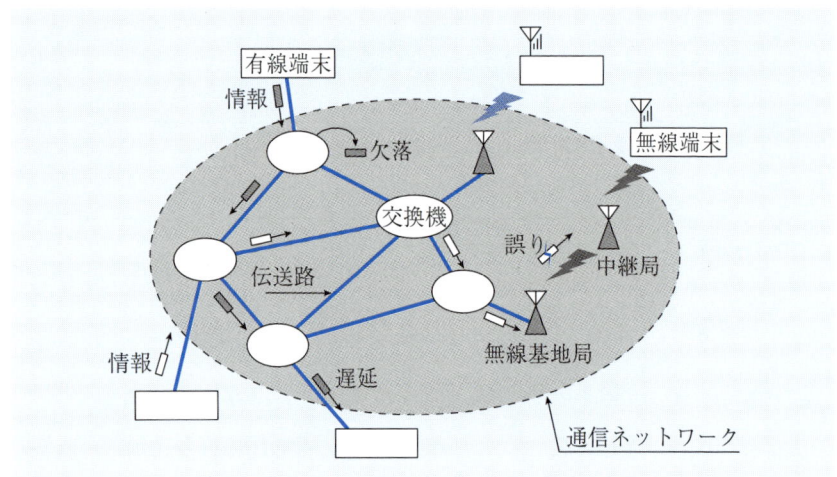

図 1.7 通信ネットワークの構成例

有線通信ネットワークは，**伝送路** (transmission channel) (光ファイバ，同軸ケーブル，より対線など) と**交換機** (switch) (**ルータ** (router)，**ゲートウェイ** (gateway)，**回線交換機** (circuit switch)) からなる．伝送路は，**通信回線**，**通信チャネル**，あるいは単に**チャネル** (channel) と呼ばれることもあり，情報の伝達媒体である．交換機は，伝送路から受信した情報を中継し，次の伝送路に送り出す．その際，情報の宛先に応じて，適切な出力伝送路を選択するという交換処理を行う．

無線ネットワークは，**基地局** (base station) や**中継局** (relay station) (通信衛星も含む) から構成される．端末が基地局や中継局の機能を担う場合もある．

通信ネットワークにおける情報の流れを**通信トラヒック** (teletraffic) または単に**トラヒック** (traffic) という．トラヒックという言葉は，本来，人・自動車・航空機などの行き来 (交通) を意味するものであるが，通信ネットワークにおいても用いる．その量を**トラヒック量** (traffic volume) と呼ぶ．その正確な定義はいくつかあるが，本書では必要に応じて説明する．なお，トラヒックの代わりに，ネットワーク負荷または単に**負荷** (load) という言葉を用いることもある．

トラヒックに関係して重要な概念に，**待ち行列** (queue) がある．自動車による交通トラヒックの場合でも，交差点や道路で，交通信号や車線減少などの種々の原因により行列ができる．同じ現象が，ネットワーク内でも生じる．車の行列が増大すると，車がスムーズに流れなくなるように，通信ネットワーク内でも待ち行列が増加すると性能が劣化する．したがって，待ち行列をいかに取り扱うかは，情報ネットワークにおける重要課題の一つである．これを定量的に扱う理論が，**待ち行列理論** (queueing theory) である．この問題については第2章で再度取り上げ，第10章で定量的な議論を行う．

1.1.3 情報ネットワークの技術

情報ネットワークを構築するためには，多様な端末と通信ネットワークを実現し，それらを効率良く運用する技術が必要となる．そのための技術として，まず，次のような通信，計算機および情報メディアの個別技術が挙げられる．

(1) 通信および計算機の要素技術 (ディジタル回路，信号処理，ディジタルシステム，電磁波工学，光通信技術など)
(2) 通信システム技術 (伝送，交換，通信網など)
(3) 計算機システム技術 (OS，通信処理ソフトウェアなど)
(4) 情報メディア技術　(情報圧縮，画像処理，音声処理，CG など)

これら膨大な数の個別技術を組織的有機的に組み合わせて，情報ネットワークという高度情報システムを建造する様式が**ネットワークアーキテクチャ** (network architecture) である．**プロトコル** (protocol) は，その中核をなす．正確な定義は，次章に譲る．本書では，ネットワークアーキテクチャとプロトコルを中心に，情報ネットワークの基礎技術を解説する．

1.2 情報ネットワークの分類

情報ネットワークには多くの種類がある．種類ごとに，用いられるアーキテクチャやプロトコルも異なってくる．そこで，後の議論を明確にするために，まず，地理的範囲，制御方法，使用チャネルの種類という三つの観点からネットワークの分類をしておく．

最初に，ネットワークがカバーする地理的範囲に着目すると，
- **広域ネットワーク** (Wide Area Network：**WAN**)
- **都市域ネットワーク** (Metropolitan Area Network：**MAN**)
- **ローカルエリアネットワーク** (Local Area Network：**LAN**)

という分類ができる．WANは，電話網でいえば，市外回線部分まで含んだものを意味し，MANは市内回線部分に相当するといえよう．一方，LANは一つの建物や敷地内のネットワークであり，最大距離は数km程度のものである．WANとMANの構築には，電気通信事業者の設備・サービスを利用するのが普通であるのに対し，LANは自前の設備で構築する．

現在の情報ネットワークにおいては，電磁現象を利用して情報の伝達や制御が行われる．そのため，情報の伝達時間や制御に要する時間は，ネットワークがカバーする地理的範囲に大きく依存する．したがって，与えられた環境に適したネットワークアーキテクチャとプロトコルは，WAN，MAN，LANのネットワーク種別によって異なってくる．

次に，ネットワークの制御方法に着目すると，次の2種類に分類される．
- **集中形ネットワーク** (centralized network)
- **分散形ネットワーク** (distributed network)

集中形ネットワークは，網制御を一箇所で行うものである．多数の端末が一つの大型計算機を時分割利用するシステム (Time Sharing System：**TSS**) は，古典的な例である．**ハブ** (hub) を用いたLANは，現代の代表例である．このネットワークでは，マスタ-スレーブの関係が存在する．それに対して，分散形ネットワークでは，このような関係は存在せず，制御の遂行は各端末 (局) に分散されている．大規模ネットワークでは，基幹網は分散形で支線網は集中形という例が多い．

最後の分類法は，図1.8に示すような使用チャネルの種類によるものであり，

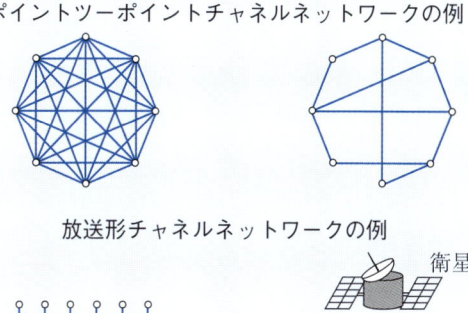

図 1.8　チャネルによる分類

次の 2 種類がある．

- **ポイントツーポイントチャネルネットワーク** (point-to-point channel network)
- **放送形チャネルネットワーク** (broadcast channel network)

前者は，1 対の送信機と受信機が通信を行う通常の通信回線を用いたものであり，現存の有線 WAN はほとんどすべてがこれに属する．この種のネットワーク構築に伴う主要技術課題の一つは，どのような**ネットワークトポロジー** (network topology) を採用するかである．適したトポロジーを決めるためには，すべての端末対における距離，通信要求発生頻度，通信量を考慮しなければならない．この問題を理論的に扱うためには，待ち行列理論の他に，**グラフ理論**や**ネットワークフロー理論**が必要である．本書では，グラフ理論とネットワークフロー理論は扱わないので，興味ある読者は，文献 [2], [3] などを参照されたい．

一方，後者は，単に**放送形ネットワーク**と呼ばれることもあり，一つの端末 (局) が送出した信号が他のすべての端末 (局) によって受信されるようなネットワークである．グローバルビームを用いた静止衛星通信網は，その代表例である．静止通信衛星は赤道上約 36,000km に位置し，地上からは静止して見える．送信地球局が衛星に向けて発射した電波は，衛星によって受信され別の周波数の電波に変換されて地上に向けて放射される．そのため，アンテナカバー領域内のすべての地球局が衛星からの信号を受信できる．ただし，電波の伝搬速度

が約 300,000km/s であることから,地球局で電波を発射してから対応する衛星を経由した電波を受信するまでの時間,すなわち,**往復伝搬遅延** (round trip propagation delay) が約 270ms (日本の場合) になるという問題がある.

ケーブルを用いた LAN や,無線 LAN,携帯電話網などの地上無線通信網も,放送形ネットワークのカテゴリーに入る.

このネットワークでは,すべての端末が一つの通信回線を共有使用するので,そのための方法が重要な技術課題となる.この通信回線共有のための手順を,**多元接続** (multiple access) プロトコルまたは**メディアアクセス制御** (Medium Access Control:**MAC**) プロトコルと呼ぶ.本書では,簡単のため,**MAC プロトコル**と呼ぶことにする.これは,第 5 章の主題である.

現存するネットワークは,以上の 3 通りの分類方法の組合せによって特徴づけられる.現在の情報ネットワークの代表例である**インターネット** (Internet) において,この分類方法がどのように適用されるかを見てみよう.

インターネットの全体構成の概念図を図 1.9 に示す.図中の **ISP** は,**インターネットサービスプロバイダ** (Internet Service Provider) を意味する.また,**IX**(Internet eXchange) は,ISP 間のデータ交換を行う設備である.この図か

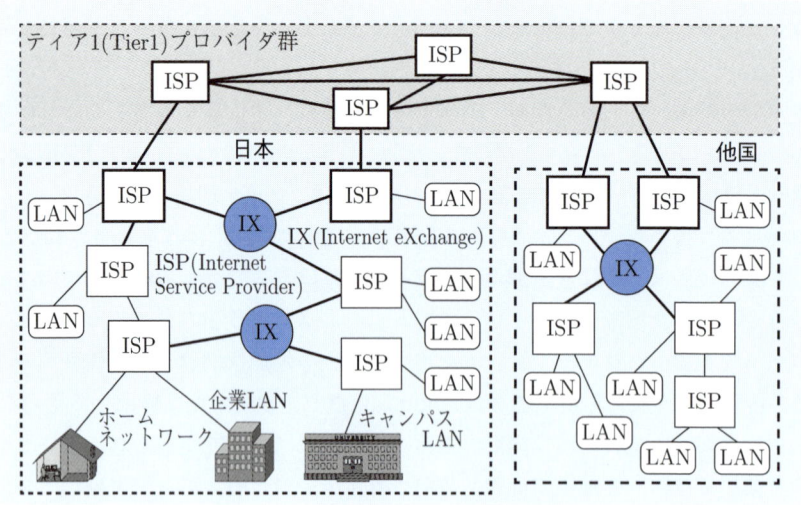

図 1.9 インターネットの全体構成の概念図

ら，まず，インターネットは多数の ISP からなる分散形 WAN であることがわかる．基幹網である**ティア 1** (**Tier1**) プロバイダ群 (相互に接続されインターネットのすべての経路情報を保有する ISP 群) や各国内のネットワークは，基本的には，ポイントツーポイントチャネルを用いた分散形 WAN となっている．

図 1.10 は，端末からインターネットへの接続部分，すなわち，**ホームネットワーク** (集合住宅の場合) と**アクセスネットワーク** (Access Network：AN) の構成例を示す．LAN を ISP に接続する部分をアクセスネットワークと呼ぶ．図 1.10 は，光ファイバアクセス**FTTH**(**Fiber-To-The-Home**) の例である．図中の**回線終端装置**は，一般的には **DCE** (Data Circuit terminating Equipment) と呼ばれる．光通信の場合には，光信号・電気信号相互変換機能を持っており，特に **ONU**(Optical Network Unit) の名称を持つ．DCE は，電気通信の国際標準化機関である ITU-T (国際電気通信連合電気通信標準化部門) で定められた用語であり，通信関係の技術文書ではよく使われる．なお，ITU–T における端末を表す用語は，**DTE** (Data Terminal Equipment) である．

図 1.10 は，ホームネットワークの主要部分が，**イーサネット** (Ethernet)LAN と**無線 LAN**(典型的には，**Wi-Fi**，すなわち，**IEEE802.11**) であることを示している．これら二つの LAN は，**ホームゲートウェイ (ブロードバンドルー**

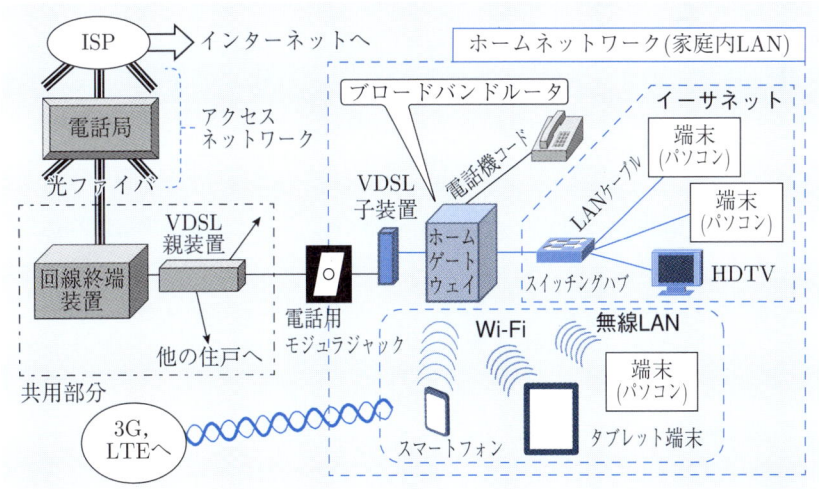

図 1.10 ホームネットワーク (集合住宅の場合) からアクセスネットワークへの構成例

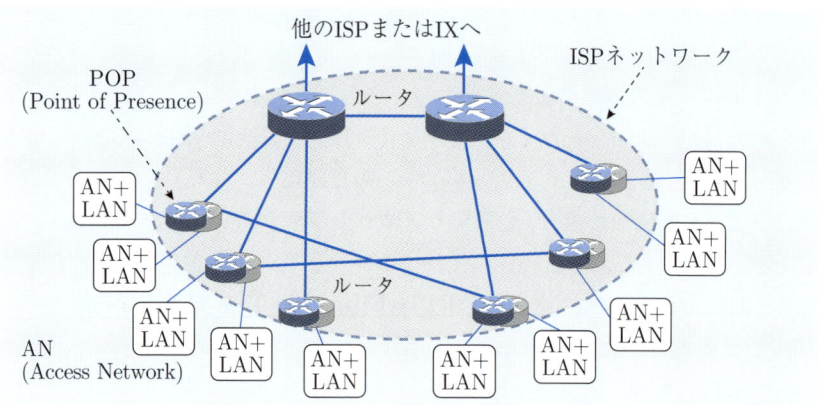

図 1.11 ISP ネットワークの構成例

タ) を制御局とした放送形チャネル集中形 LAN である．イーサネットの**スイッチングハブ**は，物理的にはポイントツーポイントチャネルを用いた集中形 LAN であるが，論理的には放送形チャネルの集中形 LAN となる (第 5 章参照)．

インターネットアクセスには，光ファイバアクセスの他にも，加入電話回線を用いた **ADSL** (Asymmetric Digital Subscriber Loop)(p.135 参照) や**ダイアルアップ接続**，**3G** (Third Generation) や **LTE** (Long Term Evolution)(3.9G/4G) の**携帯電話網**，**WiMAX** (World Interoperability for Microwave Access) の無線アクセス，**CATV**(**ケーブルテレビ網**) などがある．

図 1.11 に ISP ネットワークの構成例を示している．ISP ネットワーク内でのアクセスネットワーク (AN)・LAN との接続箇所 (一つまたは複数個のルータ) を，**POP**(Point of Presence) と呼ぶ．

これまでの説明から明らかなように，情報ネットワークは膨大な数の要素技術で成り立つ大規模システムである．この種のシステムについては，個々の要素技術の説明を単純に積み上げていくだけでは全体像の掌握は困難である．

そこで，本書では，まず第 2 章において，情報通信が成立するために解決しなければならない技術課題を四つの基本問題に集約する．そして，本書で扱う重要技術を，これら問題の解決策として提示し，ネットワークアーキテクチャの枠組みで構造化する．この方法で，読者は，最初に情報ネットワークの全体像をイメージできるようにする．第 3 章以降で，個別技術の詳細を順次説明する．

1.3 情報ネットワークにおける技術課題

　情報ネットワークにおける技術課題は多い．以降の章で，これらの課題の詳細な設定とその解決策を順次説明する．ネットワークがユーザに提供するアプリケーションサービス (応用層の機能) に関する課題は，その具体的内容に大きく依存する．そこで，本書は，**個別のアプリケーションに特化した技術ではなく，多くのアプリケーションに共通する基盤技術のみを検討対象とする**．

　本節では，課題全体を俯瞰するために，対象とするアプリケーションに依存しない技術課題の具体例を以下に挙げておく．

(1) どのような伝送路 (通信回線) を用いるか (有線か無線か，光ファイバか同軸ケーブルかなど)．

(2) 伝送信号は，どのようなものにするか (基底帯域か変調か)．

(3) 1 本の通信回線を多数の端末でいかに効率良く使うか (多重化，多元接続)．

(4) 相手から到着した情報の開始時点や区切りをいかに検出するか (同期：情報は，いつ発生するかわからない)．

(5) 伝送中に生じ得る情報の誤りや欠落をいかにして検出するか．さらに，誤りや欠落が生じたらどうすれば良いか (誤り制御)．

(6) 送信した情報が相手端末に正しく届いたかどうかをいかにして知るか (送達確認 [ACK])．

(7) いつ開始されるかわからない情報伝送に対して，バッファメモリ，CPU 時間などの資源を，いかに準備するか (伝送制御 +OS)．

(8) 通信回線で直結されていない端末間で，いかに途中の交換機で中継して最終目的の相手端末に情報を届けるか (交換，ルーティングなど)．

(9) 通信したい相手端末を，いかに特定するか (アドレス，ID)．

(10) 通信相手が，自分が意図した相手であることをどのように確認するか (個人認証)．

(11) 通信内容が正当なものであることをいかに立証するか (文書認証)．

(12) 通信の機密性をいかに確保するか (暗号)．

(13) 情報転送の方法の良さをいかに評価するか (性能評価)．

1.4 情報ネットワークに関する標準化組織

通信が成立するためには，通信するもの同士が共通の技術と方法を用いなければならない．人間の会話の場合でも，同じ言語を使用し共通の前提(風俗・習慣など)がなければ，真の意味での意思の疎通は難しい．

そこで，情報ネットワークで用いられる技術についても，種々の標準化組織がある．情報ネットワークは，計算機と通信の融合システムであるため，これら両方の技術の標準化組織が関与している．ここでは，本書の以降の議論で出てくる情報通信技術の標準化組織を簡単に紹介しておこう．

まず，国際標準化組織として，計算機技術の **ISO** (International Organization for Standarization：国際標準化機構)，通信技術の **ITU-T** (International Telecommunication Union–Telecommunication standardization sector：国際電気通信連合電気通信標準化部門) と無線通信・放送の **ITU-R** (ITU–Radiocommunication sector) が挙げられる．電子技術に関する **IEC** (International Electrotechnical Commission) もあり，しばしば ISO と連携して，ISO/IEC 規格を定めている．標準化された内容を，ISO では**国際規格** (International Standard：IS)，ITU-T/R では**勧告** (Recommendation) と呼ぶ．

日本には **JIS** (Japanese Industrial Standards：日本工業規格)，米国には **ANSI** (American National Standards Institute) がある．ヨーロッパでは，通信技術の標準化組織として，**ETSI** (European Telecommunications Standard Institute) がよく知られている．情報通信の国際標準に基づく日本国内の任意規格を作成する民間標準化機関として，**情報通信技術委員会** (Telecommunications Technology Committee：**TTC**) や**電波産業会** (ARIB) などがある．

また，学会や各種団体の標準化もある．米国に本部をおく電気電子情報技術の世界的な学会である **IEEE** (Institute of Electrical and Electronics Engineers, Inc.) (I の後に E が 3 個あるためアイトリプルイーと読む) の LAN 標準化のための **IEEE802 委員会**は有名である．インターネット技術の中核的民間団体 **IETF** (Internet Engineering Task Force) は，インターネットの標準技術を **RFC** (Request For Comments) として定めている．米国の電子工業会 **EIA** (Electronic Industries Association) と電気通信工業会 **TIA** (Telecommunications Industries Association) の標準規格も目にすることが多い．

1.5 オクテットとビットの表記順序と送信順序

本書では，後の章で，いくつもの標準 (国際規格/勧告/RFC など) を紹介する．標準においては，8 ビット列のことを，**オクテット** (octet) または**バイト** (byte) と呼ぶ．前者は通信，後者は計算機の世界で用いられることが多いが，バイトは 8 ビット以外を意味することもある．本書は，**オクテット**を使用する．

紹介する標準の学習に際して注意しておきたいのは，**オクテット列**と **1 オクテット内のビット列**の表記順序と送信順序が，すべての標準で同じとは限らないことである．一般的には，同種の標準に対しては，ITU–T，ISO 及び IEEE のグループでは同じである．一方，IETF は前者グループと同じとは限らない．

IETF では，すべての RFC において表記順序・送信順序ともに一貫している [4]．この概略を図 1.12 に示す．IETF では，まず，1 オクテット内のビットの表記順は，**最上位ビット** (Most Significant Bit：MSB) が先頭で，**最下位ビット** (Least Significant Bit：LSB) は最後尾である．次に，オクテット列の順序が意味を持つ場合 (典型的には数値) は，最上位オクテットを先頭に置く，いわゆる**ビッグエンディアン** (big-endian)[5] (**ネットワークバイトオーダ**) である．

一方，ITU–T などのグループでは，標準によって順序が異なる．例えば，公衆データ通信網の ITU–T 勧告 X.25[6] の LAPB や ISO 規格 HDLC[7] では，1 オクテット内でのビット表記・送信順序は LSB が先頭で MSB が最後尾であり，オクテット列については最下位オクテットが先頭になる．IETF とは全く逆である．しかし，ITU–T でも，IP ネットワークに関する勧告 Y シリーズ [8] においては IETF と同じになっている．ISO と IEEE[9] でも，表記・送信の順序は，ビット・オクテットともに様々である．詳細は，個々の具体例で説明する．

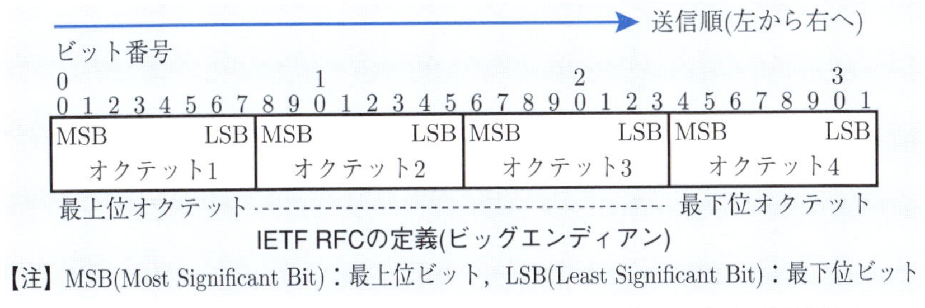

【注】 MSB(Most Significant Bit)：最上位ビット，LSB(Least Significant Bit)：最下位ビット

図 1.12　IETF RFC におけるオクテットとビットの表記順序及び送信順序

演習問題

1 情報ネットワークの構成について，以下の問に答えよ．
  (1) 端末の主要な機能を述べよ．
  (2) 通信ネットワークの主要な機能を述べよ．
  (3) 通信ネットワークで生じる主な障害を指摘せよ．音声伝送を例として取り上げ，それらの障害がどのように影響を及ぼすかを説明せよ．

2 WAN, MAN, LAN の違いを述べよ．

3 ポイントツーポイントチャネルネットワークと放送形ネットワークの違いを説明せよ．また，各ネットワークにおける主要な技術課題を指摘し，簡単に説明せよ．

■ センサネットワークと M2M サービス

現在のネットワーク端末における入出力装置の大多数は，キーボードや液晶ディスプレイである．これらは，人間からの情報入力と人間への情報出力を対象としている．一方，1.1.1 項でも述べたように，各種センサを入力装置とした端末も増えている．このようなセンサ端末を主体としたネットワークを**センサネットワーク**と呼ぶ．このネットワークでは，周辺環境の状態情報を収集しておくことが必須である．例えば，一つの部屋で温度，湿度，風量，風向などを在室者の好みに合わせて制御するエアコンを考えよう．これを実現するためには，在室者が誰であり，部屋のどこにいるかなどの情報が必要となる．

このようなネットワークを構築するためには多くの技術課題を解決しなければならなかった．まず，センサの数が膨大になり，通常の端末によるネットワークとはオーダーが異なる端末数を対象にしなければならない．また，配置の自由度が大きいため，無線のセンサ端末が広く使われる可能性が高い．しかし，無線端末では電源やサイズの改善を行わなければならない．さらには，この状況に適したプロトコルやアーキテクチャも開発する必要がある．

近年のセンサ技術と情報通信技術の急速な発展と，通信料金の低廉化により，センサネットワークは現実のものとなりつつある．特に，人間が介入することなく機械同士 (センサと計算機，センサと家電機器など) が通信する **M2M** (Machine-to-Machine) サービスへの期待が高まっている．多様なセンサから大量のデータを収集し分析することで，都市，農業，流通，交通などの生産性を高め，環境や防災にも役立つ新サービスを創出しようというものである [10]．

2 ネットワークアーキテクチャ

ネットワークアーキテクチャ (network architecture) は，情報ネットワーク構築における基本的な枠組みを与える．情報ネットワークは，マルチメディア情報の伝送と処理を統合的に行うので，その構築には多様な要素技術が必要となる．ネットワークアーキテクチャは，それらの要素技術を束ねて構造化する．

本章では，まず，多くのアプリケーションに共通する基盤技術を洗い出すという観点から，情報ネットワーク構築における技術課題を，四つの基本的問題に集約する．そして，それらの基本的問題への解決策として，ネットワークアーキテクチャの中核的要素技術である**通信プロトコル**を導入する．

次に，通信プロトコルを構成する種々の基礎概念を，基本的問題への解決策として，順次提示していく．

続いて，複雑なシステムの構築手法として，**階層化**を提示する．ネットワークアーキテクチャは，各階層が提供する**サービス**とそのためのプロトコルの集合体である．その代表例として，OSI とインターネットプロトコルスイート (TCP/IP) を示す．

最後に，ネットワークの**サービス品質** (QoS) と**性能**，および**ユーザ体感品質** (QoE) の考え方を紹介する．

キーワード

通信プロトコル
階層化　　サービス
ネットワークアーキテクチャ
OSI　　TCP/IP
サービス品質 (QoS)　　性能
ユーザ体感品質 (QoE)

2.1 通信プロトコルにおける基礎概念

情報ネットワークを構築する目的は，ネットワークそれ自身にあるのではなく，そのネットワークを用いて何らかの応用機能(アプリケーションサービス)を実現することにある．代表的な応用機能として，電子メール，ファイル転送，リモートログイン，**WWW (World Wide Web)** サービスが挙げられる．これらの応用機能は，図 2.1 に示すように，基本的には一つの端末の主記憶上の領域から別の端末の主記憶上の領域へ，通信ネットワークを介してデータを転送することによって実現される．したがって，このデータ転送をいかに実現するかが情報ネットワーク構築の鍵となる．このような問題設定法は，1.3 節で述べた本書の執筆方針 **"個別のアプリケーションに特化した技術ではなく，多くのアプリケーションに共通する基盤技術のみを検討対象とする"** に基づく．

通信ネットワークを介してのデータの転送は，計算機内部のバスを介した転送とは異なり，多くの問題が生じる．本書では，個別のアプリケーションに依存しない基礎技術の観点から，これらの問題を次の四つの基本的問題に集約する．

> (1) 通信相手の状態がわからない (**送受信間の非同期性**)
> (2) 伝送時のデータの誤りや紛失 (**伝送劣化**)
> (3) 相手端末をいかに見つけるか (**アドレス解決とルーティング**)
> (4) 通信相手が自分が意図した本物の相手であるか (**認証**)

第 1 の問題は，送信側と受信側の端末が地理的に離れているため (通信が必要なのであるから当然であるが)，互いの状態が容易にはわからないことを意味す

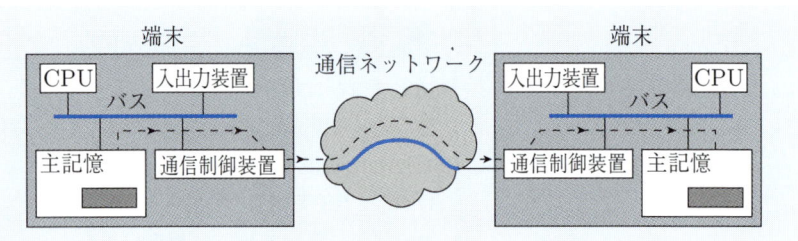

図 2.1　情報ネットワークにおけるデータの転送

2.1 通信プロトコルにおける基礎概念

る．例えば，相手端末の電源が入っていないかもしれないし，電源が入っていても受信データを格納する主記憶領域の余裕がないかもしれない．さらに，相手端末自身が存在していないことさえあり得る．これらのことは，我々が電話をする場合を考えてみれば，容易に類推できるであろう．

相手も自分も，各々が独自の勝手なタイミングで動作していることを**非同期**といい，タイミングを合わせることを**同期を取る**という．我々人間が会話をしたり会議をしたりするのは，すべて同期を取る (理解の統一を計る) ためといえる．一つの端末 (計算機) 内では，オペレーティングシステムのスーパバイザ (監視プログラム) が，そのすべての状態を掌握している．そのため，スーパバイザが，集中的に同期を取る動作を担当できる．情報ネットワークの中では，端末が地理的に分散しているため，単一の端末 (計算機) におけるスーパバイザのような神のごとき存在は仮定できない．このことが，情報ネットワーク内で同期を取るという問題を複雑にしている．

第 2 の問題は，同期のために送受される信号自身が誤ったり失われたりすることである．我々人間が同期を取るために会話をするように，端末もそのための信号を送受する必要がある．例えば，実際のデータの転送に先立って，相手端末にそのデータが受け入れ可能であるかどうかを問い合わせる信号を送る．ところが，通信回線を介して伝送される信号は，誤りが生じたり途中で失われたりする．そのため，同期を取るという動作がさらに困難になる．もちろん，実際に相手に届けたいデータそのものの誤りや紛失も重大な問題である．

第 3 の問題は，ネットワークに接続されている膨大な数の端末の中から，どのようにして自分が通信したい端末を見つけ出すかということである．図 2.1 は，自分が通信したい端末がわかっているという前提で描かれている．しかし，この前提を成立させるのは容易ではない．

この問題の理解を助けるために，一例として，我々が携帯電話で知人と通話する場合を考えてみよう．電話できるためには，まず，知人の電話番号を知らなければならない．すなわち，知人の名前と電話番号との対応関係を知る必要がある．これは，個人の氏名という**識別情報** (**ID**：Identification)(アドレスの 1 種とみなせる) から電話番号アドレスへの変換の問題である．このような問題を，一般に，**アドレス解決** (address resolution) と呼ぶ．我々は，このことを，携帯電話メモリに登録した情報の読み出しや，自分自身の記憶で行っている．

相手のアドレスが判明したとしても，そこまでたどり着くための**ルート** (**経路**) を決定しなければならない．この決定を効率的に可能にするためには，端末の相互接続関係や各端末間の通信回線の混み具合の情報が必要となる．各端末は地理的に離れている (分散環境である) ため，この情報の取得自身が容易ではない．この情報を取得し，与えられたアドレスの端末までのルートを見出すことを，**ルーティング** (routing) または**経路制御**という．

第3問題の先には**情報検索**や**SNS**があるが (p.208 参照)，本書では扱わない．

相手端末に到達できるルートが確立されたとしても，更に重要な別の問題がある．それが第4の問題である．すなわち，相手端末を使用している人間 (または計算機のプロセス) が，自分が通信を希望した本当の相手であるかどうかである．いわゆる"**なりすまし**"の可能性がある．これは，**エンティティ認証** (entity authentication)(**個人認証**ともいう) の問題であり，**ネットワークセキュリティ** (network security) の重要課題である．更に，通信相手が本物であっても，相手が発している情報が偽りのない正当なものかどうかは自明ではない．これは，**メッセージ認証** (message authentication) (**文書認証**ともいう) の問題である．2 種類の認証を合わせて，単に**認証** (authentication) と呼ぶ．

以上四つの基本的問題は，我々人間社会でいえば，相互理解の不足や見解の相違 (非同期性) に起因する紛争・いじめ (データの誤り・紛失)，多数の人やものを効率的に識別するためのID (人物名，学生番号，商品番号など) の付与，更には詐欺・偽造などに相当する．これらの問題を解決するために，人間は道徳や法律などの規則を定めている．全員がこの規則に従って生活することを原則とし，違反すれば何らかの処罰が課せられる．こうして，我々の生活を快適で効率良いものにしようとしている．

以上の議論から明らかなように，前記四つの問題に対処し，端末間のデータ転送を効率良くかつ信頼性高く行うためには，規則を定める必要がある．このような送信側と受信側で守るべき規則を**通信プロトコル** (communication protocol) または単に**プロトコル**と呼ぶ．プロトコルとは，元来，外交上の儀礼・典礼を意味する言葉である．極めて適切な用語選択といえよう．

本節では，通信プロトコルを構成する基礎概念を説明する．議論の簡単のため，まず，2.1.8項までは相手端末は一つであり，2端末は通信回線で直結されていると仮定する．2.1.9項以降では，相手端末が複数個存在する場合を考える．

2.1 通信プロトコルにおける基礎概念

2.1.1 伝送方向

まず，2端末間でのデータの伝送方向について，次の用語を定義しておく．

> **単方向** (simplex)　　：一方向にのみデータが伝送される．
> **半二重** (half duplex)：双方向にデータ伝送可能であるが，一時には一方向しかできない．
> **全二重** (full duplex)：双方向に同時データ伝送可能である．

半二重は鉄道の単線，全二重は複線に相当する．

2.1.2 送達確認

端末間のデータ転送を考えると，図 2.2 に示すように，単純に送信側から受信側へデータを送信すれば，それで問題はないように思える．しかし，実際には，すでに述べたように，通信回線上でデータの伝送誤りや紛失が生じることがある．さらに，受信側で正しく受信されても，データを一時的に格納しておく記憶装置 (バッファと呼ぶ) が一杯となり，受信データが溢れてしまうこともある．これをバッファオーバフロー (buffer overflow) と呼ぶ．

このように，送信データは必ずしも正しく受信されないので，受信側で正しく受け取ったかどうかを送信側に通知する必要がある．これを，**送達確認** (acknowledgment) を行うという．したがって，図 2.3 に示すように，端末間のデータ転送の基本形は，送信側がデータを送ると，受信側はそれに対する**送達確認**

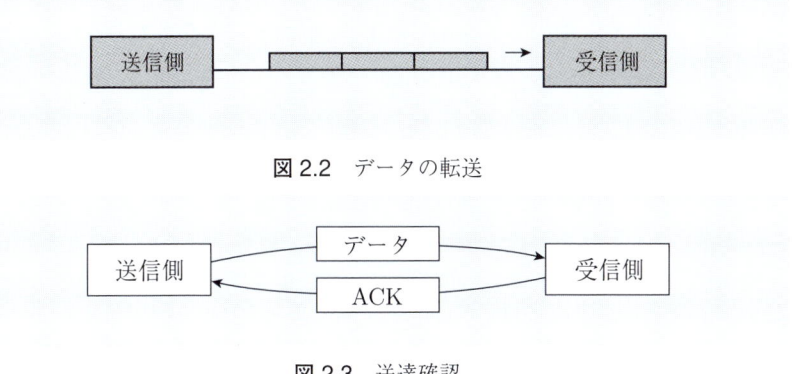

図 2.2　データの転送

図 2.3　送達確認

応答信号を返送するということになる．送達確認応答信号は，単に **ACK** とも呼ばれる．ACK の必要性は，私達が手紙を出したとき，相手から何の返事もない状況を考えれば，容易に理解できよう．ACK を返すとは，同期を取ることである．人間社会における同期の意味がわかれば，我々の生活において返答や報告をすることの重要性が認識できるであろう．

2.1.3 誤り制御

データが伝送中に誤ったり失われたとき，それを回復し，最終的に受信側に正しいデータを送り届けるための制御を**誤り制御** (error control) という．計算機間の通信で普通用いられる誤り制御方式は，正しく受信されなかったデータを送信側で再送する**誤り検出・再送要求方式** (Automatic Retransmission reQuest：ARQ) である．この ARQ 方式は，送信側が送信したデータの誤りや欠落をいかにして判断するかによって，**タイムアウト再送**と **NAK 再送**とに分けられる．タイムアウト再送では，送信側はあらかじめある一定の時間 (タイムアウト値) をタイマーに設定し，その設定時間内に ACK を受信しなかったら再送を行う．NAK 再送では，受信側で受信データの誤りや欠落を検出すると，そのことを通知する **NAK** (Negative AcKnowledgment) を送信側に返送する．NAK を受信した送信側は，再送を行う．

ARQ 方式は，一度に送信できるデータ量と再送の方法によって，(a) **ストップ-アンド-ウエイト ARQ** (stop-and-wait ARQ) と，(b) **連続 ARQ** (continuous ARQ) とに分類できる．後者は，さらに，**GBN ARQ** (go–back–N ARQ) と**選択的再送 ARQ** (selective repeat ARQ) とに分けられる (図 2.4 参照)．

ストップ-アンド-ウエイト ARQ では，1 個のデータを送るとそれに対する ACK を受信するまで次のデータを送信できない．この方法は，動作が簡単であるため，実現が容易である．しかし，送信端末と受信端末の間の距離が長いと，ACK を受信するまでに時間がかかり，一定量のデータを送るのに長い時間を必要とする．したがって，通信効率が低くなる．

この欠点を克服するために，連続 ARQ では，最初に送信したデータの ACK を受信する前でも複数個のデータを連続して送信できる．ただし，ACK が返ってきたとき，どの送信データに対する ACK であるかを区別できるようにするために，送信データと ACK に番号を付与する．この番号を，**シーケンス番号**

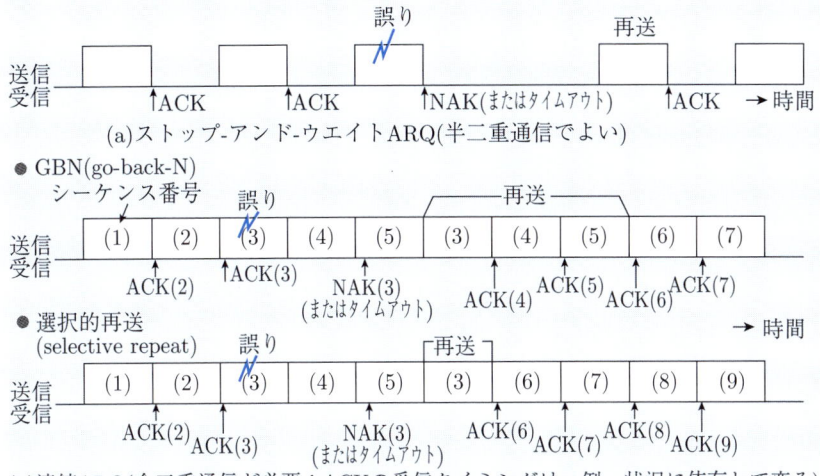

2.1 通信プロトコルにおける基礎概念

図 2.4 ARQ 方式

(a) ストップ-アンド-ウエイト ARQ (半二重通信でよい)

● GBN(go-back-N)

(b) 連続 ARQ (全二重通信が必要：ACK の受信タイミングは一例．状況に依存して変る)

(sequence number) または**順序番号**と呼ぶ．図 2.4 における受信シーケンス番号 (ACK の番号) は，**次に受信を期待している番号**としている．例えば，ACK(3) は，送信シーケンス番号 2 のデータまで正しく受信し終えていて，次に送信シーケンス番号 3 のものを待っていることを意味する．このような ACK の番号付けの方法は，後に紹介する標準プロトコル (例えば，HDLC や TCP) における慣例に従った．ACK に付ける番号は，次に期待するものではなく，現在までに正しく受信し終えている送信シーケンス番号でも，原理的に問題はない．

連続 ARQ を用いると通信効率は高くなるが，シーケンス番号の管理を行わなければならないため，システム構成は複雑になる．連続 ARQ のうち，GBN 方式では，一つのデータに誤りが生じるとそれ以降のすべてのデータを再送する．一方，選択的再送方式では，誤ったデータのみを再送する．

2.1.4 フロー制御

連続 ARQ を用いても，送信側で無制限に連続してデータを送ると，受信側のデータ処理が間に合わずバッファオーバフローが起こる可能性がある．したがって，受信側でオーバフローが起こらないように，送信側がデータ送信のペースを調整する必要がある．このような制御を**フロー制御** (flow control) という．

人間同士が会話する場合でも，相手が早口で聞き取りにくいと，ゆっくり話してくれるよう依頼するのと同じである．

よく用いられるフロー制御方式に，**ウィンドウフロー制御**(window flow control) がある．この方式では，受信側からの送信許可がなくても連続送信できるデータ数をあらかじめ決めておく．このデータ数を，**ウィンドウサイズ**(window size) と呼ぶ．ウィンドウサイズを W で表すと，W 個まで送信してもなお送信すべきデータを持っている場合には，受信側から送信許可が届くまで送信しない．ウィンドウサイズ W は，受信バッファサイズに対応する．受信側からの送信許可は ACK で代用する．図 2.5 に，$W=3$ のときに 5 個のデータを送信する場合のウィンドウフロー制御方式の例を示す．

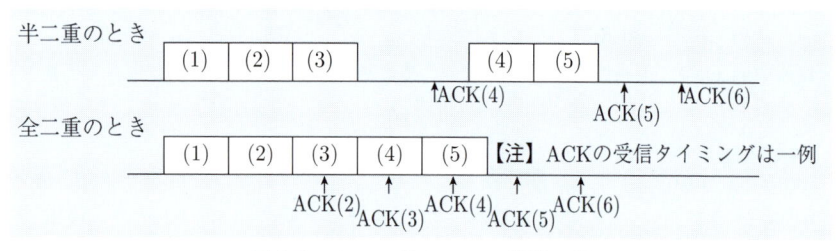

図 2.5 ウィンドウフロー制御の例

例題 2.1 ウィンドウフロー制御を行った場合のスループット

384 キロビット/秒 (kb/s または kbps と書く) の静止衛星通信回線 (全二重) を用いて，データを一方向に伝送する．データは 3072 オクテットごとに分割されて伝送される．この分割されたデータを**フレーム**と呼ぶ．

誤り制御として ARQ 方式が，また，フロー制御としてウィンドウフロー制御方式が用いられる．ARQ において，受信側より返される送達確認 (ACK) のサイズは非常に小さく，その作成時間および送信時間は無視できるものとする．通信衛星を介した送信側から受信側までの伝搬遅延を 270 ミリ秒 (ms) とし，衛星回線上で誤りが発生しないものとする．

このとき，ウィンドウサイズ 1, 7, 15, 127 (単位はフレーム) に対する**スループット**の最大値は何 kb/s となるか．ただし，スループットとは，システムの単位時間当たりの処理量であり，ネットワークの場合は，ネットワークによって単位時間当たりに伝送されるデータ量 (bit/s) である．

【解答】 一つの 3072 オクテット長フレームを送信するために要する時間は，
$$\frac{3072 \times 8[\text{bit}]}{384000[\text{bit/s}]} = 64[\text{ms}]$$
となる．ACK の作成および送信時間は無視できるので，送信側が 1 フレームを送信し終えてからそれに対する ACK が帰ってくるまでの時間 (通信衛星を 2 回経由) は，図 2.6 に示すように，540 (= 270 × 2)ms となる．衛星回線上には，最大 540/64=8.4 個，したがって 9 個のフレームが存在することができる．

1 フレームを送信し始めてから ACK を受け取るまでの時間は，下図より 604ms となる．したがって，ウィンドウサイズが 9 フレーム以下の場合には衛星回線に空きが生じるが，10 フレーム以上の場合には，回線は 100%使用される．

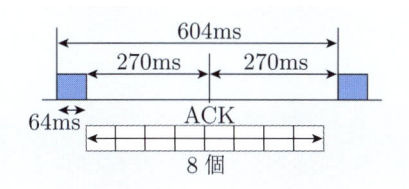

図 2.6 静止衛星通信回線を用いたフレームの伝送

以上より，ウィンドウサイズが 1 のときには，604ms ごとに 1 フレーム (3072 × 8=24576[bit]) が送信される．したがって，最大スループットは，
$$\frac{24576[\text{bit}]}{604[\text{ms}]} = 40.689[\text{kb/s}]$$
となる．

ウィンドウサイズが 7 のときには，同様に，次のようになる．
$$\frac{24576 \times 7[\text{bit}]}{604[\text{ms}]} = 284.821[\text{kb/s}]$$

ウィンドウサイズが 15，127 のときは，衛星回線上に存在できる最大フレーム数よりもウィンドウサイズが大きいので最大スループットは 384kb/s となる． ∎

2.1.5 順序制御

送信側が送信するデータは，正しい順序で重複なく受信側に引き渡されなければならない．しかし，誤り制御による再送のために，データは誤りなく受信されても，その順序が逆転したり (図 2.4(b) の選択的再送方式を参照)，同じデー

タが重複して受信されたりすることがある．このままでは，不都合である．例えば，1枚の画像のデータをいくつかのブロックに分割して送信する場合，ブロックの受信の順序が逆転すると，もとの画像を正しく復元できない．したがって，受信データの重複をなくし，正しい順番に並び替える制御が必要となる．この制御を**順序制御** (sequence control) という．

2.1.6　ピギィバック ACK

ACK は重要な信号ではあるが，それ自身はデータ伝送に寄与していない (これを**オーバヘッド**と呼ぶ)．したがって，このオーバヘッドはできるだけ減少させる必要がある．この目的のために，双方向通信のとき，相手宛のデータに ACK を相乗りさせる送達確認を**ピギィバック ACK** (piggybacked ACK) という．この方式は，ダブルナンバリング方式とも呼ばれる (図 2.7 参照)．

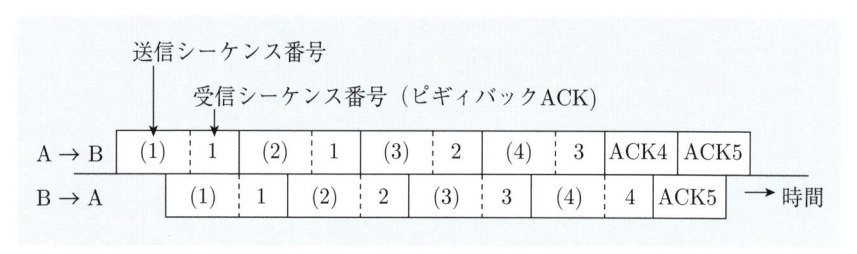

図 2.7　ピギィバック ACK の例 (端末 A と端末 B とが双方向通信を行う)

2.1.7　コネクション制御

以上述べてきた各種の制御が，データ転送において常に行われるとは限らない．このような制御を行うためには，まず通信する 2 端末間で，このことの合意が必要である．さらに，各端末において，制御に必要な資源の確保や準備を行い，それを維持管理しなければならない．すなわち，バッファメモリを確保したり，送受信されるデータの状態情報 (誤り制御やフロー制御のためのシーケンス番号，タイマーの値など) を管理するための変数を用意する．そして，それらの変数に基づく表などを端末の中に作成し，管理する必要がある．

上記のことを実行するためには，各端末にかなり複雑なソフトウェア(場合によってはハードウェア) を実装することになり，システムの複雑化を招く．そのソフトウェアの実行は，端末に大きな負担をかけることもある．例えば，ARQ

でGBNと選択的再送とを比較すると，メモリ確保や状態情報管理の点でGBNの方が端末の負担は軽い．しかし，回線利用効率は低くなる．このため，GBNは端末の性能が低い場合に使われる．また，転送する情報の性質によっては，制御を行うことに注意が必要である．例えば，音声で単純に再送制御を行うと，エコーになって聞こえたり間延びして聞こえる．したがって，システムの目的や設計条件に応じて，どの制御をいかなる形で行うかを決める必要がある．

情報通信の形態は，上記の各種制御を行うか否かによって，**コネクション型**(Connection-Oriented：CO) 通信と**コネクションレス型**(ConnectionLess：CL) 通信とに分類される．

(1) コネクション型通信

この方式は，実際のデータ転送に先立って，通信する1対の端末間で，各種制御を行うことの合意とそのための準備をする．このことを，コネクションを確立するという (いわゆる "コネ" ができるのである)．例えば，我々が鉄道を利用する場合，あらかじめみどりの窓口で予約席の切符を買っておくようなものである．コネクションは，一種の論理的な通信路と考えることができ，コネクションを確立することは，上述の資源の確保や準備に対応する．以後のデータの送受信は，このコネクション上で，誤り制御・フロー制御などの各種制御を実行しながら行われる．データの転送が完了すると，コネクションは解放される．すなわち，資源を解放したり，変数・表などを消去する．

以上の説明のように，コネクション型通信は，次の三つのフェーズよりなる．

(1) **コネクション確立** (connection establishment)
(2) **データ転送** (data transfer)
(3) **コネクション解放** (connection release)

コネクション解放は，**コネクション終結** (connection termination) または**コネクション切断**と呼ばれることもある．この様子を，図 2.8(a) に示す．

コネクション型通信には，コネクション確立・解放や各種制御に伴う大きなオーバヘッドがあり，システム効率が低下する可能性がある．しかし，制御を行うため，高い信頼性が得られる．前述の予約席の例でいえば，みどりの窓口に行くという面倒さはあるが，席には必ず座れることに対応する．

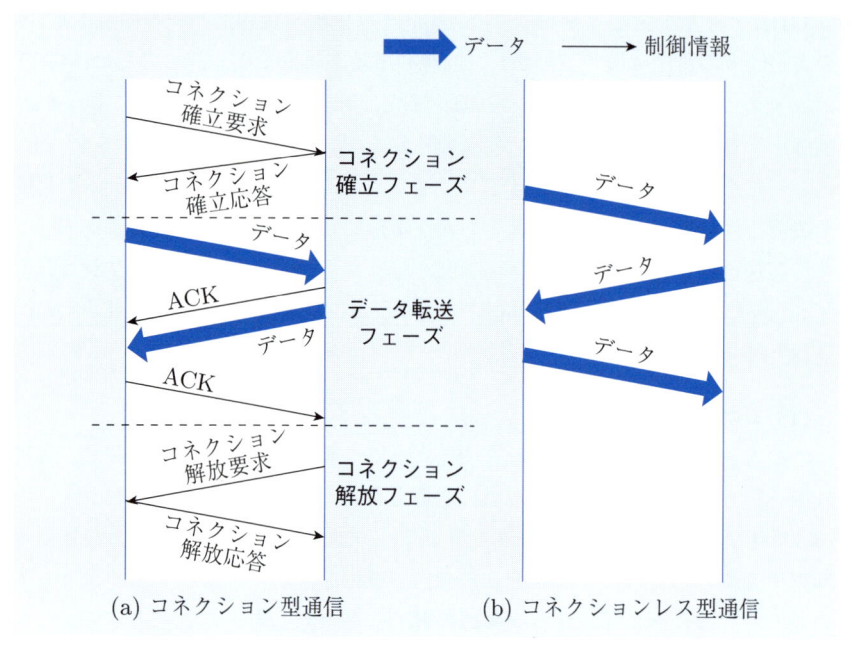

図 2.8　コネクション型通信とコネクションレス型通信

(2) コネクションレス型通信

図 2.8(b) に示すように，この方式においてはコネクションの概念はなく，データの送信要求が生じると，直ちに，相手の端末にデータを送信する．これは，"コネなし"である．鉄道の例でいえば，自由席に対応する．

データ転送時には，誤り制御・フロー制御などの各種制御は，普通は行われない．このため，コネクションレス型通信には，オーバヘッドが少なく高効率のシステムを実現できる可能性がある．しかし，システムの信頼性は低い．みどりの窓口に行く必要はないが，座席の保証はないのである．

コネクション型とコネクションレス型のいずれの方式を用いるべきかは，通信の目的に依存する．例えば，長いメッセージを信頼性高く送りたい場合にはコネクション型を用い，短いメッセージを迅速に送りたい場合にはコネクションレス型を用いる．我々が鉄道を利用する場合でも，長距離では予約を考えるが，短距離では座席予約をすることはあまりない(予約席がないことさえある)

ようなものである．このように，プロトコルの機能は，保険と似ている．

なお，次節で述べるように，情報ネットワークのプロトコルは，階層化して構成されるのが普通である．ある階層においてコネクションレス型の通信を行えば，すなわち，コネクションレス型のプロトコルを採用すれば，それより上の階層においてコネクション型のプロトコルを用いて，システムの信頼性を確保するようにしている．

2.1.8 分割・組み立ておよび連結・分離

一つの端末や交換機においては，メモリの制約のため，一度に取り扱い可能なデータの最大長が制限される．最大長を超えるデータを取り扱わなければならない場合は，そのデータを最大長に収まる複数個の小さなデータに分割する．そして，受信側において，これらの小データを集めてもとのデータを組み立てる．この操作を，**分割・組み立て** (fragmentation and reassembly) と呼ぶ．

連結・分離は，分割・組み立ての逆の操作を行う．すなわち，送信に際し，複数個のデータを一つのデータ転送単位にまとめる．そして，受信後，データ転送単位をもとの個々のデータに分離する．

本節のここまでの議論では，相手端末が1個の場合を想定していた．以降は，ネットワーク内に複数個の端末が存在していて，それらが通信回線で直接にまたは間接に (交換機により) 接続されている場合を考える．

2.1.9 各種アドレスとアドレス解決

通信する可能性がある複数個の端末が存在する場合，その中から通信したい端末を識別する必要がある．この識別情報を**アドレス** (address) と呼ぶ．情報ネットワークにおいては，種々のアドレスが使用される．インターネットに関しては，**電子メールアドレス**，**ドメイン名**，**IPアドレス**，**MACアドレス**などの用語をよく目にするであろう．

アドレスは，一般に，階層的に付与される．これは，我々が郵便物を送る際，県名，市町村名，番地，個人名という階層的な識別情報を付与することと似ている．

また，同一対象に複数のアドレスがあり，それらの対応関係を求める必要が生じる場合もある．例えば，学生の場合，個人名 (戸籍名)，学生番号，携帯電

話番号は，いずれも特定の個人を識別するものである．しかし，これらの対応関係は自明ではなく，何らかの方法でこの関係を求める必要がある．

情報ネットワークのアドレスについても同様の問題が存在し，この対応関係を求めることを，**アドレス解決** (address resolution) と呼ぶ．第 8 章で，MAC アドレスと IP アドレスのアドレス解決法である **ARP** (Address Resolution Protocol) と，ドメイン名と IP アドレスのアドレス解決法である**ドメインネームシステム** (Domain Name System：DNS) とを説明する．

2.1.10 交換方式

データを転送したい端末間に直結通信回線がない場合には，通信ネットワーク内の交換機を経由してデータを転送しなければならない．第 1 章で述べたように，交換機は，入力伝送路から受信した情報を中継し，情報の宛先に応じて，適切な出力伝送路を選択して送り出すという交換処理を行う．このための方法として，**回線交換** (circuit switching)，**パケット交換** (packet switching)，**ATM 交換** (Asynchronous Transfer Mode switching) などがある．

回線交換は，送受信端末間に物理的な通信路を設定し，その端末対が排他的に通信路を使用するものである．パケット交換では，複数の送受信端末対で通信路を共有使用する．各端末は，送信データを一定の長さ以下のデータブロックに分割し，それらに送受信端末対を識別するためのラベル (**コネクション識別番号** (connnection ID) または送受信端末のネットワークアドレス) を付与する．ラベルが付与されたデータブロックは，**パケット** (packet) と呼ばれる．交換機は，パケットのラベルを見て，それを適切な出力伝送路に送り出す．**パケット交換機** (packet switch) は，**ルータ** (router) とも呼ばれる．ATM 交換は，パケット交換の一種である．交換方式については，第 7 章で詳しく説明する．

2.1.11 ルーティング

データを転送したい端末間に直結通信回線がない場合に重要なのは，送信元端末 (source) から宛先端末 (destination) まで，どのような**ルート** (route)(**経路**ともいう) を選択するかということである．これを，**ルーティング** (routing) または**経路制御**と呼ぶ (図 2.9)．ルーティングは，分散環境下において，通信回線や交換機という資源を上手に割り当てて，データを宛先端末に効率的に届けるための経路選択問題である．これは，自動車を運転する際の経路選択の問

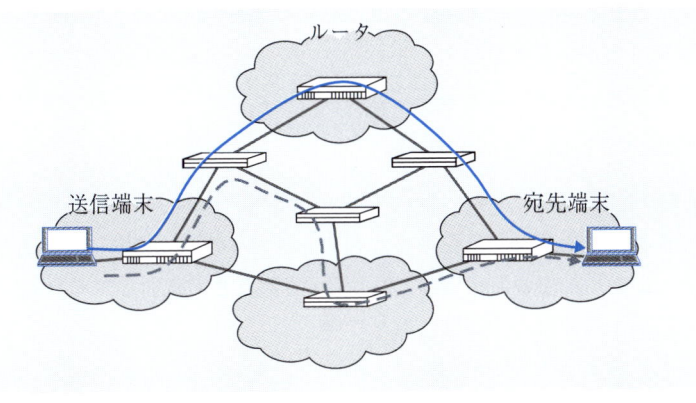

図 2.9 ルーティング

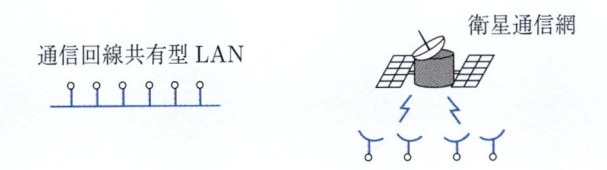

図 2.10 放送形ネットワークにおける MAC プロトコル

題と似ている．運転者は，遠く離れた道路の交通状況を正確には知り得ないという条件の下で，目的地までの道筋を選択する．これは，情報ネットワークにおけるルーティングの問題と同じである．第 7 章でこれを扱う．

2.1.12 MAC プロトコル

1.2 節で述べたように，衛星通信網, 地上無線通信網, 通信回線共有型 (shared media) LAN などの放送形ネットワーク (図 2.10) においては，すべての端末が一つの通信回線をいかに効率的に共有するかが問題となる．このことは，パケット交換方式を放送形チャネルに適用するときに重要となる．**MAC プロトコル** (Medium Access Control protocol) は，放送形チャネルの効率的共有のためのアルゴリズムである．

理想的な放送形ネットワークでは，すべての端末同士が直接通信可能である．その意味で，放送形ネットワークは，論理的には完全連結のネットワークトポロジー (すべての端末対が直結している) を持つ．しかし，各端末は地理的に離

れていてそれぞれの通信要求を簡単には知り得ないため，通信回線使用のための端末間の調整が必要となる．その調整のための端末間の情報交換は，調整の対象である通信回線自身を用いて行われなければならない．第5章ではこの問題を扱っている．

2.1.13 認証

自分が本物であるということを他人に証明するのは，必ずしも容易なことではない．よく知っている相手は，顔・声・姿形などで識別してくれる．しかし，この方法は，見知らぬ人には通用しない．

一般的に本人証明するためには，運転免許証，学生証，社員証などの身分証明書を利用する．なぜこれが証明になるのであろうか？

例えば，運転免許証の場合には，各都道府県の公安委員会という公的機関が所定の様式で公印付きで発行しているため，提示された相手はそれを信用するのである．都道府県公安委員会は，地方自治法第180条の9と警察法第38条という法律を基に組織されている．法律は国会で制定される．"国会は，国権の最高機関であって，国の唯一の立法機関である"と日本国憲法第41条に定められている．同様に，大学生の学生証は，各大学により所定の様式で公印付きで発行されている．各大学の設置根拠は，国立大学法人法や私立学校法などの法律にある．

上記のように，証明書の正当性の根拠は，"発行組織 → 組織の設置根拠の法律 → 国会 → 日本国憲法 → 日本国"という連鎖をなしている．それでは，国家の根拠は何だろうかということになる．これには，慣習国際法における"国家の3要素(領土，国民，主権)がある"など，いくつかの解釈がある．本書では深入りはせず，単に**全国民が国家自身の存在を認めているということにする**．

一方，国際的な証明書の代表例は，**パスポート**(passport：旅券)である．日本国内では，パスポートは，住民票のある都道府県の知事(実際には旅券センター)に申請し，外務大臣名で交付される．この手順は，旅券法という法律で定められている．国外渡航では，さらに，原則として，相手国の**査証**(visa：ビザ)を取得しなければならない．旅券が渡航元の証明書であるのに対して，査証は渡航先の証明書である．すなわち，関係する二カ国の証明書が必要となる．この状況は，情報ネットワークにおける送信元(source)と宛先(destination)

とについても同じである．

　情報ネットワークにおける**証明書** (certificate) は，電子的で偽造や盗用が極めて難しいものでなければならない．そのため，**暗号** (cipher) の**公開鍵** (public key) の形で，**CA** (Certification Authority：**証明機関**) によって，証明書は発行される．証明書を発行する CA 自身は，上位の CA によって認証され，その CA はさらに上位の CA に認証されるという**信用の連鎖** (chain of trust) をなす．これは，上述の運転免許証，学生証，パスポートの場合と同じである．**皆が無条件で信用することにする** CA を，**ルート証明機関** (root Certification Authority) と呼ぶ (運転免許証などの場合には日本国である)．下位の CA を，**中間証明機関**という．このような証明書の組織的発行方法を，**公開鍵基盤** (Public Key Infrastructure：**PKI**) という．

　以上の説明は，エンティティ認証 (個人認証) の場合であったが，メッセージ認証 (文書認証) の場合の考え方も同様である．

　認証 (authentication) の技術的基礎は，**暗号学** (cryptology) にある．第 9 章でその概要を説明するとともに，PKI の具体例も紹介する．

2.1.14　マルチキャスト

　インターネットでのライブコンサート情報の配信のように，同一の情報を複数の端末に同時に送信することを**マルチキャスト** (multicast) と呼ぶ．これに対して，一つの宛先への送信を**ユニキャスト** (unicast)，全端末への送信を**ブロードキャスト** (broadcast)(放送) という．

　マルチキャストは，簡単に実施しようとすれば，宛先端末数だけのユニキャスト送信を組合せればよい．しかし，同一の情報が同時にネットワークを流れることになり，効率が悪い．これを避けるために，ルートが共通のところは一つのパケットを流し，ルートが分かれる交換機 (ルータ) でパケットのコピーを作成して，それぞれの方向に送出するなどの工夫がなされている．

　以上紹介した基礎概念の他にも，いくつかの重要な概念がある．特に，応用機能 (アプリケーションサービス) に関しては多様なものがある．しかし，1.3 節でも述べたように，本書では応用機能を特定しない技術課題に議論を限定することとしたので，応用機能に関する基礎概念は省略する．

2.2 階層化の考え方

これまで述べてきた種々の機能をソフトウェア(またはハードウェア)で実現しようとすれば,それはかなり複雑なソフトウェア(またはハードウェア)になることは明らかであろう.一般に複雑な問題を解こうとするとき,よく用いられるのが**分割統治法**(divide and conquer)である.すなわち,与えられた大きな問題を,解決が容易な複数個の小さな問題に分割する.そして,個々の小問題の解を集めて,もとの問題の解を作るというものである.言い換えれば,目標とする機能を,実現が容易な小さな機能単位のモジュールに分割し,それらのモジュールの集合として目標の機能を実現するという考え方である.プロトコルの実現においても,この考え方が用いられている.

ある機能をモジュール化しようとする場合,図2.11に示すように,縦割にする方法と横割にする方法とが考えられる.今の場合,縦割とは,各応用機能ごとにモジュール化することである.また,横割とは,種々の応用機能に共通する機能要素を抽出し,それらの要素を上下に積み上げて**階層化**(layering)するものである.上の階層の機能要素は,下の階層の機能要素を利用してさらに高度の機能を実現するという方法である.この方法は,計算機プログラムの作成において,多数のサブプログラムを別々に作成しておき,一つのサブプログラムが別のサブプログラムを利用し,さらにそれらをメインプログラムから利用することによって全体のプログラムを構築する方法と同じである.

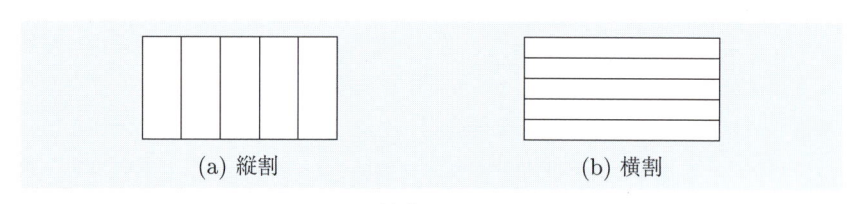

(a) 縦割 (b) 横割

図2.11 機能のモジュール化

縦割の方法は,各応用機能ごとにコンパクトで効率の良いソフトウェアを作成できるという利点がある.しかしその反面,モジュール間で機能の重複が生じるという欠点がある.さらにはプログラムの一部を変更すると,それが全体に影響を及ぼすという問題もある.特にこの点は,情報ネットワークにおいては重要である.例えば,技術の進歩によって通信ネットワークのハードウェア

部分を新しいものに置き換えることになったとき，それに伴って計算機のOS部分まで変更しなければならないとしたら大変なことである．

横割の方法，すなわち，階層化する方法には，上記のような問題は生じない．階層化には，機能の変更・拡張や実装方法の変更による影響を当該階層にのみ限定でき，モジュールとしての保守性を高めるという特長がある．ただし，モジュールとしての保守性や汎用性を高めようとするために，ある目的には不必要な機能まで取り込み，その結果無駄が生じて性能が低下する恐れもある．

複雑な機能を持った通信プロトコルの実現には，普通，階層化の方法が用いられている．そして，一つの**層** (layer) に対して，一つまたは複数のプロトコルが定義されている．

次に，階層化において重要な概念を，例を用いて説明しよう．

|例| **政治家同士の話し合いの階層化による実現**

日本国首相とメキシコ大統領が，経済協力問題で話し合うとしよう．このとき二人の話し合いを可能にするためには，二つの問題を解決しなければならない．まず第1に，日本国首相は日本語を，メキシコ大統領はスペイン語を話すので，共通に使用する言語を定めなければならない．次に，日本とメキシコは太平洋を隔てているので，その間でのメッセージの伝達方法 (通信方法) を定めなければならない．これらの問題を解決するために階層化の方法を用いれば，図2.12に示すような解が得られる．すなわち，翻訳者と通信技術者を，日本とメキシコのそれぞれにおくのである．

翻訳者同士は，共通言語として，例えば英語を使用することを取り決める．ま

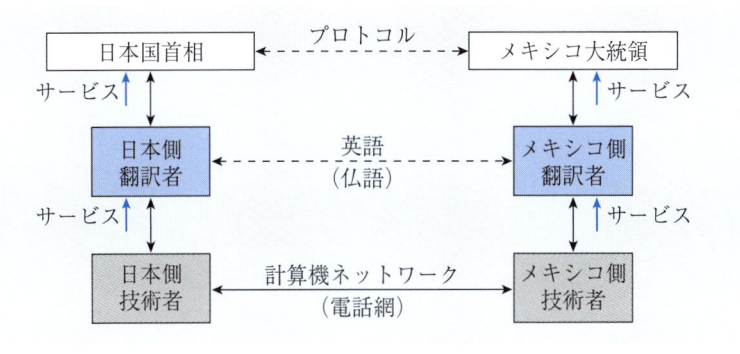

図2.12 階層化による複雑な機能の実現：政治家同士の話し合いの例

た，通信技術者同士は，メッセージ伝達手段として計算機ネットワークの電子メール機能を用いることに合意する．このように，同じ層で互いに通信する主体 (技術者や翻訳者，さらには政治家自身) を**同位エンティティ** (peer entity) と呼び，同位エンティティ間での通信のための取り決めを**プロトコル** (protocol) と呼ぶ．政治家は，自分の意見を母国語で翻訳者に伝える．翻訳者はそれを英文に翻訳し技術者に渡す．技術者は，その英文メッセージを電子メールとして相手に届ける．受取側では，逆の順番で処理が行われ，最終的に政治家が送り手の意見を受け取る．このとき，技術者は，メッセージを伝達するというサービスを翻訳者に提供し，翻訳者は言語の翻訳というサービスを政治家に提供している．このように，一つの層がすぐ上の層に対して提供する通信機能を**サービス** (service) と呼ぶ．上位のエンティティは，下位のエンティティが提供するサービスを用いて，より高度なサービスをさらに上位のエンティティに提供したり，最終的な目的機能を実現したりしているのである．

　さて，ここで，メキシコ側翻訳者が，より高給の会社に転職してやめてしまったとしよう．そこで，新しい翻訳者が雇われた．ところが，新しい翻訳者は英語を使いたくなかった．そこで，日本側翻訳者との話し合いの結果，共通言語を英語からフランス語に変更したとする．これは，翻訳者層でのプロトコルが変更されたことを意味する．しかし，政治家や技術者は，この変更に伴って何をする必要もないことは容易にわかるであろう．これが階層化によるモジュール化のメリットである．もし翻訳者と技術者が同一人物であるならば，使用言語のみならず通信手段まで変更 (例えば，電話網を用いた FAX へ変更) しなければならなくなる可能性がある．

　以上の説明で明らかなように，階層化されたシステムを定義するためには，
(1)　階層の切り分け方
(2)　各層が提供するサービス
(3)　そのサービスを実現するためのプロトコル

を定めなければならない．これらを体系的に取り決めたものを**ネットワークアーキテクチャ**と呼んでいる．アーキテクチャのもともとの意味は，建築術または建築様式である．情報ネットワークを"建築する"様式のことを，ネットワークアーキテクチャと名づけたわけである．なお，各層で定義されるサービスやプロトコルは，コネクション型かコネクションレス型のいずれかになる．　　□

2.3 OSIとインターネットプロトコルスイート

これまでに多くのネットワークアーキテクチャが提案されている．その最初は，1974年に米国IBMが発表した**SNA** (Systems Network Architecture) である．しかし，これは基本的にIBM製品用であり，どのような機種にも対処できる開放性がなかった．

そこで，ISOは，1977年から1984年にかけて，異なる情報処理システム間を相互接続して情報交換やデータ処理を可能とする**開放型システム間相互接続基本参照モデル** (Open Systems Interconnection (**OSI**) Basic Reference Model)[11] を標準化した．これは，ITU-T勧告X.200にもなっている．

異機種間接続のためのアーキテクチャとしては，さらに，**インターネットプロトコルスイート** (Internet Protocol Suite) がある．これは，最初は米国国防総省・国防高等研究計画局 (Defense Advanced Research Projects Agency：DARPA) が定めたものであり，1982年から正式使用されている．現在は，IETFが多くのRFC (Request For Comments) として規定している．これは多くのプロトコル群から構成されるものであるが，そのうちの二つの代表的なプロトコル名を用いて**TCP/IP**とも呼ばれている．TCP/IPは現在，**インターネット** (Internet) を代表とする多くのシステムで用いられているため，**事実上の標準 (de facto standard)** といえる．ITU-Tでも，現在では，TCP/IPを用いるネットワークについての勧告 (Yシリーズ) を出している．

これに比べて，OSIは正式の国際標準となりながら，結果的には普及しなかった．しかし，ネットワーク機能の階層分離の観点からは，OSIはTCP/IPよりも概念がきれいに整理され体系化されている (p.158も参照)．そのため，ネットワークアーキテクチャの議論は，OSIとの比較によってなされる場合が多い．

OSIでは，図2.13に示すような七つの**層** (layer) が定義されている．この7階層の枠組を，**OSI参照モデル**と呼ぶ．さらに図2.13には，インターネットプロトコルスイートのうち，よく用いられるものを，**同等の機能を持つ**OSIの層の横に示してある．"同等の機能を持つ層"としたのは，厳密な意味での対応関係はないからである．詳細については，本書の後の関連箇所で順次説明する．

本節では，OSIの最下位層から順に，各層の役割と，対応するインターネットプロトコルとを簡単に説明する．

OSI	インターネット			
応用層	HTTP	DNS	SMTP	...
プレゼンテーション層				
セッション層				
トランスポート層	TCP		UDP	
ネットワーク層	IP			
データリンク層　LLC副層 MAC副層				
物理層				

図 2.13 OSI 参照モデルとインターネットプロトコルスイートの階層構成

(1) **物理層** (physical layer)：この層では，電気信号または光信号の形で，情報転送単位としての**ビット** (bit) を伝送するというサービスを提供する．その目的のために，機械的・電気的・機能的インタフェースを与える．すなわち，端末と通信装置とのコネクタの形状や大きさ，ピンの個数，用いる電気信号の電圧レベル，インピーダンス，各ピンの使い方の手順などを定める．RS232C は，その古典的な例である．

(2) **データリンク層** (data link layer)：この層は，隣接局間での通信を司る (図 2.14 参照)．複数の直列のビットを，意味のある一つの単位である**フレーム** (frame)(正式には，データリンクプロトコルデータ単位) にまとめる．これを**フレーミング** (framing) と呼ぶことがある．フレームの伝送に際しては，物理層が提供するビットの伝送サービスを利用する．この層でコネクション型プロトコルが用いられれば，隣接局間で誤り制御・フロー制御などの制御が行われる．古典的な**基本形データ伝送制御手順** (1971 年 ISO 国際規格) や，近代的プロトコルの最初の一つである**ハイレベルデータリンク制御手順** (**HDLC**) は，この層のプロトコルである．また，インターネットでよく用いられる **PPP** (Point-to-Point Protocol) は，データリンク層プロトコルの機能も持つ．

用いられるチャネルが放送形チャネルであるならば，データリンク層はさらに二つの**副層** (sublayer) に分けられる．IEEE802 標準 LAN では，これらは，**メディアアクセス制御副層** (Medium Access Control sublayer) と**論理リンク制御副層** (Logical Link Control sublayer) と呼ばれている．それぞれ，略して，**MAC 副層**，**LLC 副層**ということが多い．前者におけるプロトコルが，MAC プロトコルである．後者は，通常のポイントツーポイントチャネルネットワ

2.3 OSI とインターネットプロトコルスイート

クと同様の隣接局間の通信制御サービスを提供する．

ここで，もう一度，図 2.13 を見ると，OSI の物理層とデータリンク層に対応するインターネットプロトコルは定義されていないことに気づくであろう．これは，インターネットが"複数のネットワークが相互接続されているネットワーク"を意味するものであるので，そのプロトコルを特定の物理的な構成やデータリンクレベルのプロトコルに依存しない汎用的なものとするためである．

(3) **ネットワーク層** (network layer)：この層は，図 2.14 に示すように，データリンク層が提供する隣接局間のフレーム伝送サービスを利用して，エンドツーエンド局間のデータの転送を行う．隣同士で確実に通信ができれば，それを数珠つなぎに中継していけば，端から端への通信ができるであろう．その際，ネットワーク層から見れば，コネクション型のデータリンク層ならば隣接局間で必ず正しくデータの伝送を行ってくれる(実際には，何度かの再送を行うかもしれないが)．ネットワーク層での転送の単位を**パケット** (packet)(正式には，ネットワークプロトコルデータ単位) と呼ぶ．この層の特徴は，パケットの**交換**と**ルーティング**である．

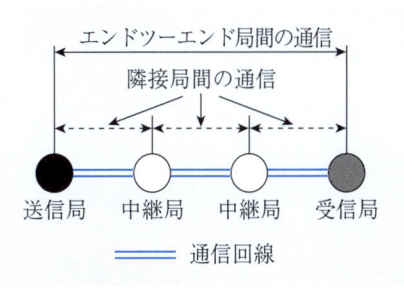

図 2.14　隣接局間とエンドツーエンド局間の通信

この層のプロトコルとしては，コネクション型のITU-T 勧告 **X.25** がよく知られている．また，インターネットの **IP** (Internet Protocol) は，コネクションレス型のネットワーク層プロトコルである．

ネットワーク層でコネクション型のプロトコルが用いられれば，エンドツーエンドの局間にコネクションが設定される．そのコネクションによって，エンドツーエンドの誤り制御・フロー制御・順序制御などが実行される．さらに，この層では，**輻輳制御** (congestion control) が行われることもある．この制御は，

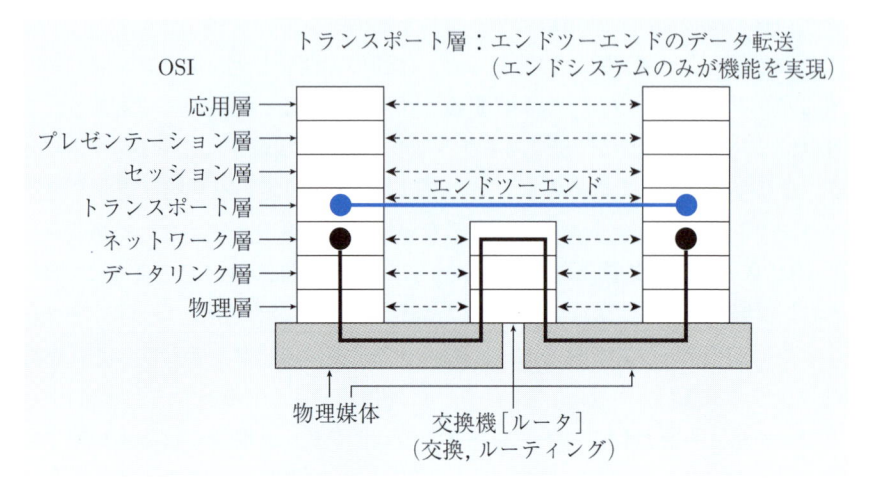

図 2.15　トランスポート層の役割

いわば，網内での"交通渋滞"の解消と予防のためのものである．

(4) **トランスポート層** (transport layer)：図 2.15 に示すように，これはエンドシステム間でのデータ転送サービスを提供する層である．

この機能はエンドシステムにのみ実装され，ルータ等の中継システムには存在しない．したがって，トランスポート層は，ネットワーク層が提供するエンドツーエンド局間におけるデータ転送サービスの品質に関する差異を吸収する．例えば，用いられる物理網が電話網とディジタルデータ網では，前者の方がディジタルデータ伝送のサービス品質が低くなる(電話網は，元来，アナログの音声を伝送するように設計されているため)．しかし，ネットワークのユーザにとっては，物理網とは独立に，ある一定のサービス品質が保証されることが望ましい．一例を挙げれば，ネットワーク層の伝送サービスにおいて誤りが多ければ，その上の層で誤り制御を行うことによって，ユーザには誤りの少ない伝送サービスが提供されているように見せることが望ましい．

このような観点から，トランスポート層は，下位層を構成する各種通信網の差を補い，上位層の透過的なデータ転送を保証する層であるといえる．トランスポート層以下の機能により，ユーザは，自分の PC と別のエンドシステム (例えば，Web サーバ) との間のデータ転送サービスを，送受されるデータの意味内容には関与しない形で受けることができる．

2.3 OSIとインターネットプロトコルスイート

OSIでは，ネットワーク層が提供するサービスの品質によって使い分けられるように，クラス0からクラス4までの5種類のコネクション型トランスポートプロトコルが用意されている．また，インターネットの**TCP** (Transmission Control Protocol) はコネクション型，**UDP** (User Datagram Protocol) はコネクションレス型のトランスポート層プロトコルである．

(5) **セッション層** (session layer)：エンドツーエンドのプロセス間の通信を司る層である．プロセス間の同期を取りながら，プロセスにとって何らかの意味を持つデータの送受方法を管理する．

(6) **プレゼンテーション層** (presentation layer)：データの表現形式の折衝・識別・解釈などを行い，必要に応じて表現形式の変換も行う層である．OSIのエンドユーザ (応用プロセス) 間で転送されるデータの構文 (syntax) を取り扱う層ともいえる．データの意味内容 (semantics) は，すぐ上の応用層が扱う．

(7) **応用層** (application layer)：応用プロセス間で送受されるデータの意味内容に対応した通信処理機能を実現する．ネットワークのユーザとの接点となる大切な層である．この層の機能として，ファイル転送，電子メール，リモートデータベースアクセス，ジョブ転送，仮想端末，ネットワーク管理などが定義されている．応用層では，一部の共通機能は除き，残りは縦割である．

インターネットでは，OSIの上位3層に対応する機能は階層化されていない．図2.13に示すように，応用ごとに縦割になっている．インターネット応用層プロトコルには，WWW転送でおなじみの**HTTP** (HyperText Transfer Protocol) や，電子メール用の**SMTP** (Simple Mail Transfer Protocol)，**POP3**，**IMAP**がある．また，**FTP** (File Transfer Protocol) はファイル転送，**TELNET**はリモートログインのための応用層プロトコルである．これらの応用層プロトコルは，トランスポートプロトコルとしてTCPを用いている．一方，ドメイン名とIPアドレスのアドレス解決を行う**DNS**は，原則として，UDPを用いる．HTTPとDNSについては，第8章で概要を紹介する．

本書の後の章で説明するように，**TCP/IPでは，OSIとは異なり，階層化の原理は必ずしも徹底していない**．建築様式の観点で，OSIを格式ある伝統ホテルに例えれば，TCP/IPは機能性重視のデザインホテルといったところか．ホテル本来のサービスとは何かを知るには，伝統ホテルでの滞在が適している．

2.4 OSIにおける階層化と実現方法

OSIでは，2.2節で述べた階層化の考え方を，図2.16に示すような一般的なモデルで表現している．物理層を第1層とし，下位から数えてN番目の層を$\langle N \rangle$層と呼んでいる．一般に$\langle N \rangle$層に焦点を合わせて，階層化の実現方法について簡単に述べる．

各層で通信する主体を**エンティティ** (entity) と呼ぶ．2.2節の政治家同士の話し合いの例では，政治家，翻訳者，通信技術者がエンティティである．特に，同じ階層のエンティティ(例えば，翻訳者同士)を**同位エンティティ** (peer entity) と呼ぶ．

情報を同位エンティティ間，または隣接層のエンティティ間で引き渡すための単位を，**データ単位** (data unit) と呼ぶ．$\langle N \rangle$層のデータ単位には，$\langle N \rangle$ **サービスデータ単位** (Service Data Unit：**SDU**) と $\langle N \rangle$ **プロトコルデータ単位** (Protocol Data Unit：**PDU**) とがある (図2.17参照)．$\langle N \rangle$–SDU は，$\langle N+1 \rangle$ エンティティ相互間の転送データを $\langle N \rangle$ サービスの観点から見たものである．$\langle N \rangle$–PDU は，$\langle N \rangle$ エンティティ相互間で転送されるデータ単位を $\langle N \rangle$ プロ

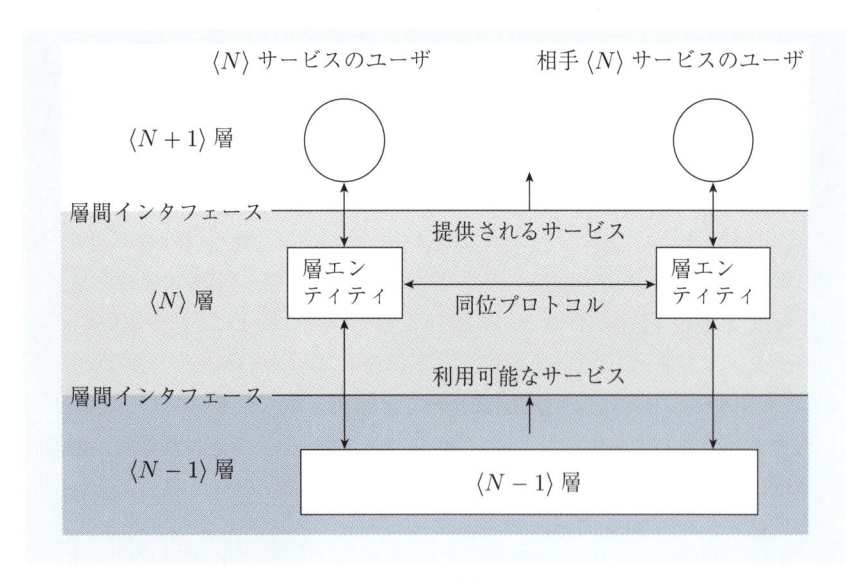

図2.16 OSIにおける階層化の基本構造

2.4 OSIにおける階層化と実現方法

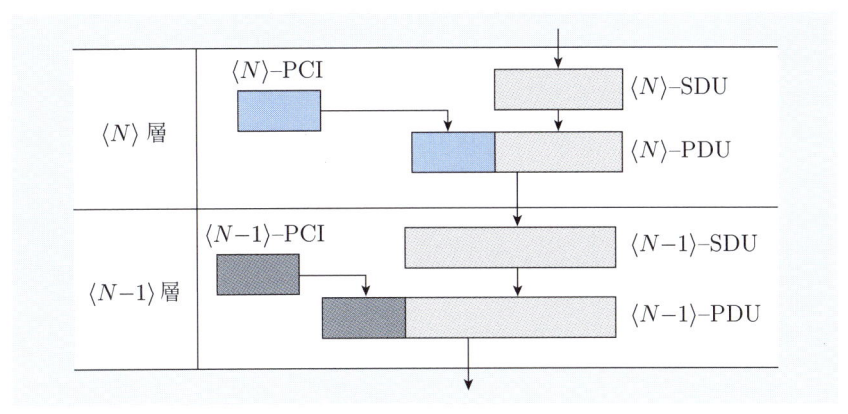

図 2.17 サービスデータ単位 (SDU) とプロトコルデータ単位 (PDU)

トコルの観点から見たものである．$\langle N \rangle$–PDU は，$\langle N \rangle$–SDU と $\langle N \rangle$ **プロトコル制御情報** (Protocol Control Information：**PCI**) とからなる．換言すれば，$\langle N \rangle$ 層において，SDU は送信したい情報そのものであり，PDU は送信のための制御情報を付加した送信の単位である．しかし，$\langle N-1 \rangle$ 層にとっては，(分割がなければ) $\langle N \rangle$–PDU が $\langle N-1 \rangle$–SDU となり，そのどの部分が $\langle N \rangle$–PCI であり $\langle N \rangle$–SDU であるのかを全く意識する必要はない．これは，すなわち，2.2 節で述べた階層化の考えの実現である．

放送形チャネルを用いる場合の MAC 副層と LLC 副層も，それぞれ一つの層とみなした用語が使用される．例えば，MAC 副層における SDU は **MSDU** (MAC SDU)，PDU は **MPDU** (MAC PDU) と呼ばれる．

また，OSI 用語ではないが，通信の世界では，PCI を**ヘッダ** (header)，SDU を**ペイロード** (payload)，SDU に PCI を付加して PDU を作成することを**カプセル化** (encapsulation) と呼ぶことが多い．フレーミングは，データリンク層におけるカプセル化である．カプセル化の場合には，ペイロードの後にも通信制御用のビット列である**トレーラ** (trailer) を付けることもある．典型的なものはフレームトレーラであり，これは誤り検出用のパリティビット列である．

2.5 サービス品質(QoS)とユーザ体感品質(QoE)

情報ネットワーク構築の目的は，ユーザに何らかの応用サービスを提供することである．そのことを柔軟に達成するために，階層化アーキテクチャを採用し，各階層が提供するサービスを規定する．構築されたネットワークの成否は，この**サービス品質** (Quality of Service：**QoS**) に大きく依存する．**QoSの保証**や **QoS 制御**は，プロトコルの重要な役割である．

各階層の QoS は，最終的には，ユーザが体感する，そのサービスの品質，すなわち，**ユーザ体感品質** (Quality of Experience：**QoE**) に大きく影響する．したがって，QoE は，ネットワークのサービス利用者にとって (ほとんどの場合にサービス提供者にとっても) 最も重要な品質となる．ユーザが主観的に感じる品質は，**ユーザレベル QoS** と呼ばれることもあるが，これら二つは意味合いがやや異なる．QoE の方がユーザレベル QoS よりも広い概念であり，最近では学会でも QoE がよく使われる．そのため，本書でも QoE の用語を用いる．

本節では，QoS と QoE の基礎概念を説明する．

2.5.1 QoS と性能

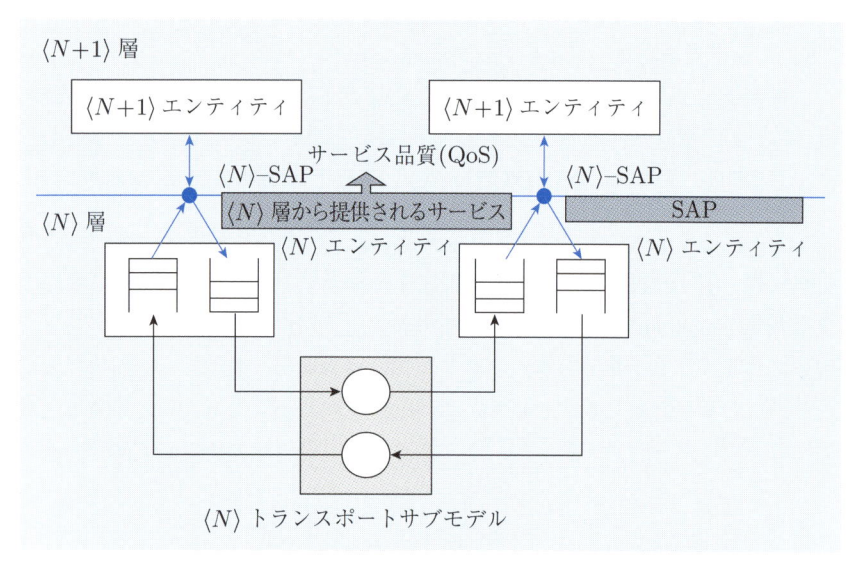

図 2.18 サービスアクセス点 (SAP) とサービス品質 (QoS)

2.5 サービス品質 (QoS) とユーザ体感品質 (QoE)

OSI モデルの $\langle N+1 \rangle$ エンティティに着目すると，これは $\langle N \rangle$ 層から提供されるサービスを利用する．このサービス提供は，図 2.18 に示すように，二つの層の境界にある**サービスアクセス点** (Service Access Point : SAP) を介してなされる．こうして提供されるサービスの品質が QoS である．

品質の定義は，いろいろ考えられるが，文献 [20] では，「あるべき姿への一致度」と定義している．同種のサービスでも，サービス形態により，あるべき姿は異なる．例えば，食事をする場合でも，立ち食い蕎麦屋と一流和食料理店では，客が期待するあるべき姿は異なる．立ち食い蕎麦屋で一流料理店並みのサービスが受けられないからといって，サービス品質が悪いとはいわない．

QoS の良し悪しは，定量的に表現される必要がある．そのための尺度を，**QoS パラメータ** (QoS parameter) と呼ぶ．例えば，立ち食い蕎麦屋の場合には，価格や注文してから蕎麦が出てくるまでの時間は，重要な QoS パラメータとなる．

QoS と密接に関係する概念として，**性能** (performance) がある．これら二つは，同じ意味で使われる場合があるが，区別することもある．例えば，文献 [20] では，"QoS は SAP を介して上位のサービス利用者に見えるものであるが，性能はその QoS を支えるためにサービス提供者の内部で規定される場合もあり，上位のサービス利用者に直接見えるとは限らない" としている．本書では，必要のない限り，QoS と性能という用語を厳密には区別せず，同じような意味で使用する．したがって，QoS パラメータという言葉の代わりに，**性能評価尺度** (performance measure) を使うこともある．

2.5.2 QoE

サービス提供の最終目標は，ユーザが満足する QoE を達成することである．QoE は，ユーザが体感する品質であるので，ユーザの主観にも依存する．したがって，その正確な定義は容易ではない．

QoE の定義については，既に多くの提案がある．ここでは，ITU-T 勧告 P.10/G.100 Ammendment2[21] と ETSI の定義 [22] を紹介しよう．

ITU-T 勧告：エンドユーザによって**主観的**に知覚されるアプリケーションまたはサービスの総体的受容度．

[注] (1) QoE は，完全なエンドツーエンドシステム効果 (ユーザ，端末，ネットワーク，サービスインフラ等) を含む．(2) 総体的受容度は，ユーザの期待度やコ

ンテキストに影響されうる.

ETSI の定義　：情報通信サービス及び製品の使用についての**客観的及び主観的心理尺度に基づくユーザ遂行能力の尺度**.

[注](1) QoE は, QoS のような技術的パラメータや, 通信タスクのような使用コンテキスト変数を考慮に入れて, 有効性, 効率, 満足度, 楽しみの度合いなどを測定する. (2) 適切な心理尺度は, 通信のコンテキストに依存する. 客観的心理尺度 (例えば, タスク完了時間や, タスクの正確度) は, ユーザのオピニオン (意見) には依らないが, 主観的心理尺度 (メディアの知覚品質やサービスの満足度等) はそれに基づく.

上記の**タスク** (task) は, **作業内容**を意味し, 例えば, Skype のようなテレビ電話での会話, YouTube のようなストリーミングサービスの視聴, ネットワークゲーム, Web による検索などである.

ITU-T と ETSI の定義は似ているが, ETSI の方は, '主観的尺度''(ユーザのオピニオンで測定される) に加えて "客観的尺度''(ユーザのオピニオンには依らず客観的に測定できる) も明示している点が異なる. ETSI の定義は, ユーザに知覚されるとは限らない影響要因もあることを考慮しているのである. 例えば, テレビ電話の出力において, 音声とビデオの出力時間差が 170ms ならば受信者はそれを知覚できないが, 送信者への対応には悪影響を与える.

上記の 2 定義を踏まえて, **QoE 尺度** (QoE measure) として, **ユーザ満足度** (satisfaction), **タスクの有効性** (effectiveness), **タスクの効率** (efficiency) が提案されている [22]. これらの尺度は, QoS のみならず, 通信状況 (タスクの種類, 場所等), サービス仕様 (音声通信, 音声・ビデオ通信, 音声・ビデオ・触覚通信, 端末タイプ等), ユーザ属性 (性別, 年齢, 性格, 嗜好, 民族性, サービス利用の経験度, サービスへの期待度等) にも依存する.

ユーザ満足度の QoE 尺度としてよく用いられるのが, **平均オピニオン評点** (Mean Opinion Score：**MOS**) である. これは, 評価したい対象 (例えば, 出力メディア) を多数の被験者に提示し, 被験者がそれに対してつけた点数を平均したものである. 各被験者は, 自分の主観的な判断で, 例えば, 1 (最も悪い) から 5 (最も良い) の点数をつける. MOS よりも正確な尺度を求めるため, 計量心理学的手法[23]による**心理的尺度**が用いられる場合もある.

2.5.3 インターネットにおける QoS と QoE

階層化ネットワークにおける QoS/QoE と QoS パラメータ/QoE 尺度の具体例を挙げるために，インターネットを取り上げる．その QoS/QoE を図 2.19 に示す．図 2.13 に関連して述べたように，インターネットでは，物理層とデータリンク層のプロトコルは規定されていない．しかし，実際には何らかのプロトコルは使用されるので，QoS は定義される．

図 2.19 では，五つの階層とユーザに対応して，次の 6 種類が定義されている．
- 物理レベル QoS
- データリンクレベル QoS
- ネットワークレベル QoS
- トランスポートレベル QoS (エンドツーエンドレベル QoS)
- アプリケーションレベル QoS
- QoE

現在よく使用される QoS パラメータ/QoE 尺度の例を，表 2.1 に示しておく．トランスポートレベル以下の QoS パラメータは，対象とする情報メディアの種類に依存していないことに注意されたい．このことも，階層化アーキテクチャの特徴の一つである．

一方，アプリケーションレベル QoS パラメータは，メディアの種類によって異なる．例えば，ビデオの場合には，1 枚のビデオフレームの画質を表す **PSNR**

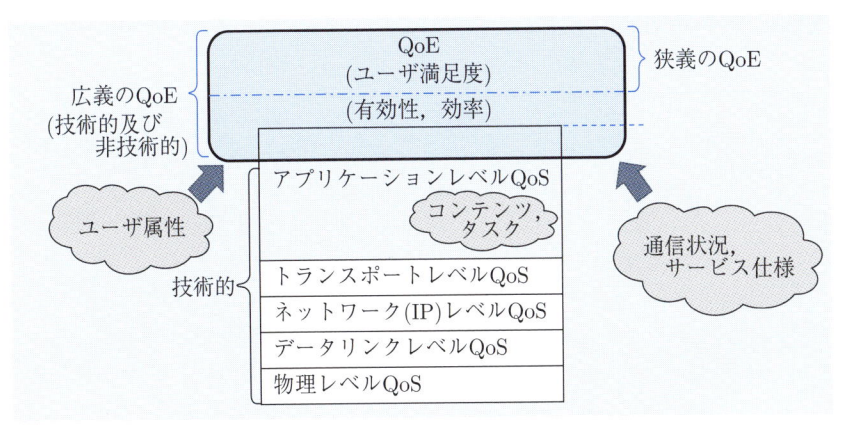

図 2.19 インターネットにおける QoS/QoE

(Peak Signal–to–Noise Ratio) や，1 秒間に送出されるビデオフレーム数を表すフレームレートが用いられている．音声の場合には，**IP 電話サービス**における出力評価値である **R 値**がある．これは，ITU-T 勧告 G.107 のネットワークプラニングモデル **E-model** を用いて計算される値であり，MOS への換算式も定義されている．更に，人間の耳内音圧スペクトルレベルのひずみを評価尺度としパケット欠落や遅延揺らぎなども反映できるようにした ITU-T 勧告 P.862 の **PESQ** (Perceptual Evaluation of Speech Quality) がある．

サービス提供者の立場では，一つの階層の QoS に目標値 (例えば，パケット欠落率とパケット遅延) を設定しそれを達成するように，下の階層の QoS(フレーム欠落率やフレーム遅延) を実現する．このように，異なる階層間の QoS を対応づけることを，**QoS マッピング** (QoS mapping) と呼ぶ．

連続メディアの場合，そのアプリケーションレベル QoS には時間構造品質を反映させる必要がある．また，マルチメディアの場合には，複数メディア間の関係を表現する QoS パラメータも必要である．表 2.1 の現在よく用いられている QoS パラメータは，これらの条件を十分には満足していない．

連続メディアの時間構造品質は，**メディア同期** (media synchronization) の問題として取り扱われる．メディア同期は，図 2.20 に示すように，**メディア内同期** (intra–stream synchronization)，**メディア間同期** (inter–stream synchronization)，**端末間同期** (inter–destination synchronization) の 3 種類に分類される[24]．

表 2.1　QoS パラメータ/QoE 尺度の例

対象レベル	QoS パラメータ/QoE 尺度の例		
	ビデオ	音声	コンピュータデータ
ユーザ	MOS (Mean Opinion Score)，心理的尺度		
アプリケーション	PSNR，フレームレート	R 値，PESQ	スループット，遅延
トランスポート，ネットワーク，データリンク	スループット，PDU 遅延，PDU 遅延揺らぎ，PDU 欠落率		
物理	伝送速度，信号対雑音電力比 (SNR)，ビット誤り率		

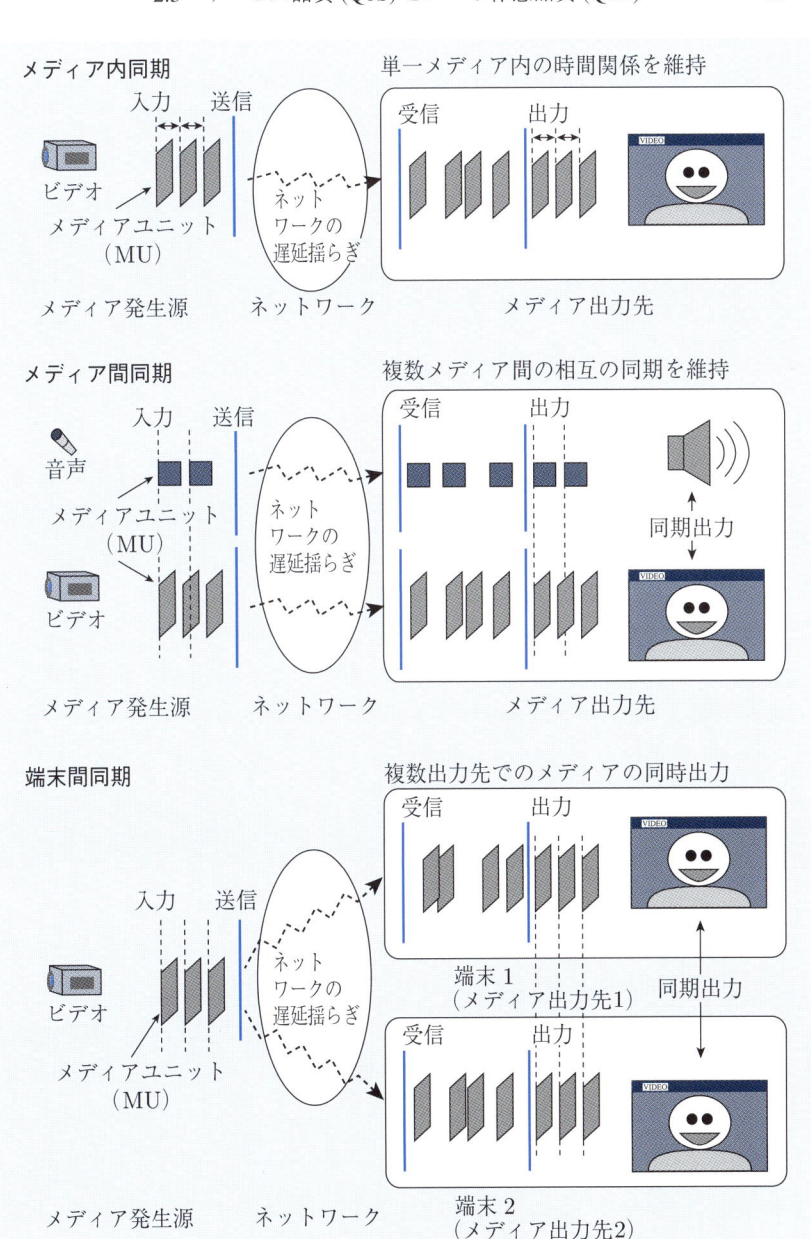

2.5 サービス品質 (QoS) とユーザ体感品質 (QoE)

図 2.20 メディア同期

メディア内同期は，一つの連続メディアの時間構造を正確に保持することを意味する．例えば，受信されたビデオフレーム列が，発生時と同じ時間間隔で再生されるように制御する(**プレイアウトバッファリング制御**).

メディア間同期は，異なる種類のメディア間での出力時間を合わせることであり，音声と唇の動き(ビデオ)を合わせる**リップシンク** (lip sync) は典型例である．

さらに，端末間同期はマルチキャスト送信されたメディアが，すべての端末で同時に出力されるようにする制御である．これは，マルチメディア通信会議や対話型遠隔授業では必要な機能である．

さて，すでに述べたように，本書では，個別のアプリケーションに特化しない技術を主たる学習対象とする．したがって，QoS パラメータ(性能評価尺度)としては，**スループット** (throughput) と **PDU 遅延** (PDU delay) を使うことが多い．前者は，例題 2.1 で定義したように，単位時間当たり正しく伝送されるデータ量 (bit/s) であり，普通は，その平均値を意味する．後者は，PDU が発生してから相手端末の同位エンティティに届くまでの時間であり，確率的に変動するのが一般的である．PDU の種類によって，**フレーム遅延** (frame delay)，**パケット遅延** (packet delay) などと呼ばれる．遅延については，その平均値のみならず，**遅延揺らぎ** (delay jitter) や確率分布を必要とすることもある．

QoS/QoE 評価に関するさらなる議論については，本書 p.228 の "シャノン情報理論と QoS/QoE" と，p.233 の "技術における完全性" も読まれたい．

2.5.4 性能と待ち行列

性能評価尺度としてスループットと遅延を用いるとき，評価に際して考慮すべき最も重要な要因は，**待ち行列** (queue) である．待ち行列は，1.1.2 項で述べたように通信ネットワークの性能に大きく影響し，端末においても同様の問題が生じる．したがって，待ち行列の定量的な取り扱いを可能にすることが，ネットワーク性能評価において真っ先に要求される．

待ち行列は，ネットワーク資源(伝送路，交換機，端末など)の容量が有限であることから発生する．資源に対して，容量(処理能力)以上の処理要求が来ると，一度には処理できないので，一時的に待たせることになるのである．したがって，ネットワーク内の至るところに待ち行列が生じる．

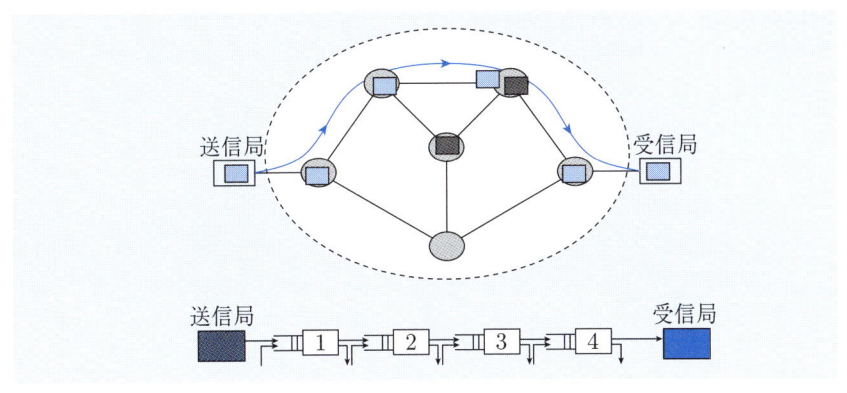

2.5 サービス品質 (QoS) とユーザ体感品質 (QoE)

図 2.21 パケット交換ネットワークの待ち行列

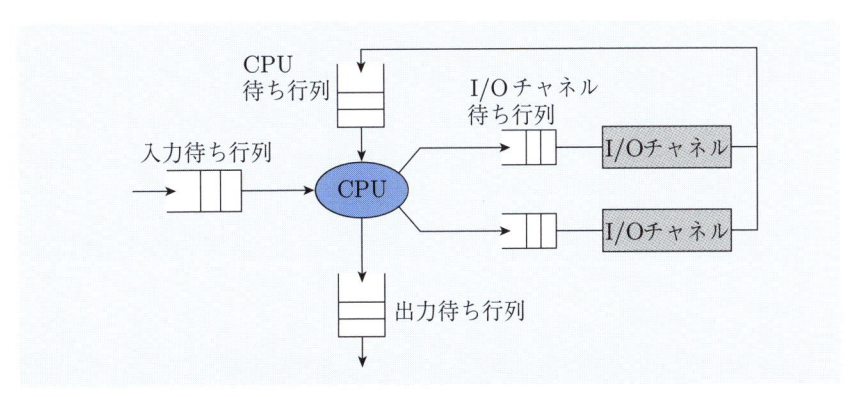

図 2.22 コンピュータ内の待ち行列

例えば，図 2.18 は，階層の境界にあるサービスアクセス点 (SAP) で生じる待ち行列を示している．普通，複数個の階層でのプロトコル処理 (PCI の解読や付与，SDU のコピーなど) は，共通の CPU やメモリを用いて行われるので，待ち行列が発生する．

図 2.21 は，パケット交換ネットワークにおけるルータでの待ち行列を表している．図 2.22 は，コンピュータ内の待ち行列の例であり，CPU 待ち行列，I/O チャネル待ち行列，入出力待ち行列が挙げてある．

待ち行列を定量的に扱う理論が**待ち行列理論** (queueing theory) である．第 10 章では，待ち行列理論の性能評価への適用の初歩を紹介する．

演習問題

1 情報ネットワークについて，以下の問に答えよ．
   (1) フロー制御とは何か．簡単に説明せよ．
   (2) コネクション型通信と，コネクションレス型通信の特徴をそれぞれ述べよ．また，各々の代表的なプロトコルの名称を一つずつ挙げよ．
   (3) 物理レベルの QoS パラメータである伝送速度も，トランスポート，ネットワーク，データリンクの各レベルでの QoS パラメータであるスループットも，ともに単位時間当たり伝送されるデータ量 (bit/s) を表す．しかし，一般にスループットは，伝送速度よりも小さくなる．その理由を述べよ．

2 二つの局 A, B が全二重回線で接続されている．局 A から局 B へ連続的にデータを送信しているとき，2 番目のデータに伝送誤りが生じた場合を考える．局 B は，一つの受信データに対して必ず一つの ACK (正しく受信した場合) または，NAK (誤りを検出した場合) を返送することにする．局 A は，GBN(go-back-N)ARQ 方式，選択的再送 (selective repeat)ARQ 方式のいずれかを用いて再送を行うものとする．このとき，二つの ARQ 方式の各々について，データと ACK, NAK の送受の様子を図示せよ．ただし，局 A が 1 個のデータを送信し終えてからそれに対する ACK または NAK を受信するのは，3 個のデータを送信するのに要する時間の後とする．また，再送データに誤りは生じないものとする．

3 64kb/s の全二重静止衛星通信回線を用いて，端末 A から，端末 B または端末 C へデータを 1 方向に伝送する．端末 A と端末 B は衛星地球局に直結されており，端末 C は 64kb/s の全二重有線回線によって地球局に接続されている．

データは 800 オクテットごとに分割されて伝送される．この分割されたデータをフレームと呼ぶ．データの伝送において，誤り制御には ARQ 方式，フロー制御にはウィンドウフロー制御方式が用いられる．ARQ 方式において，受信側より返される送達確認 (ACK) のサイズは非常に小さく，その作成時間および送信時間は無視できる．衛星通信回線の伝搬遅延を 270ms とし，衛星回線上では誤りが発生しないものとする．このとき，以下の問に答えよ．
   (1) 端末 A から端末 B にデータを送る場合，ウィンドウサイズ 1, 5, 10, 100 (単位はフレーム) に対する最大スループットは何 kb/s となるか．
   (2) 端末 A から端末 C へデータを送る場合を考える．端末 C が接続されている有線回線の伝搬遅延が 40ms であるとすると，ウィンドウサイズを少なくとも何フレーム分にすれば，衛星通信回線を無駄なく使用することができるか．

3 伝送路と物理層

物理層は，ビットの伝送サービスを提供する．ビットは，電気または光の**信号** (signal) で表現され，電磁現象を利用して伝送される．したがって，物理層では，ビットの**伝送時間** (transmission time) と**伝搬遅延** (propagation delay) とが重要な尺度になる．前者は，ビット伝送速度 [b/s] の逆数となり，送信機と受信機との距離とは無関係である．後者は，送信機と受信機との距離を光速 (真空中では，約 3×10^8 m/s) で割った値 [s] となり，ビット伝送速度とは独立である．すなわち，例題 2.1 で計算したように，一定ビット数の信号を送信機が送信開始してから，受信機がその信号をすべて受信し終わるまでの時間は，伝送時間と伝搬遅延との合計になる．したがって，ネットワークがカバーする地理的範囲が広くなれば，端末間で信号を送受するために要する時間が増加するため，ネットワークの制御にも時間がかかるようになる．このように，物理層の技術を理解するためには，電気電子工学の基礎知識が必要となる．

本書の目的は，ネットワークアーキテクチャとプロトコルの基礎技術の解説であるので，物理層の説明は，後の議論に必要な最低限のものに留める．すなわち，物理層における情報伝送速度の制限要因，伝送路の種類，物理層での同期問題，信号伝送方式，多重化方式，DTE/DCE インタフェースを説明する．

キーワード

周波数帯域幅　　信号対雑音電力比 (**SNR**)
ビット同期　　フレーム同期
基底帯域伝送　　変調
FDM　　TDM　　OFDM

3.1 情報伝送速度が制限される基本的要因

まず最初に，物理層において達成可能な情報伝送速度に上限が生じる基本的要因を指摘しておこう．ビットの伝送は電磁現象を利用して行われるので，物理法則による種々の限界が生じる．その代表的なものが，**周波数帯域幅** (bandwidth) と**信号対雑音電力比** (Signal–to–Noise Ratio：**SNR**) である．

簡単のため，矩形パルスを用いてビット列を伝送する場合を考えよう．一定の時間 T 内にできるだけ多くのビットを伝送するためには，その時間内にできるだけ多くのパルスを詰め込むか，一つのパルスにできるだけ多くのビットを表現させるかのいずれかである．多くのパルスを詰め込もうとすると，図 3.1 に示すように，一つのパルス信号の幅が狭くなり，周波数帯域幅が増加する．しかし，与えられた伝送路が伝送可能な周波数帯域幅は限られているので，狭くできるパルス幅には限界がある．

一方，一つのパルスに多くのビットを表現させるためには，その振幅が取り得る値を多くすればよい．図 3.2 は，1 個のパルスで 1 ビットの伝送を行う場合と 2 ビットの伝送を行う場合を示したものである．2 ビットの伝送を行う場合には 4 通りの振幅値を取り得る．そのため，信号の最大振幅に制限があれば，**雑音**が加わったときには，1 ビット伝送の場合よりも 2 ビット伝送の場合の方が，異なる振幅値の区別が難しくなる．したがって，誤りが少ないビット伝送を行うためには，利用可能な信号電力と伝送路で加わる雑音が与えられたときに，それに応じて取り得る振幅値の種類を制限しなければならない．

こうして，与えられた伝送路おいて，一定の時間内に詰め込むべきパルス数と一つのパルスが取り得る振幅値の種類は制限される．**周波数帯域幅は時間軸上の分解能**を表し，**SNR は振幅軸上の分解能**を制限するといえよう．

以上の議論は，後述の正弦波を用いる場合 (変調による伝送) にも成立する．

雑音 (noise) には，ガウス雑音とインパルス雑音がある．前者の例として，熱雑音やショット雑音，後者の例として，雷，スイッチの動作およびフェージングなどがある．他の信号品質劣化要因としては，直線ひずみ (**振幅ひずみ**，**位相ひずみ**：p.60 参照)，非直線ひずみ，周波数オフセットなどが挙げられる．

無線通信の場合には，**マルチパスフェージング**が大きな品質劣化要因となる．典型的には，送信機から受信機に直接届く**直接波**と，建物や物体で反射してから届く**遅延波**とが干渉して，振幅ひずみや位相ひずみが生じるものである．市

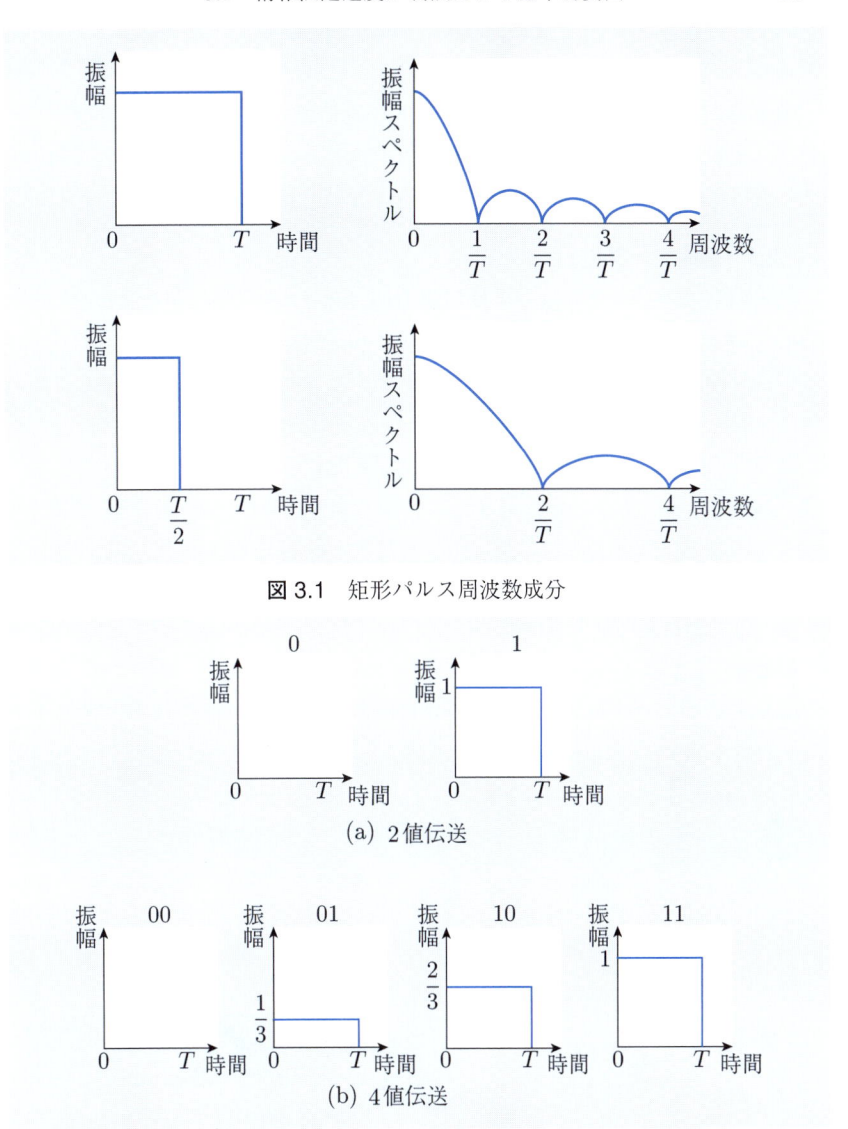

3.1 情報伝送速度が制限される基本的要因

図 3.1 矩形パルス周波数成分

(a) 2値伝送

(b) 4値伝送

図 3.2 多値伝送

街地や建物内では顕著に現れるので，携帯電話や無線 LAN では有効な対策を講じなければならない．3.5.3項で述べる **OFDM** は有効な手段の一つである．

3.2 伝送路

伝送路として，有線通信ネットワークでは通信ケーブル，無線通信ネットワークでは定められた周波数帯の無線通信路が利用される．ここでは，よく用いられる通信ケーブルと無線周波数帯を簡単に説明する．

3.2.1 通信ケーブル

代表的な通信ケーブルは，**より対線** (twisted pair)，**同軸ケーブル** (coaxial cable) および**光ファイバケーブル** (optical fiber cable) である．

より対線は，絶縁被覆された2本の銅線をより合わせたものである．2本の線は，1対で電流の往きと帰りの通路となり電気回路を構成するので，伝送路となる．このようなより対線を多数束ねて図 3.3(a) に示すようなケーブルが構成される．より合わせることによって，同一ケーブル内にある対内2線間や他対との間の電磁結合などによって生じる雑音を抑制している．しかし，ケーブル長が長くなり周波数が高くなると相互干渉や減衰が大きくなる．このケーブルは，電話通信網の加入者回線 (電話機から電話局までの回線) として使用されている他，LAN においても広く用いられている．

図 3.3(a) に示すように，各対の周りに雑音を遮断するシールド加工を施したより対線を **STP** (Shielded Twisted Pair)，シールドしていないものを **UTP** (Unshielded Twisted Pair) と呼ぶ．LAN で使用されるのは，主として，図

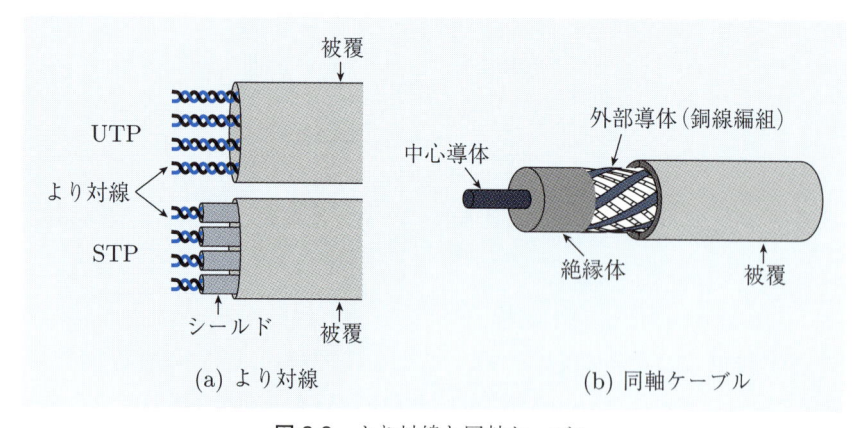

図 3.3　より対線と同軸ケーブル

3.3(a) のような 8 芯 4 対のケーブルであり，UTP が大多数である．

LAN ケーブルは，伝送周波数帯域幅によって，いくつかの**カテゴリ** (category) の規格がある．**カテゴリ 5 (CAT5)** と**エンハンスドカテゴリ 5 (CAT5e)** (ともに周波数帯域幅 100MHz) 及び**カテゴリ 6 (CAT6**:周波数帯域幅 250MHz) は，現在よく使われており，1 ギガビット/秒 [Gb/s] までの伝送速度に対応できる．更に，**CAT7** (周波数帯域幅 600MHz) 規格もあり，伝送速度は 10Gb/s となる．CAT7 では，STP の外部被覆もシールドされており，**ScTP** (Screened Twisted Pair) と呼ばれる．CAT5e や CAT6 の ScTP もある．

同軸ケーブルは，図 3.3(b) に示すように，中心導体を絶縁体 (発泡ポリエチレンなど) によって取り巻き，さらにそれを円筒状の外部導体 (銅線編組) で取り巻いて構成されている．外部導体は細かく格子状に編まれた銅線であり，スズメッキされていることもある．導体間の電磁界は外部導体で遮蔽され，外部との相互干渉が少ない．そのため，数十 MHz 程度の高周波の伝送も可能となる．

同軸ケーブルは，以前は，長距離電話回線やイーサネット LAN に用いられていた．しかし，今では，長距離電話回線は光ファイバケーブルに，イーサネット LAN はより対線に置き換えられている．

光ファイバは，ガラスの細い繊維である．図 3.4 のように，コアと呼ぶ中心部と，クラッドと呼ぶ周辺部の 2 層構造を持つ．コア部の屈折率は，クラッド部のそれよりやや高くなっている．そのため，ある角度以下でコア部に注入された光は，コアとクラッドの境界で全反射される．したがって，入射された光は，全反射を繰り返しコア内部に閉じ込められたまま伝搬される．伝搬モードによって，**シングルモードファイバ**と**マルチモードファイバ**とに分類される．

光ファイバケーブルは，より対線や同軸ケーブルと比べると，格段に周波数

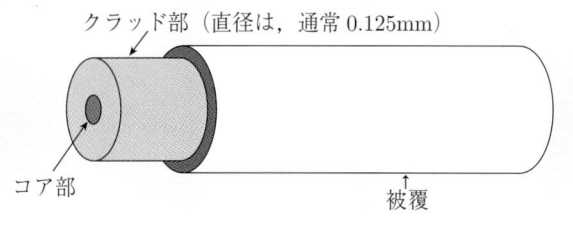

図 3.4 光ファイバケーブル

帯域幅が広く(広帯域)，伝送損失が低く(低損失)，かつ誘導雑音が少なく(低雑音)，最も優れた伝送路であると言える．その広帯域性のため，1本の光ファイバで15テラビット/秒[Tbit/s]程度までの高速伝送が可能となる．また，光ファイバはガラスでできているので，電気的外来雑音の影響を受けない．

3.2.2 無線周波数帯

携帯電話の**第3世代** (**3G**：ITU-TではIMT-2000) と**LTE** (Long Term Evolution)，PHS (Personal Handy phone System)，IEEE802.11無線LAN (Wi-Fi)，Bluetooth，衛星通信網で用いられている我が国の無線周波数帯の例 (http://www.tele.soumu.go.jp/j/adm/freq/search/myuse/) を表3.1に示す．

一般に，周波数が高くなるほど，アンテナサイズが小さくなり装置が小型化できるが，電波の直進性が顕著になり降雨減衰も大きくなる．一方，周波数が低くなると，障害物を回り込む性質が強くなり減衰も少なくなる．700MHz帯から900MHz帯の周波数はこのバランスが良く，**プラチナバンド**とも呼ばれる．

また，周波数帯によっては複数のシステムで共用されているので，相互の電波干渉が問題となる．例えば，IEEE802.11無線LANとBluetoothで用いられている**ISM帯** (Industrial, Scientific and Medical band)(2.4GHz帯) は，その名が示すごとく，産業・科学・医療用である．無免許で使用できるため，電子レンジや医療用ハイパーサーミヤ(温熱療法)など，通信以外でも広範囲に利用されているので，これらのシステム間の電波干渉に注意しなければならない．

表3.1 我が国の無線通信網の使用周波数帯の例 (出典：総務省・電波利用ホームページ)

無線通信網	周波数帯 (上り周波数/下り周波数)
携帯電話 (3G, LTE)	700MHz帯，800MHz帯，900MHz帯 1.5GHz帯，1.7GHz帯/1.8GHz帯 1.9GHz/2.1GHz帯，2.0GHz帯
PHS	1.9GHz帯
IEEE802.11無線LAN(Wi-Fi)	ISM帯 (2.4GHz帯)，5GHz帯
Bluetooth	ISM帯 (2.4GHz帯)
衛星通信網	C帯 (4GHz/6GHz帯) Ku帯 (11GHz/14GHz帯) Ka帯 (20GHz/30GHz帯)

3.3 同期方式

第2章で述べたように，送受信間の非同期性は，通信における基本問題である．同期の問題は，情報ネットワークの各層で現れる．物理層における同期問題は，**ビット同期** (bit synchronization) である．これは，相手側から到着したビット信号の開始時点やビット信号の区切りをいかに検出するかという問題である．受信側では，送信側がいつどのようなタイミングで送信を行うかを知ることができないのが普通である．

物理層における同期方式として，**非同期システム** (asynchronous system) と**同期システム** (synchronous system) とがある．非同期システムは，**調歩同期方式** (start–stop system) とも呼ばれる．

非同期システムでは，ビット同期に加えて，キャラクタの区切りを検出する**キャラクタ同期**も同時に取られる．キャラクタは1文字を意味し，JIS 情報交換用7単位符号 (ASCII 符号) では，7ビットからなる．

3.3.1 非同期システム

このシステムでは，図 3.5 に示すように，キャラクタ単位で伝送が行われる．キャラクタの前にスタートビット，後にストップビットを付加して同期に使用する．送信側は，送信開始前には信号を高レベルに保っておき，送信開始時に低レベルでスタートビットを送信する．受信側では，このレベル低下によって送信の開始を検出する．受信側では，伝送速度に対応する周期を持つサンプリングパルスを発生し，スタートビットに続く情報ビットの振幅をサンプリングして調べることによって，0 または 1 の判定を下す．ストップビットは，高レ

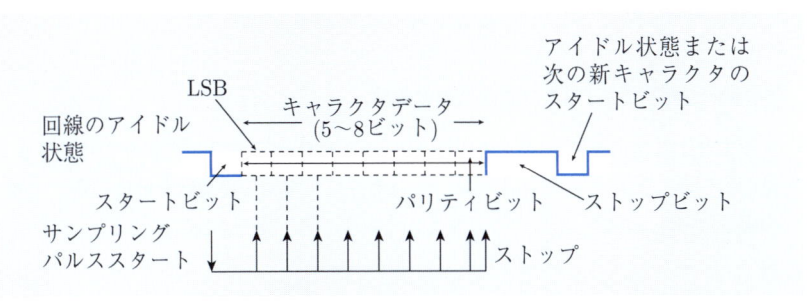

図 3.5 非同期システム

ベルで送信され，キャラクタ伝送終了が確認される．

このように，非同期システムでは，任意の時点でキャラクタが発生し，ビット同期とキャラクタ同期を同時に取ることができる．しかし，1キャラクタの伝送ごとにスタートビットとストップビットが必要となるため，伝送効率が低くなる．また，受信側のサンプリングパルスは，送信側とは独立に発生されるため，高速伝送には不向きである．

3.3.2 同期システム

このシステムでは，図 3.6 に示すように，一定周期のクロックの指定された時点でビットやキャラクタが発生する．受信側では，通常は受信情報からビットタイミングのためのクロックを抽出してビット同期を取る．ビット同期装置としては，PLL (Phase Locked Loop) などが使用される．キャラクタ同期は，ビットを復号した後，特定のビットパターンを持つ符号を検出することによって取られる．JIS 情報交換用 7 単位符号 (ASCII 符号) の SYN キャラクタや HDLC のフラグシーケンスは，このためのものである．

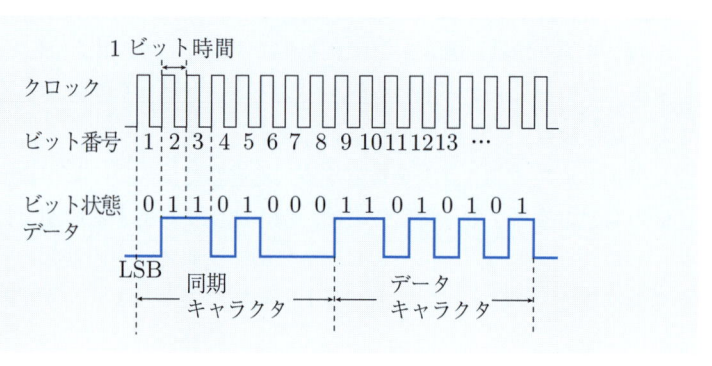

図 3.6　同期システム

■ 線形伝送路における無ひずみ伝送の条件

矩形波 (図 3.1)，例えば，NRZ(p.62) のような無限大の周波数を含む信号が，線形伝送路を無ひずみで通過するための条件は，**振幅の周波数特性は一定，位相の周波数特性は直線**であることはよく知られている．帯域制限がある伝送路でも，帯域内で二つの条件が満足されれば，符号間干渉は生じない．現実には，これら二つの条件が完全に満足されることはなく，振幅ひずみと位相ひずみが生じる．

3.4 信号伝送方式

ビットは，電気信号または光信号として伝送される．信号の伝送方式には，**基底帯域伝送** (baseband transmission) (**ベースバンド伝送**とも呼ばれる) と**変調** (modulation) を用いた伝送の 2 種類がある．前者は，矩形波をもとにした信号波形を構成してそのままの形で伝送するものであり，有線伝送に使用される．後者は，送信したい情報に応じて，高周波の正弦波の振幅，周波数または位相を変化させて伝送するものであり，有線伝送と無線伝送の両方で使われる．

3.4.1 基底帯域伝送

この信号波形を決める際のポイントは，周波数スペクトルの形 (所定の周波数までに収まっているかどうか，直流分が含まれているかどうかなど) とビット同期情報抽出の容易さである．

図 3.7 に代表的な波形を示す．図中で単流とあるのは，振幅が 0 と一方の極性 (図では負) のみを取るものであり，複流は両方の極性をとる．また，RZ (Return to Zero) はビットの途中で振幅が 0 に復帰するものであり，NRZ (Non-Return to Zero) は復帰しない．ビット途中で振幅の変化があれば，信号中にその周波数成分が含まれるため，ビット同期情報の抽出が容易になる．マンチェスタ符号は，0 と 1 に対して，ビットの中心で振幅変化があり位相が 180 度異なる矩形波を割り当てたものである．すなわち，ビットの後半部分のレベルは前半部分の反転とし，各ビットの中心で常に値の遷移を発生させている．この符号は，split–phase 符号とも呼ばれ，初期のイーサネット (10Mb/s) で用いられた．

3.4.2 変調を用いた伝送

変調は，正弦波の振幅，周波数，位相のいずれかを送信情報によって変化させて情報を伝送する．

変調による情報伝送で用いる正弦波を，

$$x(t) = A\cos(2\pi f_c t + \theta)$$

で表そう．この正弦波を**搬送波** (carrier) と呼ぶ．

図 3.8(a) に示すように，振幅 A を変化させるのが**振幅変調** (Amplitude Modulation：AM) である．ディジタル情報の場合は **ASK** (Amplitude Shift Keying) または **OOK** (On Off Keying) とも呼ばれる．

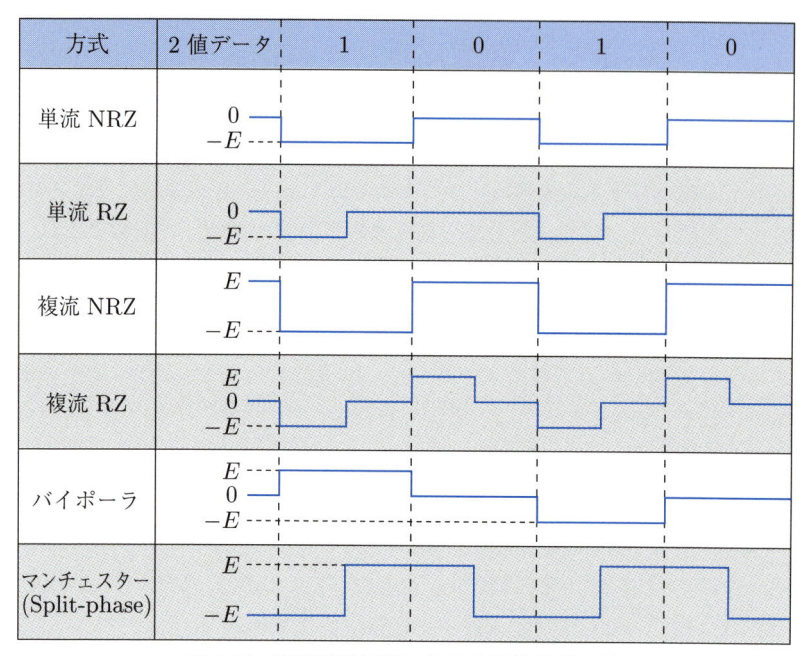

方式	2値データ	1	0	1	0
単流 NRZ	0 / $-E$				
単流 RZ	0 / $-E$				
複流 NRZ	E / $-E$				
複流 RZ	E / 0 / $-E$				
バイポーラ	E / 0 / $-E$				
マンチェスター (Split-phase)	E / $-E$				

図 3.7　基底帯域伝送における信号波形の例

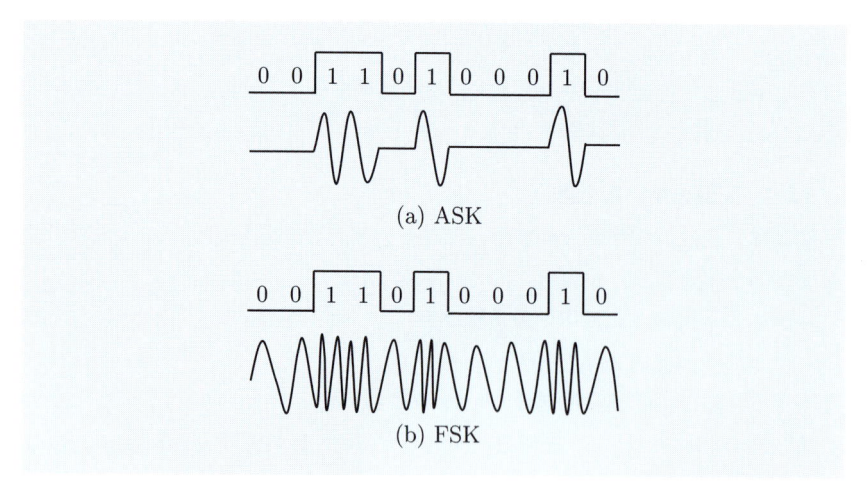

(a) ASK

(b) FSK

図 3.8　ASK と FSK

3.4 信号伝送方式

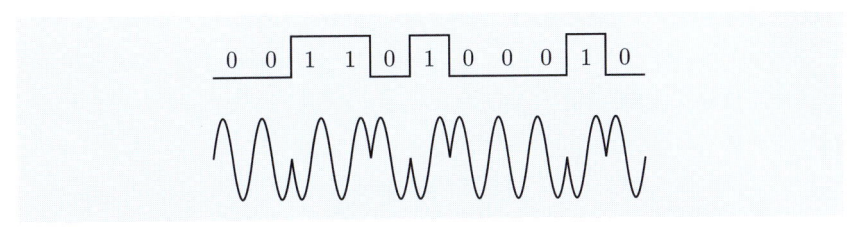

[図: 0 0 1 1 0 1 0 0 0 1 0 のビット列と対応するPSK波形]

図 3.9 PSK

周波数 f_c を変化させるのが**周波数変調** (Frequency Modulation：FM) または **FSK** (Frequency Shift Keying) である (図 3.8(b))．

位相変調 (Phase Modulation：PM) または **PSK** (Phase Shift Keying) は，位相 $(2\pi f_c t + \theta)$ を変化させる (図 3.9)．

図 3.9 の位相変調は，**2 相位相変調** (Binary PSK：BPSK) と呼ばれ，1 回の変調操作で 1 ビットの情報を伝送する．これは，正弦波の位相を 0 度または 180 度とするものである．

ASK，FSK，PSK のいずれも 1 回の変調動作で 1 ビットの伝送を行うもの

[図: 振幅位相平面上の信号点配置]

2 相位相変調
(BPSK, DSBAM)

4 相位相変調
(QPSK)

8 相位相変調
(OPSK)

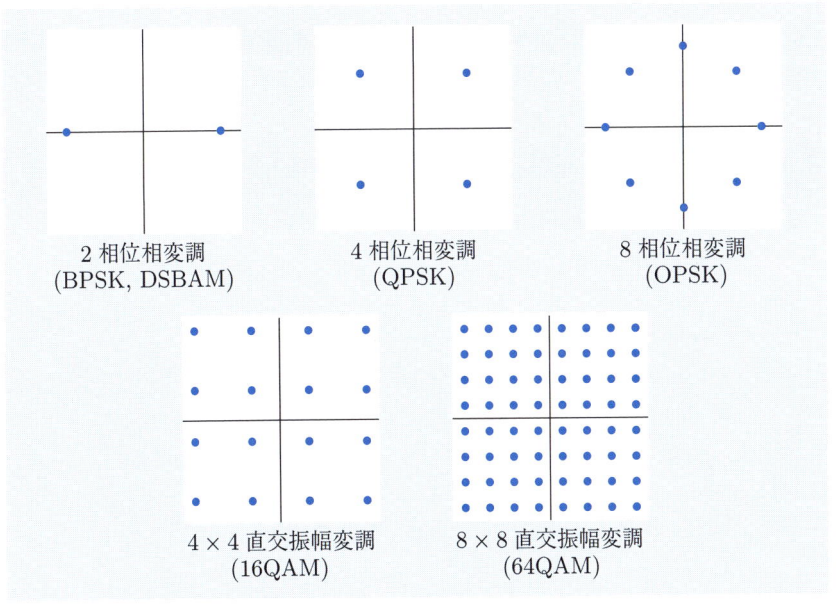

4 × 4 直交振幅変調
(16QAM)

8 × 8 直交振幅変調
(64QAM)

図 3.10 振幅位相平面上における PSK および QAM の信号点配置

である．しかし，3.1 節の矩形パルスの議論からも予想できるように，これでは伝送できる情報量に限界が生じる．物理層において可能な最大の情報伝送速度，すなわち，**通信路容量** (channel capacity) に近づくためには，**何らかの多値化が必要**である [25]

例えば位相の多値化は，取り得る位相の値を 4 通りや 8 通りにすればよい．4 通りの場合は一度に 2 ビット，8 通りでは 3 ビットの情報伝送を可能にする．これらを，それぞれ，**4 相位相変調** (QPSK)，**8 相位相変調** (OPSK) と呼ぶ．2 相，4 相，8 相の PSK を振幅位相平面上で表現すると，図 3.10 のようになる．これらの変調方式では振幅は一定であるため，信号点は同心円状に並んでいる．

振幅も情報に応じて変えれば，さらに多くの情報を 1 回の変調操作で送信できるようになる．これを**直交振幅変調** (Quadrature Amplitude Modulation：QAM) と呼ぶ．図 3.10 には，例として 16 値 QAM と 64 値 QAM を示しておく．

多値化することによって，一度に送出できる情報量は増えるが，雑音に対して脆弱になり，誤りが生じやすくなる．したがって，通信回線の状態 (SNR など) に応じて使用する変調方式を選択しなければならない．

このように，1 回の変調操作で送信できるビット数は，必ずしも 1 ではない．したがって，1 秒間に何回の変調が行われるかを示す尺度を**変調速度** [単位 ボー (baud)] と呼び，**ビット伝送速度** [ビット/秒 (bit/s)] とは区別する．例えば，16 キロボーの QPSK は，32kbit/s のビット伝送速度を持つ．

3.4.3 物理層での情報伝送速度向上のための指針

ここで，物理層での情報伝送速度を向上させるための指針を，以下にまとめておく．

> (1) 使用できる周波数帯域幅を広くする．
> (2) 信号対雑音電力比 (SNR) を高くする．
> (3) 多値信号伝送方式 (多値符号化) で高い SNR を活用する．

本書で紹介する高速伝送技術を，上記の観点からも眺めて頂きたい．

3.5 多重化方式

一つの伝送路を用いて複数の信号を伝送することを**多重化** (multiplexing) という．多重化には，基本的は，一つの伝送路で利用可能な周波数帯域を分割して使用する**周波数分割多重** (Frequency Division Multiplexing：**FDM**) と，時間を分けて使用する**時分割多重** (Time Division Multiplexing：**TDM**) とがある．

3.5.1 周波数分割多重

この多重化では，変調による信号伝送が行われる．信号ごとに異なる搬送波周波数を用いて，変調後の信号が周波数軸上で重なり合わないようする．図 3.11 は，アナログ電話網で用いられている周波数分割多重を示したものである．0.3～3.4kHz に制限された音声信号 (帯域幅を 4kHz とみなす) を**単側波帯** (**Single Side Band：SSB**) **振幅変調**して周波数を移動させる．変調後の信号は，周波数軸上で互いに重ならないように配置され多重化される．信号周波数帯の間に，相互干渉を避けるため，**ガードバンド**と呼ばれる隙間の帯域が設けられる．このガードバンド分だけ，周波数の利用効率は低下する．

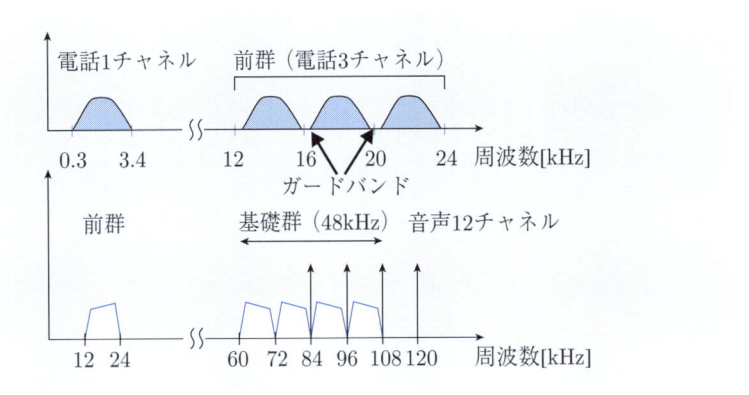

図 3.11 アナログ電話網における周波数分割多重 (FDM)

光通信では，異なった波長の光信号を用いて多重化を行う．これも FDM の一種と考えられるが，この場合には，特に**波長分割多重** (Wavelength Division Multiplexing：**WDM**) と呼ばれる．

2局間の一つの FDM 伝送路において，二つの異なる周波数帯を用いれば全

二重通信が実現できる．これを **FDD** (Frequency Division Duplex) という．

3.5.2 時分割多重

この多重化では，基底帯域伝送が行われる．時間軸を**フレーム** (frame) と呼ばれる一定周期で繰り返される時間帯に分割し，一つの信号はフレームの時間帯の一部 (タイムスロット) を使用する．図 3.12 は，3 個のアナログ信号を標本化して時間的に離散化し，時分割多重したものである．アナログ信号が電話音声信号の場合には，**標本化定理**により，信号の最大周波数 4kHz の 2 倍の標本化周波数で標本化するので，フレーム周期は，

$$\frac{1}{8\text{kHz}} = 125\mu\text{s}$$

となる．

なお，2.3 節で述べたように，データリンク層でのデータの転送単位をフレームと呼ぶこともある．これと区別する必要がある場合は，周期的な繰り返し構造を持つチャネルの 1 周期分を，**チャネルフレーム**と呼ぶことにする．

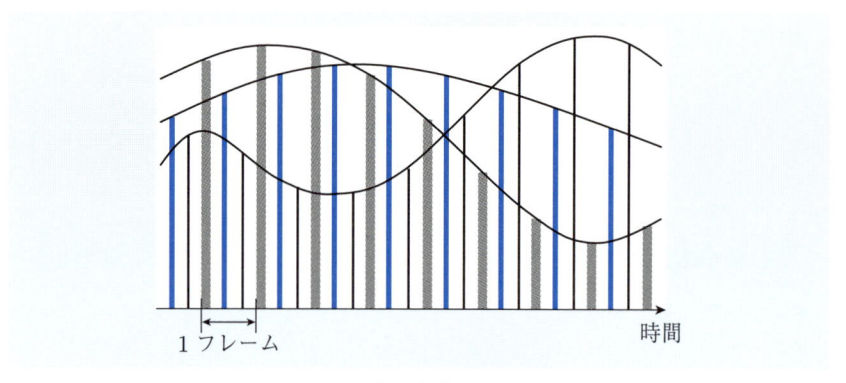

図 3.12　時分割多重 (TDM)

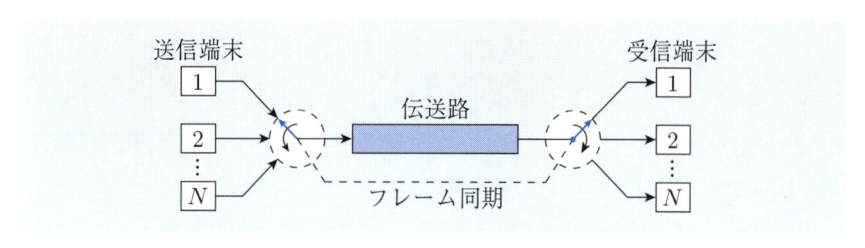

図 3.13　TDM におけるフレーム同期の概念図

時分割多重においては，受信側はフレーム内の自分用タイムスロットを特定して，複数の信号から自分宛の信号を分離する必要がある．このように，送信側と受信側で，使用するフレーム内タイムスロット位置を合わせることを，**フレーム同期** (frame synchronization) という．図 3.13 は，この概念図である．

フレーム同期を取るためには，フレームごとにフレーム同期用信号が挿入される．フレーム同期用信号には，1 ビットのみを用いる方法 (**フレームビット**) と，数ビットの特定のパターンを用いる方法 (**フレームパターン**) とがある．

TDM では，通常，各標本値は量子化され 2 値符号化される．3 チャネルの TDM において，各標本値が 3 ビットに符号化される場合の伝送路上でのビット列の一例 (フレーム同期用にフレームビットを使用) を図 3.14 に示す．

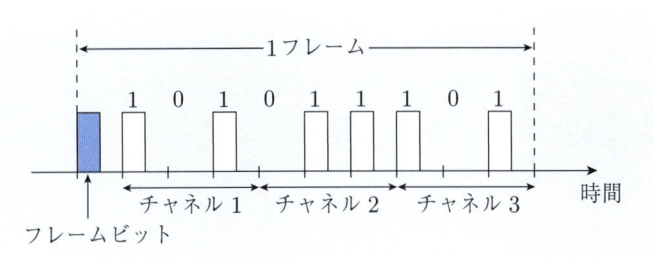

図 3.14　TDM における伝送路上でのビット列

2 局 (A, B) 間の一つの TDM フレームにおいて，フレームの開始からの一定数ビットを A から B への伝送に，残りビットを B から A への伝送に使用すれば，全二重通信が可能になる．これを **TDD** (Time Division Duplex) と呼ぶ．

3.5.3 直交周波数分割多重

直交周波数分割多重 (Orthogonal Frequency Division Multiplexing：**OFDM**) は，名称の通り FDM の 1 種ではあるが，複数の**直交する搬送波**を用いた信号伝送方式という方が適切である．搬送波が直交するとは，m と n を正整数，$f_0 = 1/T$ とすると，例えば次式の成立を意味する (cos でも同様)．

$$\int_0^T \sin(2\pi m f_0 t) \sin(2\pi n f_0 t)\, dt = \begin{cases} T/2 & (m = n \text{ のとき}) \\ 0 & (m \neq n \text{ のとき}) \end{cases}$$

図 3.15 は，OFDM 方式送信部の概念図である．この図の右下の "OFDM 信号の周波数スペクトル" の箇所から，**直交する搬送波**の意味が読み取れるであろう．すなわち，一つの搬送波周波数 (例えば $f_c + mf_0$) では，他のすべての搬送波のスペクトルの大きさが零になっている．したがって，ガードバンドを設けることなく周波数分割多重しているのである．

OFDM によるデータ伝送では，各搬送波 (正確には**副搬送波**) を多値符号化変調 (図 3.15 の例では 64QAM) した後に加算し，一つの信号として送出する．

実装では，図 3.15 のような構成を取らず，ディジタル信号処理が容易な形にしている．変調で逆離散フーリエ変換 (Inverse Discrete Fourier Transform：IDFT)，復調で離散フーリエ変換 (DFT) を使用している [16], [17]．

OFDM は，我が国の地上ディジタルテレビ放送[17]，IEEE802.11 無線 LAN (Wi-Fi)，3.9/4G の携帯電話 LTE (OFDMA を含む) などで使用されており，高速無線通信を支える基幹技術である．FDM のようなガードバンドがないため周波数利用効率が高く，多数の狭帯域副搬送波に分割されているためマルチパスフェージングに強いという特長がある．OFDM ではシンボル (正弦波信号) 間の**ガードインターバル** (p.116 参照) が必要になるが，オーバヘッドは小さい．

OFDM の原理自身は 1950 年代から知られていた．近年のディジタル信号処理技術の飛躍的発展と直線性の良い電力増幅器の開発が実用化を可能にした．

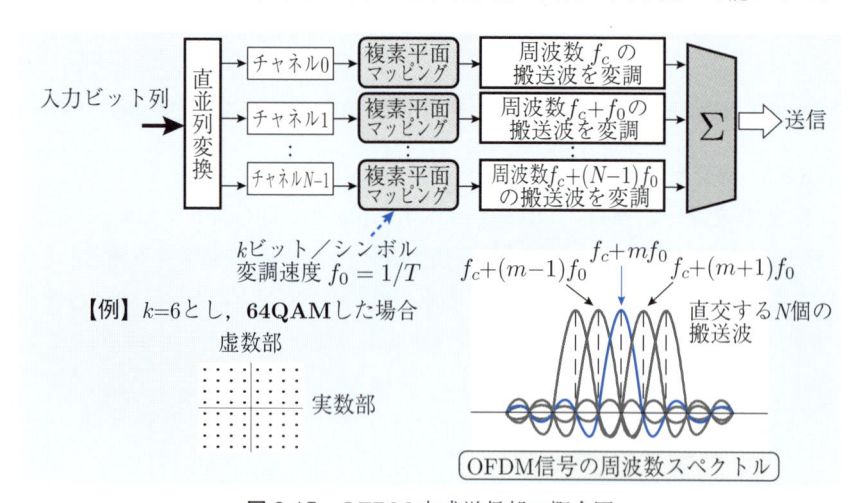

図 3.15 OFDM 方式送信部の概念図

3.6 DTE/DCE インタフェース

第 1 章で述べたように，ITU-T では，端末を DTE，端末と通信回線を結ぶ装置を回線終端装置 DCE と呼ぶ．DTE で発生した信号を通信回線に送出するためには，DTE と DCE を機械的・電気的に接続する必要がある．この接続を可能にするために，**機械的特性**，**電気的特性**，**機能的特性**のインタフェース規格が定められている．

機械的特性は，コネクタの形状とサイズおよびピン番号を割り当てるものであり，ISO (国際標準化機構) で国際規格が定められている．また，通信業界や電子機器業界の規格もある．

電気的特性は，相互接続回路の電圧値，電流値，インピーダンス，波形などを規定している．機能的特性は，相互接続回路の定義およびその動作を規定している．ITU-T 勧告の V シリーズ (電話網におけるデータ通信) と X シリーズ (ディジタルデータ通信) は，これら二つの特性を規定したものである．

この種の規格としては，米国 **EIA** の RS シリーズと日本の JIS がよく知られている．シリアルインタフェースとして古典的な **RS232C** (JIS X5101) は，機械的特性として ISO2110 (25 ピンコネクタ)，電気的特性として ITU-T 勧告 V.28，機能的特性として ITU-T 勧告 V.24 を用いたものである．

また，イーサネットで使用され，今や家庭でもよく目にするようになった 8 ピンコネクタの **RJ-45** は，米国規格 ANSI/TIA-968-A で規定されたものである．8 芯ケーブルに接続された RJ-45 **プラグ** (コネクタのオス部分) の外形とピン配置とを，図 3.16 に示す．なお，電話用のモジュラープラグ RJ-11(6 ピン) は，形状が RJ-45 と似ているがやや小さく，普通 2 ピンが使われている．

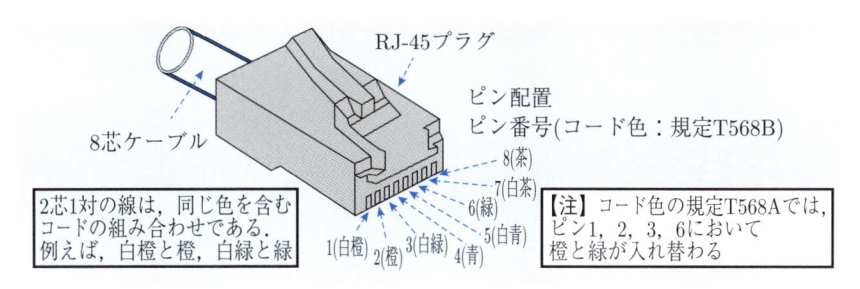

図 3.16 RJ-45 プラグとピン配置 (TIA/EIA-568-B 規格，コード色は T568B)

演習問題

1 物理層において達成可能な情報伝送速度に上限が生じる基本的要因を二つ挙げ，なぜそのような上限が生じるかを簡単に説明せよ．

2 ビット同期方式には2種類ある．それらについて，簡単に説明せよ．

3 図3.7における単流NRZ，単流RZ，複流NRZ，バイポーラの各波形が，実際のシステムでどのように用いられているかを調べよ．

4 変調速度32キロボー(kilobaud)の64値QAMのビット伝送速度を求めよ．

5 電話音声信号の時分割多重について以下の問に答えよ．
  (1) 音声信号の1標本を8ビットで表現する(量子化する)として，1音声信号を伝送するのに必要なビット伝送速度を求めよ．
  (2) フレーム同期用信号にフレームビットを用いるとした場合に，24個の音声信号を時分割多重化した場合(PCM1次群と呼ばれる)の伝送路全体でのビット伝送速度を求めよ．

■ シャノン情報理論とプロトコル

理工系学部の情報系および電気電子系学科の大多数では，"情報理論"という科目が開講されている．これは，普通は，クロード E. シャノン (Claude E. Shannon) が確立した情報伝送の理論を意味する．その内容は，情報源から発生した情報を効率良く符号化する情報圧縮理論と，誤りのある通信路を介しても信頼性高く情報の伝送を行う通信路符号化理論からなる．これらの理論から生まれた技術は，情報ネットワークにおいても極めて有用なものである．しかし，階層化ネットワークの観点からいえば，情報圧縮はOSIのプレゼンテーション層の機能であり，通信路符号化は物理層とデータリンク層に対応する．したがって，情報ネットワーク全体をカバーする理論とはなっていない．しかも，シャノンの通信モデルは，一つの情報源から一つの受信者へ，一方向にのみ，常時，情報が流れている単純なものである．そのため，情報のランダムな発生や，その伝送のためのスケジューリング・資源割り当て，同期の問題は，モデルには反映されていない．すなわち，シャノン情報理論では，その出発点において，プロトコルにおける主要技術課題が組み込まれていない．このため，シャノン情報理論を情報ネットワークの理論と位置づけることは少ない．しかし，情報工学における重要な基礎理論である．

4 誤り制御符号

データが伝送中に誤ったり失われたとき，それを回復し，最終的に受信側に正しいデータを送り届けるための制御を**誤り制御**という．**誤り訂正方式** (Forward Error Correction：**FEC**) と**誤り検出・再送要求方式** (Automatic Retransmission reQuest：**ARQ**) とが代表的な方式である．FEC は受信側で誤りの訂正を行うので，送信側から受信側への単方向通信回線のみで実現可能である．一方，ARQ は受信側で誤りの検出を行い，送信側に再送を要求するため，双方向の通信回線が必要となる．

情報ネットワークにおける誤り制御には，ARQ が用いられることが多い．これは，伝統的なデータ通信ではコンピュータデータの伝送を対象とするため，伝送の信頼性を重視することによる．すなわち，同じ符号を用いた場合，誤り検出の方が訂正よりも，より多くの誤りに対処できるからである．

本章では，誤り訂正・検出に利用される**誤り制御符号** (error control code) の概要を述べる．誤り制御符号は，**ブロック符号** (block code) と**畳み込み符号** (convolutional code) に分類される．前者は，誤り訂正と検出の両方に利用される．代表的なブロック符号に，BCH 符号とリード-ソロモン (Reed–Solomon) 符号がある．畳み込み符号は，普通，誤り訂正に用いられる．

本章では，主として，誤り検出のためのブロック符号を説明する．参考のために，畳み込み符号にも簡単に触れる．

> **キーワード**
>
> 誤り検出　誤り訂正　ハミング距離
> 巡回符号　**CRC**　生成多項式
> 畳み込み符号

4.1 誤り訂正・検出の原理

まず，最初に，ブロック符号と畳み込み符号の違いを定義しておく．本章では，議論を簡単にするため，情報源アルファベットは二元 (binary) である，すなわち，情報源出力系列は，0 または 1 のビット列であるとする．

ブロック符号は，情報源出力系列を一定ビット数(ブロック)毎に区切って，ブロック単位で符号化するものである．そのため，あるブロックのビットが他のブロックの符号化に影響を及ぼすことはない．一方，畳み込み符号は，一つのビットがその後続の一定数のビットの符号化に影響を及ぼすものである．4.4 節で具体例を示す．

以下，n ビットの**二元ブロック符号** (binary block code) を前提として，誤り訂正・検出の原理を簡単に説明する．符号は，n ビットの系列である**符号語** (code word) の集合である．

ここで，二つの符号語 $\boldsymbol{x}$ と $\boldsymbol{y}$ を，$\boldsymbol{x} = (x_1, x_2, \cdots, x_n)$ ($x_i = 0$ または 1)，$\boldsymbol{y} = (y_1, y_2, \cdots, y_n)$ ($y_i = 0$ または 1) と表そう．このとき，$\boldsymbol{x}$ と $\boldsymbol{y}$ の**ハミング距離** (Hamming distance) を次式のように定義する．

$$d_H(\boldsymbol{x},\ \boldsymbol{y}) = \sum_{i=1}^{n}(x_i \oplus y_i) = \sum_{i=1}^{n}|x_i - y_i| \tag{4.1}$$

$\oplus$ は，**モジュロ 2** (modulo 2) の演算を意味する．これは，排他的論理和 (exclusive OR) の演算と同じになる．正確には，モジュロ 2 の演算とは，**2 を法とする演算**ともいい，演算結果を 2 で割ってその余りを最終の値とするものである．2 進演算では，

$0 + 0 = 0,\ 0 + 1 = 1,\ 1 + 0 = 1,\ 1 + 1 = 0,$

$0 \times 0 = 0,\ 0 \times 1 = 0,\ 1 \times 0 = 0,\ 1 \times 1 = 1$

となる．これは，代数学的には，**有限体** $GF(2)$ (元が 0 の 1 の 2 個) 上での演算を意味する．"GF" は，**ガロア体** (Galois Field) を表している．一般に $GF(q)$ (q は素数のべき乗) では，すべての元がモジュロ q で加算・乗算可能であり且つ逆元が存在し (すなわち減算・除算可能)，演算結果も元の一つとなる．

モジュロ 2 の演算により，ハミング距離は，例えば，次のように計算される．

4.1 誤り訂正・検出の原理

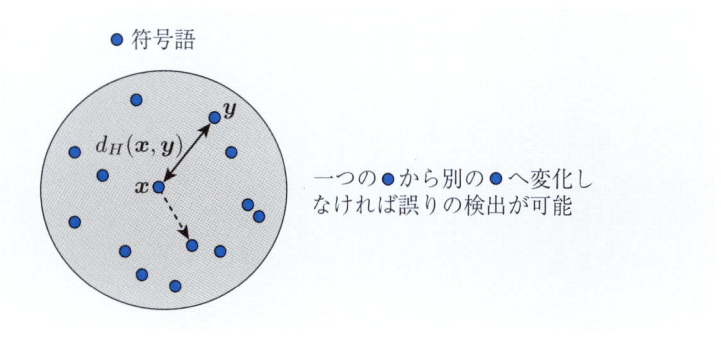

図4.1 符号語とハミング距離

$x = (01001), y = (11011)$ のとき, $d_H(x, y) = 2$

一つの符号において，すべての符号語対に対してハミング距離を計算できる．そのうちの最小のもの $\min d_H(x, y)$ を**最小ハミング距離** (minimum Hamming distance) と呼ぶ．最小ハミング距離が大きいほど，その符号の誤り訂正・検出能力は大となる．次に，その理由を簡単に説明しよう．

n ビット列の場合，2^n 個のパターンが存在する．そのすべてを符号語として使用すれば，誤りが生じても，それを検出したり訂正したりすることは不可能である．そこで，2^n 個の中から，2^k 個 $(k < n)$ を符号語として選ぶ．これは，n ビットのうち k ビットを情報の伝送に用いることであり，残りの $(n-k)$ ビットは，その選択方法で規定される．このとき，図4.1に示すように，送信した符号語に誤りが生じても，それが別の符号語のパターンと同じにならなければ，誤りが生じたことが検出できる．場合によっては誤りの訂正も可能となる．

$\min d_H(x, y) = 2t+1$ ならば，$2t$ 個までのすべての誤りは検出可能である．また，受信したビットパターンからハミング距離が最も小さい符号語が，送信されたもとの符号語であると判定すれば，t 個までのすべての誤りが訂正可能である．このように，同じ符号を用いても，誤り検出を行えば，誤り訂正を行う場合よりも，2倍の誤り数に対処できる．

以上の説明より明らかなように，最小ハミング距離ができるだけ大きくなるような 2^k 個 $(k < n)$ の符号語の選び方を見つけることが重要である．これが，**符号理論** (coding theory) の主題であり，これまでに種々の選び方，すなわち，符号の種類が報告されている．

4.2 サイクリックチェック方式

サイクリックチェック方式は，**CRC** (Cyclic Redundancy Check) 方式とも呼ばれ，**巡回符号** (cyclic code) を誤り検出に適用したものである．BCH 符号とリード-ソロモン符号は，巡回符号である．この符号は，例えば，$x = (01001)$ が符号語であるとき，それを 1 ビット巡回置換した $x_1 = (10100)$ も符号語となるものである．なお，**リード-ソロモン符号**は，$GF(2^m)$ の元を値とする多値符号として利用できる．

巡回符号は，数学的には，多項式環上のイデアルで表現され，その理論を理解するためには，代数学 (特に，有限体理論) の知識が必要である．したがって，本書では，理論的な説明は省略し，その使用方法の説明に限定する．その理論的基礎については，巻末の参考文献に示した符号理論の専門書 [18], [26], [27] などを参照されたい．

いま，n ビットの符号を考え，そのうちの k ビットを情報伝送に利用することにしよう．残り $(n - k)$ ビットは，k 個の**情報ビット** (information bit) の中から，用いる符号の種類に対応するアルゴリズムによって計算される．この $(n - k)$ ビットを，**パリティチェックビット** (parity check bit) と呼ぶ．このとき，図 4.2 に示すように，情報ビット $(m_0, m_1, \cdots, m_{k-1})$ とパリティチェックビット $(r_0, r_1, \cdots, r_{n-k-1})$ が分離されているならば，その符号は**組織符号** (systematic code) であるといい，(n, k) **符号**と表現する．巡回符号は組織符号である．また，k/n は伝送効率を示すので，**符号化率**と呼ばれる．

情報ビット列は，ベクトルとして，$m = (m_0, m_1, \cdots, m_{k-1})$ と表すことができる．また，次式のような多項式表現も可能である．

$$m(X) = m_0 + m_1 X + \cdots + m_{k-1} X^{k-1} \tag{4.2}$$

以下，多項式表現を用いてパリティチェックビットを求める方法を説明する．

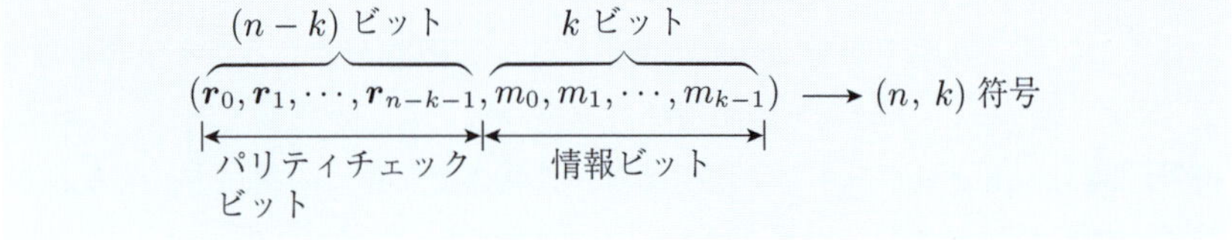

図 4.2　(n, k) 符号

4.2 サイクリックチェック方式

これには，次式で表される $(n-k)$ 次の多項式を用いる．

$$g(X) = 1 + g_1 X + g_2 X^2 + \cdots + g_{n-k-1} X^{n-k-1} + X^{n-k} \quad (4.3)$$

ただし，$g_i = 0$ または 1 $(1 \leq i \leq n-k-1)$ である．上式は，**生成多項式** (generator polynomial) と呼ばれ，$(n-k)$ の値と各項の係数 g_i $(1 \leq i \leq n-k-1)$ が符号の種類を規定する．符号理論の研究により，優れた誤り訂正・検出能力を持つ多くの生成多項式が見出されている．ここでは，生成多項式は与えられたものとして，議論を進める．

符号語を $(n-1)$ 次の多項式 (定数項を含めて n 個の項を持つ) で表し，そのうちの高次 k 項の係数を情報ビットとする．そのために，まず，$m(X)$ に X^{n-k} を掛ける．次に，$X^{n-k} m(X)$ を $g(X)$ で割り算して，その余りを，

$$r(X) = r_0 + r_1 X + \ldots + r_{n-k-1} X^{n-k-1} \quad (4.4)$$

とすると，

$$X^{n-k} m(X) = q(X) \cdot g(X) + r(X) \quad (4.5)$$

と書くことができる．ただし，$q(X)$ は商の多項式である．以上の計算においては，演算はモジュロ2で行われる．モジュロ2の2進演算では $-1 = 1$ とみなすことになる．この条件の下で式 (4.5) 右辺第2項を左辺に移項すると，次式が得られる．

$$X^{n-k} m(X) + r(X) = q(X) \cdot g(X) \quad (4.6)$$

符号語を表す**符号多項式**を，

$$\begin{aligned} v(X) &= r(X) + X^{n-k} m(X) \\ &= r_0 + r_1 X + \ldots + r_{n-k-1} X^{n-k-1} \\ &\quad + m_0 X^{n-k} + \ldots + m_{k-1} X^{n-1} \end{aligned} \quad (4.7)$$

と定義する．この符号多項式が送信側から受信側に送られる．伝送途中で誤りがなければ，多項式の係数は変化しない．誤りがあれば，変化する．したがって，受信符号語に対応する多項式を $g(X)$ で割ることによって，誤りの有無を調べることができる．すなわち，割り切れれば誤りがなく，割り切れなければ誤りが生じたと判定する．

4.3　CRC符号化回路

巡回符号の符号化は，**フリップフロップ (FF)** と排他的論理和 (exclusive OR) 回路よりなるフィードバックシフトレジスタによって，ハードウェアにより簡単に実現できる．その回路構成を図4.3に示す．フリップフロップの個数は，生成多項式の最高次数 $(n-k)$(パリティチェックビット数) に等しい．フィードバックの結線は，生成多項式の各項の係数に従ってなされる．すなわち，係数が1ならば接続し，0ならば開放とする．

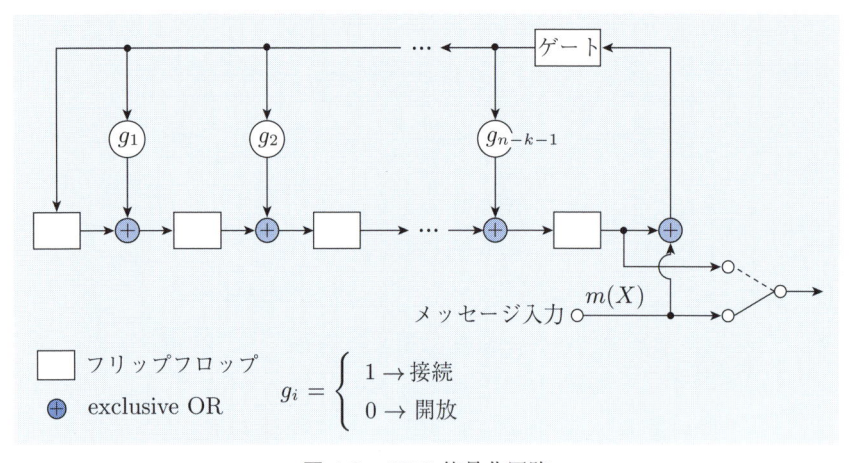

図4.3　CRC符号化回路

符号化操作は，次の3ステップで行われる．

> **ステップ1**：ゲートを開き，k ビットの情報 $m(X)$ をシフトレジスタの最上段から，1クロックで1ビットずつ入れるとともに，通信路に送り出す．k ビットの情報が入り終えると，シフトレジスタの $(n-k)$ ビットの内容がパリティチェックビットである．
> **ステップ2**：ゲートを閉じ，フィードバックの結線をはずす．
> **ステップ3**：シフトレジスタの内容を通信路に送り出す．

4.3 CRC 符号化回路

図 4.3 の回路は，基本的には $g(X)$ の割り算回路である．$m(X)$ を最下段のフリップフロップ (FF) から入力すれば，$m(X)$ を $g(X)$ で割り算する．2 段目の FF から入力すれば，$m(X)$ に X を掛けた後に $g(X)$ で割り算することになる．したがって，図 4.3 の回路では，$m(X)$ に X^{n-k} を掛けた後に，$g(X)$ で割り算している．

図 4.3 は，また，符号多項式の係数ビットは，**高次項から送信される**ことを示している (**coefficient of the highest term first**).

図 4.3 の回路は，$g(X)$ の割り算回路であるので，受信側で誤り検出回路としても使用できることは，明らかであろう．

例題 4.1

生成多項式 $g(X) = 1 + X + X^3$ を持つ (7,4) 符号において，情報メッセージ $\boldsymbol{m} = (1011)$ に対する符号語を求めよ．

【解答】 $\boldsymbol{m} = (1011)$ を多項式で表現すると，$m(X) = 1 + X^2 + X^3$ となる．次に，$X^3 m(X) = X^3 + X^5 + X^6$ を $g(X)$ で割ると，次のようになる．

$$
\begin{array}{r}
X^3+X^2+X+1 \\
X^3+X+1 \overline{\smash{\big)}\, X^6+X^5+X^3} \\
\underline{X^6+X^4+X^3} \\
X^5+X^4 \\
\underline{X^5+X^3+X^2} \\
X^4+X^3+X^2 \\
\underline{X^4+X^2+X} \\
X^3+X \\
\underline{X^3+X+1} \\
1
\end{array}
$$

したがって，$r(X) = 1$ となり，符号多項式は次式で与えられる．

$$v(X) = r(X) + X^3 m(X)$$
$$ = 1 + X^3 + X^5 + X^6$$

以上より，符号語は，($\underbrace{1\ 0\ 0}_{\text{パリティチェック}}$ $\underbrace{1\ 0\ 1\ 1}_{\text{情報}}$) となる．

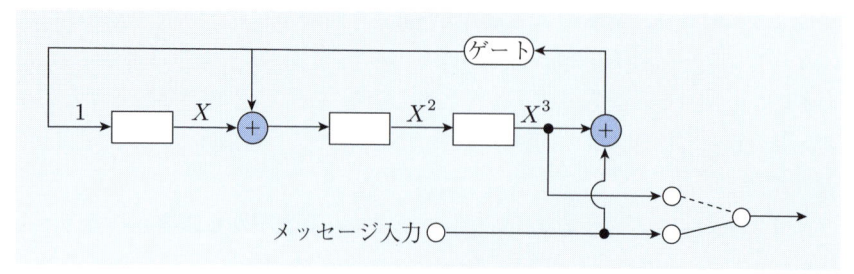

図 4.4 符号化回路

表 4.1 シフトレジスタの状態

入力	シフトレジスタ			シフト回数
	0	0	0	(初期状態)
1	1	1	0	1
1	1	0	1	2
0	1	0	0	3
1	1	0	0	4

符号化回路を図 4.4 に，シフトレジスタの内容の変化状況を表 4.1 に示す．

■ 連接符号

　我が国の地上ディジタルテレビ放送方式 (ISDB-T) では，品質劣化の重大要因であるマルチパス対策のため，3.5.3 項で触れた **OFDM** を採用している．さらなる品質向上のために，ブロック符号と畳み込み符号 (4.4 節参照) とを組み合わせた誤り訂正符号である **連接符号** (concatenated code) も利用している [17]．送信側では，まず，(204,188) リード-ソロモン符号化を行い，続いて畳み込み符号化を行う．前者を外符号 (outer code)，後者を内符号 (inner code) と呼び，両者を合わせて連接符号という．畳み込み符号の符号化率は，副搬送波の変調方式が 64QAM，16QAM，QPSK のいずれであるかに依存する．受信側では，まず内符号のヴィタビ復号を行い，次に外符号により誤り訂正する．欧州方式 DVB-T も OFDM と連接符号とを用いているが，細部は ISDB-T とは異なる．米国の ATSC は，単一搬送波の 8VSB 変調を用い，誤り訂正方式も日欧とは異なる．

4.4 畳み込み符号

図 4.5 に，畳み込み符号の例 [18]，[27] を示す．入力ビット x_i は左端の FF に格納されているとする．出力は $y_i z_i$ (この符号は非組織符号になる) の 2 ビットとなるので，符号化率は 1/2 となる．1 クロックに 1 ビットずつ入力されて右の FF にシフトして，右端の FF からあふれ出る．入力 1 ビットは自身と後続入力 2 ビット分の符号化に影響を及ぼすので，**拘束長**は 3 であるという．

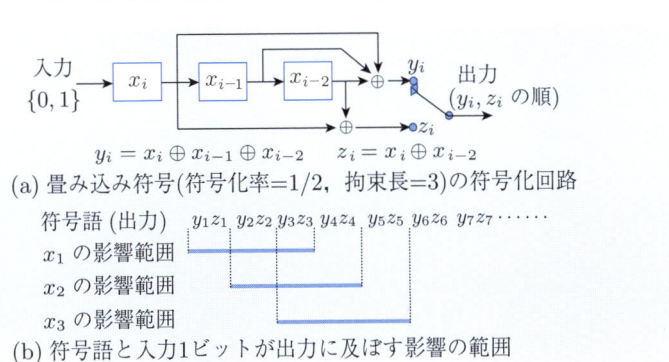

$$y_i = x_i \oplus x_{i-1} \oplus x_{i-2} \quad z_i = x_i \oplus x_{i-2}$$

(a) 畳み込み符号(符号化率=1/2，拘束長=3)の符号化回路

(b) 符号語と入力1ビットが出力に及ぼす影響の範囲

図 4.5　畳み込み符号の例

右端と中段の FF の内容 (x_{i-2}, x_{i-1}) を状態とみなすと，状態の時間遷移を図示することができる．FF の初期内容がすべて 0 とすると，図 4.5 の畳み込み符号では，図 4.6 のようになる．この図を，**トレリス線図** (trellis diagram) と呼び，**最尤復号**となる**ヴィタビ復号** (Viterbi decoding) に利用される．

畳み込み符号は，物理層の誤り訂正にしばしば利用される．例えば，5.6 節で説明する IEEE802.11 無線 LAN 物理層の OFDM[37] でも採用されている．

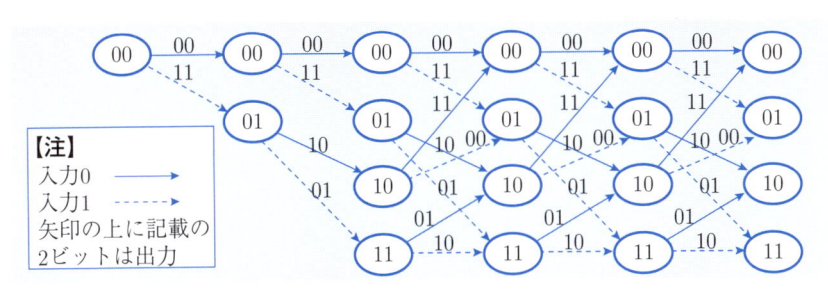

図 4.6　トレリス線図

演習問題

1 生成多項式 $g(X) = 1 + X^2 + X^4 + X^5$ を持つ $(15, 10)$ 符号を用いた CRC 方式について以下の問に答えよ．
  (1) 符号化回路のブロック図を記せ．
  (2) メッセージ $\boldsymbol{m} = (0001010011)$ に対する符号語を求めよ．ただし，ビットは右から順番に送信されるものとする．

2 生成多項式 $g(X) = 1 + X + X^2 + X^4$ を持つ $(7, 3)$ 符号を用いた CRC 方式について以下の問に答えよ．
  (1) 符号化回路のブロック図を記せ．
  (2) メッセージ $\boldsymbol{m} = (101)$ に対する符号語を求めよ．ただし，ビットは右から順番に送信されるものとする．
  (3) 符号 $\boldsymbol{v} = (1110010)$ が受信された．この符号に誤りが生じているか否かを判定せよ．

3 生成多項式 $g(X) = 1 + X^2 + X^3 + X^4$ を持つ $(7, 3)$ 符号を用いた CRC 方式について以下の問に答えよ．
  (1) 符号化回路のブロック図を記せ．
  (2) メッセージ $\boldsymbol{m} = (101)$ に対する符号語を求めよ．ただし，ビットは右から順番に送信されるものとする．
  (3) 上記 (2) で求められた符号語を，パリティビットから情報ビットの方向へ 2 ビット分だけ巡回置換して得られたビット列もまた符号語になることを示せ．

4 畳み込み符号のトレリス線図は，図 4.6 に示すように，入力が続く限り，いつでも続いていく．途中で打ち切れば，その誤り訂正能力が低下する．これを防止するために，打ち切りたい前にダミービット 0 を何個か入力すれば，状態は 00 に戻る．これを**終結** (punctuate) するといい，こうして得られた符号を**終結畳み込み符号** (punctuated convolutional code) と呼ぶ．図 4.5 の畳み込み符号において，4 個のビットを入力後に終結するために必要なビット 0 の個数はいくつか．また，この場合の符号化率はいくらになるか．

5 MACプロトコル

放送形チャネルを用いたパケット交換通信網は，**放送形パケット通信網** (packet broadcast network) と呼ばれる．チャネル共有のためのアルゴリズムを，**MACプロトコル**という．

本章では，MACプロトコルの基本的な考え方を解説する．MACプロトコルは，衛星通信網，地上無線通信網，LANで別々に論じられることも多いが，その基本的な考え方は同じである．それらの特徴の違いは，主として，用いられるチャネルにおける信号の伝搬遅延時間の差に起因する．したがって，本章では，MACプロトコルをネットワーク別には扱わず，その動作原理の違いによって分類する．これによって，共通の基礎原理を明確にするように試みる．

以下，まず，MACプロトコルの基本的な考え方と問題点を述べ，MACプロトコルをその動作原理によって3種類の方式に分類する．続いて，各方式の特徴と典型的なプロトコルの概要を順次説明する．更に，標準プロトコルの例として，IEEE802.3(イーサネット) と IEEE802.11(Wi-Fi) とを紹介する．

標準化においては，基礎原理のみの記述の場合とは異なり，詳細で且つ必ずしも一貫性があるとはいえない取り決めがあり，"泥臭い" ところも多い．標準化のこの側面も見て頂きたい．

キーワード

ランダムアクセス　　アロハ
CSMA　　CSMA/CD
ポーリング　　トークンパッシング
予約方式
IEEE802.3　　IEEE802.11

5.1　MACプロトコルの基礎概念

　MACプロトコルは，逐次再使用可能な共有資源(この場合は通信チャネル)使用のスケジューリングアルゴリズムの一種である．このプロトコルは，図5.1に示すように，互いに地理的に離れた多数の局に論理的に共通の一つの待ち行列を形成させる．そして，各局に仮想的な専用線を供与するサービスを提供する．2.1.1項で定義した**半二重通信**は，一つの伝送路において時間を分けて伝送方向を切り替えるので，同じ状況である．そのため，5.5節で説明するIEEE802.3 LANのように，MACプロトコルを必要とする通信状況を，**半二重通信モード**と呼ぶことがある．

　この種のアルゴリズムは，計算機システムのオペレーティングシステム(OS)内にも見られるものである．しかし，MACプロトコルの場合には，OSの場合とは異なり，資源の使用者が地理的に離れているため，使用要求の待ち行列が地理的に分散して形成される．このため，何らかの方法によって，これらの待ち行列を論理的に一つに統合しなければならない．しかし，局同士は地理的に離れているため，お互いの資源使用要求を直ちには知り得ない．したがって，共通の待ち行列を簡単には形成することはできない．この点が，スケジューリングアルゴリズムとしてのMACプロトコルの大きな特徴である．

　放送形パケット通信網においては，チャネル使用要求の調整は，チャネル自身を用いて行わざるを得ず，この調整のためチャネル容量の一部が使用される．こうして，調整のための信号はチャネルを通して伝送されるので，チャネル伝

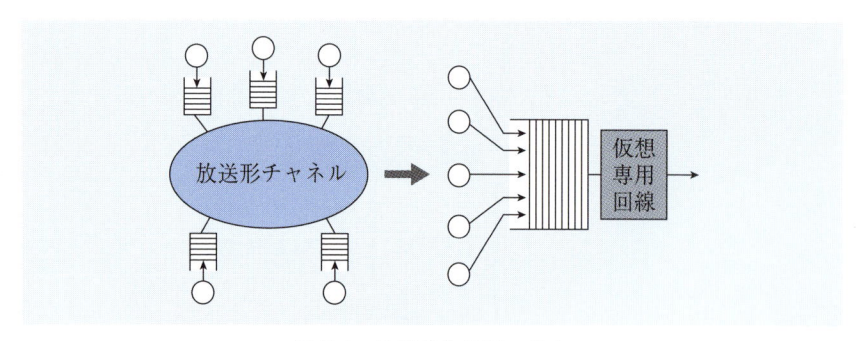

図5.1　分散待ち行列の統合

搬遅延の大きさが，MACプロトコルを考える上で重要な要因となる．チャネル伝搬遅延が大きければ，チャネルを通して行われる使用要求の調整は長い時間を要するであろうし，逆に小さければ調整は速やかに行われる．したがって，チャネル伝搬遅延の大きさ，特に1パケット伝送時間で正規化されたチャネル伝搬遅延の大きさ R が，MACプロトコル選択に影響する大きな要因の一つとなる．与えられたシステム環境における R の値の大きさによって，利用可能なMACプロトコルが制限される．普通，LANにおいては R は1より十分小さく，衛星通信網においては逆に1より十分大きい．LANでは R が小さいことを有効利用している．このため，LANに適したMACプロトコルは一般には衛星通信網には適さない．

チャネル伝搬遅延の他に，ネットワークに収容される局数や各局のトラヒック条件などがMACプロトコルを考案する際に重要な要因となる．これらの要因を考慮して，これまでに実に数多くのMACプロトコルが提案されている．それらは，動作原理によって，

(a) **固定割当方式**
(b) **ランダムアクセス方式**
(c) **要求割当方式**

に大別される [28]．

以下，各方式について，その動作原理と特徴を述べ，具体的なプロトコル例を紹介する．本章の目的は，アルゴリズムとしてのMACプロトコルの基本的な考え方を説明することにある．したがって，代表的なプロトコルのみを取り上げており，数多くのプロトコルを網羅するようにはしてないことをお断りしておく．特に，**符号分割多元接続** (Code Division Multiple Access：CDMA) に基礎をおくプロトコルは扱っていない．

また，MACプロトコルは放送形パケット通信網で用いられるので，データの転送単位をパケットと呼ぶこともある．しかし，MAC副層はデータリンク層の一部であるので，本章ではデータの転送単位を，基本的には**フレーム**または**データフレーム**と呼ぶことにする．

5.2 固定割当方式

この方式は，与えられたチャネル容量を分割し，各局に固定的に割り当ててしまうものである．周波数帯域幅を分割して割り当てる **FDMA** (Frequency Division Multiple Access) と，時間軸を分割する **TDMA** (Time Division Multiple Access) とがある．これらは原理的に簡単であり，各局が十分多くのトラヒック (送信情報) を持っている場合には，**スループット (チャネル利用効率)** も高い．FDMA，TDMA のいずれも，理論的には，最大スループットが 1 になることは明らかであろう．しかし，トラヒックが多くない場合には，チャネルは大部分の時間において使われることなく遊んでしまい，効率は悪くなる．

ここで，読者は，3.5 節の "多重化方式" において，類似の言葉 **FDM** と **TDM** が出てきていることを思い出すかもしれない．これら 2 種類の概念は，同一の原理 (通信容量の固定割り当て) に基づいているのではあるが，各局の地理的配置に違いがある．すなわち，FDM や TDM の場合には，すべての送信局がほぼ同じ場所にあり (受信局も同様)，共通の多重化装置を用いることができる．これを，M(Multiplexing) で表す．一方，FDMA と TDMA の場合には，各局が地理的に離れた場所にあり，それぞれが個別の多元接続 (Multiple Access) 装置を用いざるを得ない．衛星通信を考えれば，このことは容易に想像できるであろう．地理的に離れていることを解消するにはコストを要するのである．

同様に，3.5.3 項で概説した OFDM に対応する MA として，**OFDMA** (Orthogonal Frequency Division Multiple Access：直交周波数分割多元接続) がある．OFDMA は，3.9G/4G 携帯電話の標準化団体 **3GPP** (Third Generation Partnership Project) の規格 **LTE** (Long Term Evolution) の下り回線 (基地局から端末への方向) で使用されている [29]．各端末には，異なる副搬送波ブロックが動的に割り当てられる (固定ではない)．一方，上り方向では，**SC-FDMA** (Single Carrier FDMA) が採用されているが，その実現方法は **DFT-S-OFDMA** (Discrete Fourier Transform Spread OFDMA) である．上りでも，端末ごとに異なる副搬送波ブロックが動的に割り当てられる．上りでは，端末は，最初に基地局から割当を受けるために，ランダムアクセスを行い，失敗すると再送する [30]．このように，LTE は，固定割当ではなく，要求割当 (予約方式) である．LTE は，パケット通信サービスだけを提供している．

5.3 ランダムアクセス方式

　この方式は，**コンテンションプロトコル** (contention protocol) とも呼ばれ，与えられたチャネル容量を分割せず，そのまま全局で共有する．フレームを発生した局は，他の局とは独立にランダム送信を行う．このため，フレーム同士が**衝突** (collision) を起こすこともあり，衝突したフレームは再送されなければならない．したがって，次の2点がランダムアクセスプロトコルを設計する際の要点となる．

(1) 　フレームの衝突をいかに少なくするか．
(2) 　衝突フレームの再送をいかに効率良く行うか．

　(1) については，時間軸のスロット化やキャリアセンスが行われている．(2) については，フレーム衝突が生じた局は，それぞれが独立に発生させたランダムな時間だけフレーム再送を遅らせるという方法を採用している．この方法を**バックオフ** (backoff) と呼ぶことがある．

　以下，本節では，**純アロハ** (pure ALOHA)，**スロット付アロハ** (slotted ALOHA)，**CSMA** (Carrier Sense Multiple Access)，**CSMA/CD** (Carrier Sense Multiple Access with Collision Detection) を取り上げ，上記 (1)，(2) がどのように考慮されているかを説明する．

5.3.1 純アロハ

　純アロハは，ハワイ大学の無線による TSS(p.8 参照) システムである ALOHA システムで初めて用いられたものである．放送形パケット通信や MAC プロトコルの概念が生まれたのが，この ALOHA システムにおいてである．その意味で，純アロハは，MAC プロトコルの元祖といえる．

　図 5.2 に示すように，純アロハでは，各局は全くランダムにフレームの送信を行う．フレームの衝突が生じると，送信局は再衝突を避けるために，**バックオフ**の後に再送を行う．放送形チャネルでは，衝突の有無は，原理的には自分で判別できる．判別できない場合は，タイムアウトで衝突と判断する．

　純アロハにおいては，このバックオフの仕方が重要である．再送遅延の平均値が小さすぎると，再送されたフレーム同士または再送フレームと新たに送信されたフレームが衝突する可能性が高くなる．こうして，再送フレームが増え

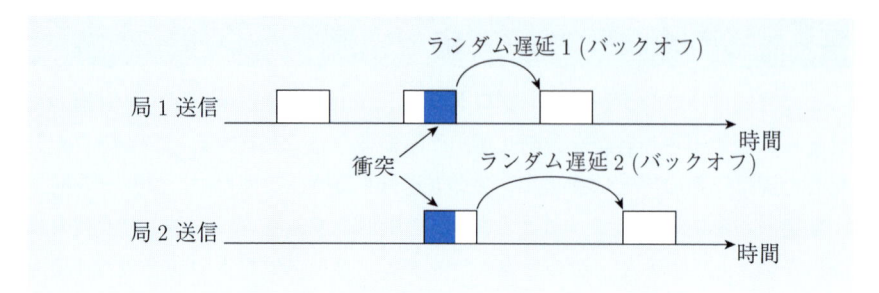

図 5.2　純アロハにおけるフレーム衝突と再送

てゆくと，それにつれてさらに衝突が頻繁になる．この正のフィードバック効果により，最終的にはフレームの正常な送信ができなくなってしまう．このような衝突によるチャネルの飽和現象が起こり得るシステムは**不安定** (unstable) であるという．この**安定性問題** (stability problem) は，純アロハに限らず，何らかのランダムアクセス方式を用いたすべてのシステムに存在するものである [28]．

一方，再送遅延の平均値が大きすぎると，システムは安定になるが，**フレーム遅延** (フレームが発生してから受信局で正しく受信されるまでの時間) も大きくなることは明らかであろう．したがって，純アロハにおいては，システムが安定でありかつフレーム遅延が小さくなるような再送遅延方式を選ぶことが肝要である．

以上の説明から明らかなように，純アロハの最大スループット (最大チャネル利用効率) は高くない．局数無限でフレーム生起がランダムであるという仮定の下では，最大スループットは $1/2e \cong 0.184$ となることが証明できる．この証明は，第 10 章 (例題 10.2) で行う．

5.3.2　スロット付アロハ

純アロハでは，各局は全く非同期にフレームの送信を行う．そのため，図 5.2 にも示しているように，フレームの部分的重なりによって衝突が生じる．そこで，衝突の確率を小さくするために，全局に共通に，周期が 1 フレーム伝送時間 T に等しいクロックを設け，各局はそのクロックに同期してフレームを送信することが考えられる．この方法は，チャネルの時間軸を大きさ T のスロットに分割することになるので，スロット付アロハと呼ばれる．

スロット付アロハにおいては，図 5.3 から明らかなように，衝突可能期間が

純アロハの半分になる．したがって，その最大スループットは，純アロハの 2 倍の $1/e \cong 0.368$ となる (例題 10.2 参照)．スロット付アロハと純アロハは，どのようなチャネル伝搬遅延のネットワークでも，例えば，LAN と衛星通信網のいずれにも，適用可能であることは明らかであろう．

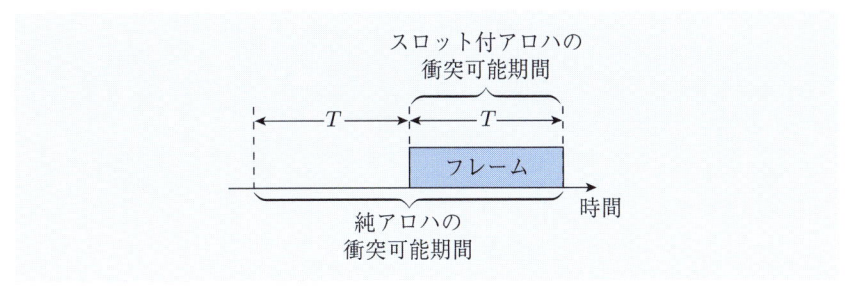

図 5.3 アロハの衝突可能期間

5.3.3 CSMA および CSMA/CD
(1) CSMA

ケーブルチャネルや地上無線チャネルでは伝搬遅延が小さいため，一つの局がフレーム送信を開始すると，他のすべての局は短時間の内にそれを知ることができる．このことを利用したのが CSMA である．CSMA は，5.6 節で説明する IEEE802.11 無線 LAN で用いられているのをはじめ，多くの地上無線通信網でこの考え方が利用されている．

CSMA では，図 5.4 に示すように，送信要求が発生すると，送信に先立ってチャネルを検知し，チャネルが使用中 (ビジー) か否 (アイドル) かを調べる．アイドルならば，直ちにまたはある遅延の後にフレームを送信する．ビジーの場合には，ランダムな遅延の後に再びチャネルを検知する非持続的 (nonpersistent) 方式と，アイドルになるまで待ってその時点で確率 p でフレームを送信する p-持続 (persistent) 方式や，アイドル検知後にあらかじめ定められた時間だけ待って送信を行う方式 (IEEE802.11 無線 LAN) がある．

CSMA では，自局でチャネルがアイドルと検知されても，実際には他局により送信が開始されている場合がある．チャネル伝搬遅延のため，送信信号がまだ自局まで到着していないのである．したがって，チャネル伝搬遅延が大きくなるほど，フレーム衝突の可能性は高くなる．回線の利用効率，あるいはスルー

図 5.4 CSMA

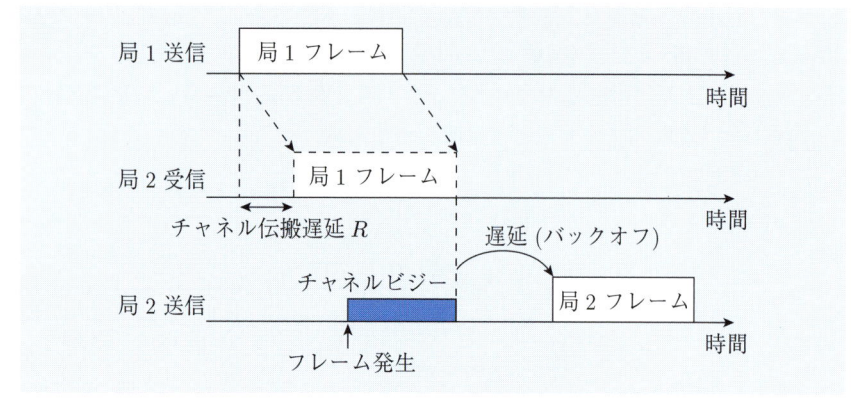

プットは，1 パケット (フレーム) 伝送時間で正規化されたチャネル伝搬遅延の大きさ R に依存し，これが大きくなるほど低下する．

CSMA においても，フレームの衝突後の再送には，ランダム再送遅延方式が用いられる．そのため，CSMA においてもシステムの安定性の問題が生じる．

なお，CSMA が期待通り動作するためには，すべての局が互いに送信信号を検知できることが必要である．しかし，無線 LAN をはじめとする地上無線通信網においては，電波環境によっては，ある局の送信電波を検知できない状況も生じる．このような局を**隠れ端末** (hidden terminal) と呼ぶ．隠れ端末は，CSMA の性能を劣化させる大きな要因であり，種々の解決策が提案されている．

(2) CSMA/CD

CSMA は，最初は地上無線チャネルに対して提案されたが，これは当然，ケーブルチャネルにも適用可能である．ケーブルチャネルでは，フレームの衝突が生じると，送信局自身が，受信信号電圧レベルの変化でそれを検出できる．そのため，図 5.5 に示すように，衝突フレームの送信を中断し，残り部分の伝送によるチャネルの浪費を避けられる．この方法を，CSMA/CD と呼んでいる．

ここで注意しなければならないのは，図 5.6 に示すように，同一の物理的な局配置のネットワークであっても，送信フレーム長によっては衝突検出・送信中止ができないことである．これができるためには、最小サイズのフレームの送信時間は，ネットワーク内の最も離れた二つの局間を信号が往復する時間より長くなければならない．この時間を，**スロット時間** (slot time) と呼ぶ．

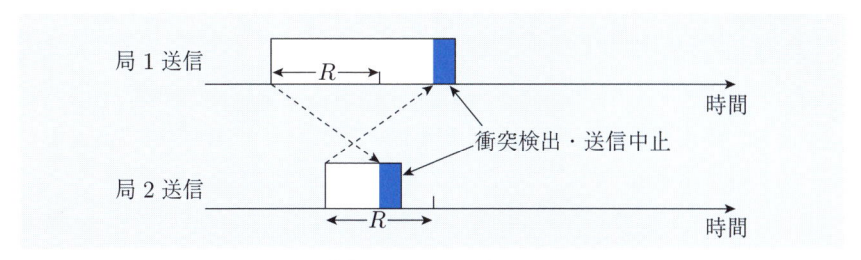

図 5.5 CSMA/CD

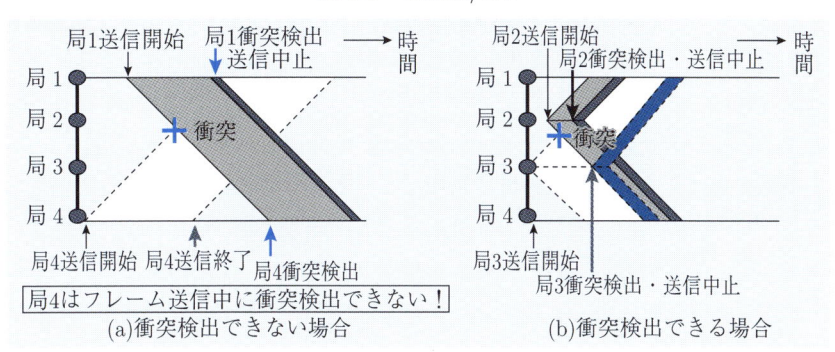

図 5.6 CSMA/CD における衝突検出・送信中止の可否 (スロット時間の必要性)

LAN の代表**イーサネット** (Ethernet) の MAC プロトコルは，1-持続 ($p = 1$)CSMA/CD の 1 変形 (アイドルになった後，96 ビット時間だけ待つ) である．米ゼロックス (Xerox) 社でこれが考案された 1973 年頃は，地上無線および衛星の放送形パケット通信のみが研究されていた．これをケーブルチャネルに適用したのは優れた発想の転換といえよう．イーサネットの詳細は，5.5 節で扱う．

5.3.4 フレームの再送について

ランダムアクセスプロトコル設計における要点の第一，すなわち衝突の減少については，チャネルのスロット化や検知によって改善が図られた．第二の要点の再送についても，種々の検討が行われている．その代表的なものは，ランダム再送遅延方式 (バックオフ) において，チャネルの負荷に応じて平均遅延長を適応的に変化させる動的制御方式である．このような制御を行うことによって，システムの安定化を図ることができる．動的制御方式は，スロット付アロハにおいて初めて理論的に研究されたが，イーサネットでも用いられている．

5.4 要求割当方式

ランダムアクセス方式は，チャネルで送信されるフレーム量(負荷)が少ないときには，衝突が少ないため優れた性能を示す．しかし，負荷が増大するとフレームの衝突が増加するため，システムが不安定になってしまう．そこで，中・高負荷に対しては，種々の要求割当方式が考案されている．これは，各局の要求に応じて確定的にチャネルの使用権を割り当てるものである．チャネル使用権の割当を中央の制御局が行う**集中制御方式**と，各局で分散して行う**分散制御方式**とがある．集中制御方式の代表例は，**ポーリング**(polling)方式である．分散制御方式としては，多くの方式が提案されているが，その中で重要なのは，**予約方式**(reservation system)と**トークンパッシング**(token passing)方式である．

予約方式は，フレームの送信に先立ってチャネル使用の予約を行うものである．予約の仕方には，**明示的**(**explicit**)**予約**と**非明示的**(**implicit**)**予約**とがある．明示的予約方式では，チャネル容量の一部を割いて予約用サブチャネルを設置し，それを用いて予約フレームを送信する．非明示的予約方式では，予約用サブチャネルも予約フレームも用いない．普通，非明示的予約方式というと，**予約アロハ**(Reservation–ALOHA：R–ALOHA)を意味する．また，単に予約方式というと，明示的予約方式を意味し，本書でも予約方式をこの意味で用いる．集中制御方式の予約方式もある．

トークンパッシング方式は，チャネルの使用権(送信権)を表すトークン(token)を，ある定められた順番に従って局の間で受け渡しするものである．したがって，フレームの衝突は生じない．トークンパッシング方式においても，明示的なものと非明示的なものとがある．単にトークンパッシング方式というと，明示的なものを意味し，本章でもこの意味で用いる．非明示的トークンパッシング方式の例としては，BRAM (Broadcast Recognizing Access Method) が挙げられる．

以下，本節では，ポーリング方式，トークンパッシング方式，予約アロハ，予約方式について，その動作原理を説明する．

5.4.1 ポーリング方式

　この方式は，通常，一つのホスト (制御局) と複数の端末 (従属局) との間のデータ伝送に適用される．制御局は，ある一定の決められた順番で，各従属局に制御局宛に送るべきデータがあるかどうかを問い合わせる．従属局は送信したいデータがあれば送信し，なければその旨を制御局に通知する．このように，従属局から制御局への方向，すなわち，**上り回線** (Up Link：UL) 上のデータ送信のために，制御局が従属局に巡回的に送信権を与えていくことをポーリング (polling) と呼ぶ．"poll" とは，世論調査の意味である．

　図 5.7 に示すように，ポーリングには，**ロールコールポーリング** (roll–call polling) と**ハブポーリング** (hub polling) とがある．前者は，制御局が自分で，逐一，従属局に問い合わせる．後者は，制御局は最初の従属局に送信権を付与するが，以降は，従属局が順次送信権を受け渡し，最後に制御局に返すものである．

(a) ロールコールポーリング　　　(b) ハブポーリング

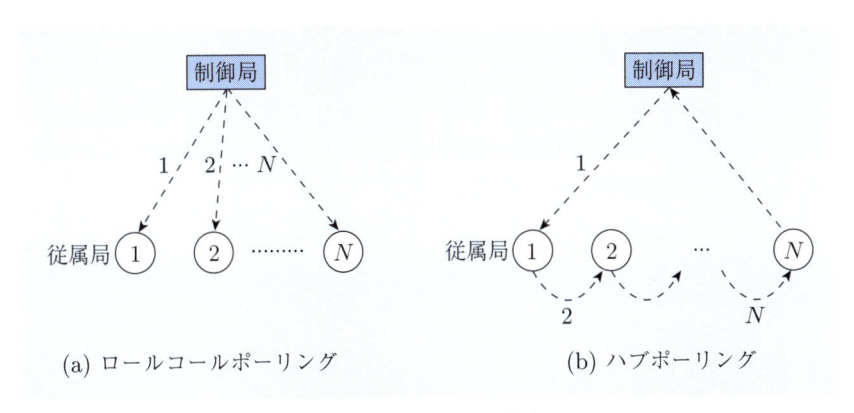

図 5.7　ポーリング方式

　また，制御局が従属局宛にデータを送信したい場合は，その従属局を指定し受信可能か否かを問い合わせる．従属局から受信可の返答があれば，制御局はデータを送信する．この制御局から従属局への方向，すなわち，**下り回線** (Down Link：DL) 上のデータ送信法を，**セレクティング** (selecting) または**アドレッシング** (addressing) という．双方向の伝送を明確に表現したい場合は，ポーリングという代わりに，**ポーリング-セレクティング**ということもある．

5.4.2 トークンパッシング方式

この方式は，ハブポーリングを分散制御に変更したものといえる．制御局と従属局の区別はない．送信権を表すトークンが，ある定められた順番に従って局の間を巡回する．トークンを受け取った局は，それを自分で保持したまま，自局のデータをチャネルに送り出す．データの送信が終了すると，トークンを次の局に向けて送信する．したがって，データの送信を行っている間はトークンを保持していることになり，この時間を**トークン保持時間** (token holding time) と呼ぶ．特定の局のトークン保持時間が長くなると，トークンの巡回時間が長くなり，他の局のパケット遅延が増大する．このような不公平が生じることを避けるために，最大トークン保持時間を定める場合もある．

トークンパッシング方式を有線ネットワークに適用する場合は，図 5.8 に示すように，そのトポロジーにより，**トークンリング** (token ring) と**トークンバス** (token bus) に分類される．両方とも，IEEE802LAN 標準，ISO 規格および JIS が定められている．リングに対しては IEEE802.5, ISO/IEC8802–5 および JIS X5254，バスに対しては IEEE802.4, ISO/IEC8802–4 および JIS X5253 となっている．トークンリングについては，ANSI (American National Standards Institute) X3 T9.5, ISO9314–2, JIS X5262 の **FDDI** (Fibre Distributed Data Interface) もある．

(a) トークンリング　　(b) トークンバス

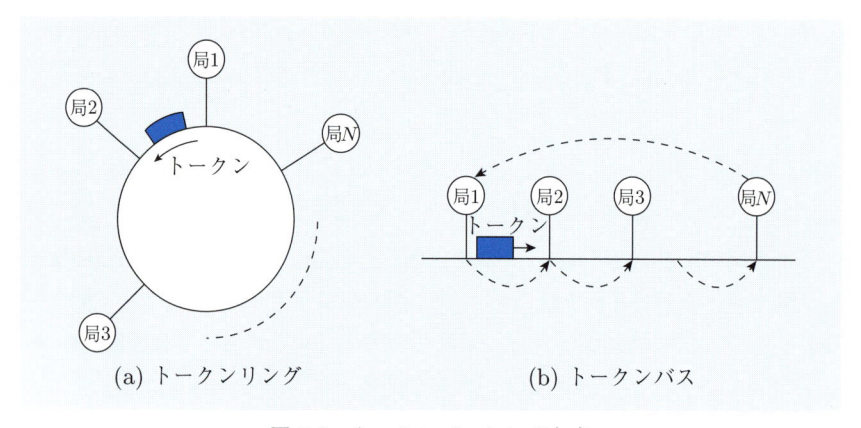

図 5.8　トークンパッシング方式

5.4 要求割当方式

5.4.3 予約アロハ

予約アロハは，スロット付アロハに予約機能を付加したものといえる．図5.9 に示すように，一定数のスロットがまとめられてチャネルフレームが構成される．チャネルフレーム長は，チャネル伝搬遅延よりも大きくなるように選ばれる．なお，すでに3.5節で述べたように，周期的な繰り返し構造を持つチャネルの1周期分もフレームと呼んでいる．これを，データの転送単位であるフレームと区別する必要がある場合は，チャネルフレームと呼ぶ．

各局は，最初は，スロット付アロハと同様に，任意のスロットにランダムにアクセスする．ある局が送信に成功すると，以降のチャネルフレーム内の対応するスロット位置は，その局によって予約されたものとみなす（これが非明示的予約のいわれである）．その局は，予約したスロット位置を用いて，残りのフレームを衝突することなく送信できる．チャネルフレーム長は伝搬遅延よりも大きいので，送信の成否は，次のチャネルフレームの対応するスロット位置までの間に判明する．一方，衝突が起きたか，または送信のなかったスロット位置には，次のチャネルフレームにおいても各局はランダムアクセスすることができる．フレームの再送には，やはりランダム再送遅延方式が用いられる．このため，予約アロハプロトコルを用いたシステムも不安定になり得る．

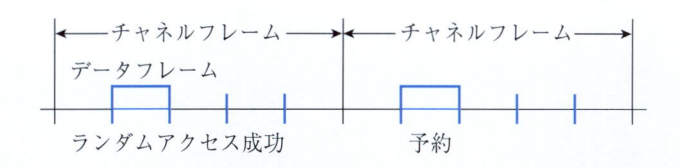

図 5.9 予約アロハの動作原理

予約アロハの最大スループットは，負荷に応じて $1/e$ から 1 のいずれかの値となる．すなわち，予約アロハは，負荷に応じて，純然たるランダムアクセスのスロット付アロハから固定割当の TDMA までの間を段階的に変化していくように振舞う．

なお，移動体パケット通信プロトコルとして多くの研究者に取り上げられている **PRMA** (Packet Reservation Multiple Access) は，基本的には予約アロハと同じであり，予約アロハを音声パケット通信に適用したものである．

5.4.4 予約方式

予約方式の基本的な考え方は，データフレームの送信要求が生じると，まず予約要求信号 (予約フレームと呼ぶ短いフレーム) を送信してチャネルの使用を予約し，予約された時間にデータフレームを送信することによって衝突を避けようとするものである．こうすれば，局がある程度のトラヒック量を持っている場合には，すべてのデータフレームをランダムアクセスで送信するよりも，効率が良いことは明らかであろう．このときには，予約用サブチャネルにおいて多元接続の問題が生じる．こうして，予約方式を考える際には，(1) 予約用サブチャネルをどのようにして設置し，いかなる MAC プロトコルを用いるのか，(2) いかにして予約の調整・スケジュールを行うのか，の 2 点が重要となる．

図 5.10 に示すように，予約方式では，多くの場合，フレーム構成のチャネルが用いられる．1 チャネルフレームは，データフレーム伝送用のデータスロットが集まったデータサブフレームと，予約フレーム伝送用の小スロットの集まりである予約サブフレームとに分割されている．予約サブフレームのための MAC プロトコルとしては，普通，スロット付アロハか TDMA が用いられる．本書では，スロット付アロハを用いた予約方式を**アロハ形予約方式** (ALOHA–Reservation)，TDMA を用いたそれを **TDMA 予約方式** (TDMA-Reservation) と呼ぶ．

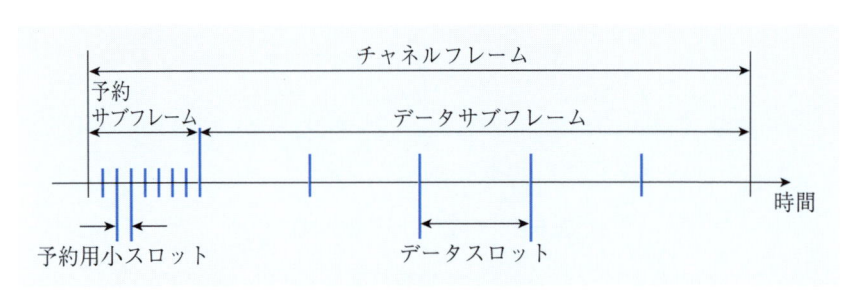

図 5.10　予約方式におけるチャネルフレーム構成

局数が少ない場合には，TDMA 予約方式が適している．しかし，これを用いると，局数が多い場合には予約サブフレーム長が長くなり，オーバヘッドが増大する．したがって，この場合にはアロハ形予約方式の方が適している．アロハ形予約方式を用いると，予約サブフレームにおいて予約フレームの衝突が生じるので，予約方式といえども，システムの安定性の問題が生じる[28]．

予約用サブチャネルを用いて行われた予約は，中央制御局を設置してそこで

5.4 要求割当方式

調整する方法と，各局で分散して行う方法とがある．無線 LAN では，普通，集中制御が用いられ，衛星通信では分散制御が用いられている．分散制御の場合には，全局に共通の一つの仮想的な待ち行列が形成される．すなわち，放送形チャネルを用いれば，一つの局が送信した予約フレームは，すべての局によって受信されるので，各局で同じ内容の論理的な待ち行列を形成することができる．各局は，受信した予約フレームから送信局が要求しているスロット数を読み取り，待ち行列に加えて行く．待ち行列におけるスケジューリング規律は，先着順 (First–in–First–Out：FIFO) または優先権方式が用いられることが多い．

アロハ形予約方式は，1973 年にロバーツ (Roberts) によって提案された．アロハ形予約方式，TDMA 予約方式ともに 1970 年代後半に衛星通信による実験が行われており，それぞれ，CPODA，FPODA と呼ばれて実装された．アロハ形予約方式は，1990 年代に無線 LAN でも採用されている．モトローラ社のALTAIR はその例であり，15Mb/s の伝送速度を持つ集中制御方式である．

また，近年，高速無線 MAN として **WiMAX** (Worldwide Interoperability for Microwave Access)[32] が急速に普及している．WiMAX は，**IEEE 802.16 標準**に基づいている．WiMAX の固定系無線アクセスの**ベストエフォート** (Best Effort：BE) サービスでは，集中制御のアロハ形予約方式が用いられる．物理層では，**WirelessMAN-OFDM TDD** 方式の規格がある (**IEEE 802.16-2004**[33])．このチャネルフレーム構成を，図 5.11 に示す．無線局 (Subscriber Station：SS) は，上り (Up Link：UL) サブフレームの帯域要求コンテンション期間で，予約フレームを基地局 (BS) にランダムに送信する．予約の成否は，下り (Down Link：DL) サブフレーム内の UL-MAP で BS から知らされる．

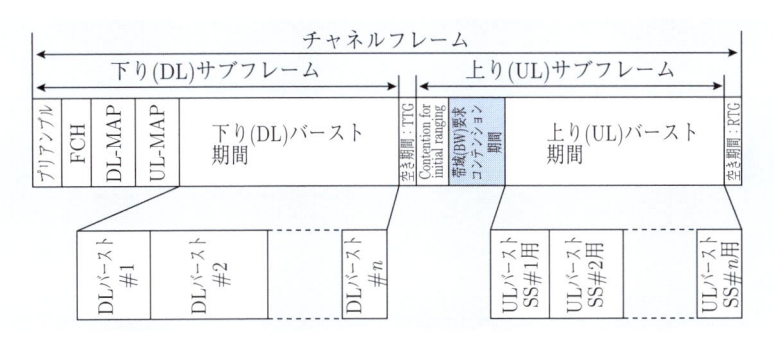

図 5.11 WiMAX におけるチャネルフレーム構成

5.5 IEEE802.3 LAN

5.5.1 IEEE802.3 LAN の種類

IEEE802委員会は，1985年に初めて，CSMA/CDをMACプロトコルとした有線LAN規格を，**IEEE802.3標準**として定めた．これは，ISO/IEC 8802–3，JIS X5252ともなっている．IEEE802.3標準は，米国の3社(DEC, Intel, Xerox)が定めた**DIX規格**(イーサネット規格)を基にしている．以来，IEEE802.3標準の多くの関連規格が出されている．それらは，2008年に**IEEE Std. 802.3-2008**としてまとめられている[34]．

IEEE802.3標準では，MAC副層の動作モードとして，**半二重モード**と**全二重モード**の二つを定義している．半二重モードは，元のイーサネットにおけるCSMA/CDを使用するものである．一方，全二重モードは，LAN上には，干渉なしに同時送受信が可能な伝送路で接続された二つの局が存在し，各局は全二重通信が可能な構成になっている場合に使われる．したがって，チャネルの共有はなくコンテンションは生じないため，CSMA/CDプロトコルは不要である．フレームの送信要求が生じたとき，キャリアセンスすることなく直ちに送信する．これは，正しくポイントツーポイントチャネルそのものである．本書の章構成から言えば，IEEE802.3標準全二重モードは，むしろ次章の内容になる．しかし，それは理解の統一性を損なう恐れがあるので，本節で説明する．

このLANのトポロジーには，**バス形**と**ツリー形**があり，図5.12に例を示す．

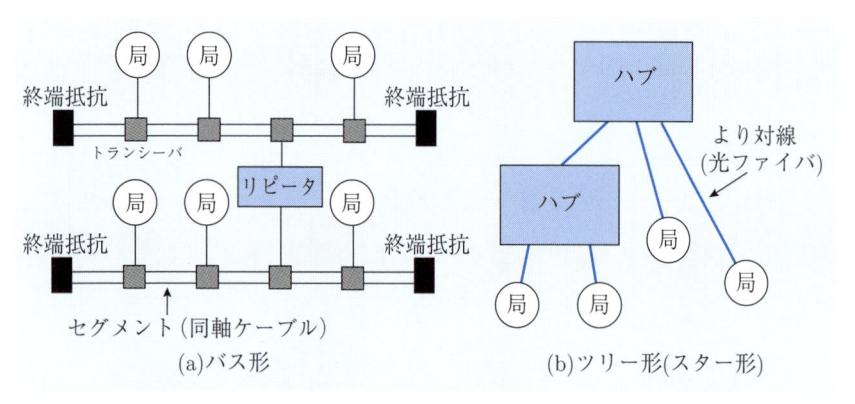

図 5.12　IEEE802.3 LAN ネットワークトポロジーの例

5.5 IEEE802.3 LAN

バス形規格にはいくつかあるが，現在では使われることはほとんどない．しかし，歴史的意義があるのみならず，ツリー形で使用される種々の技術に大きな影響を与えているため，ここで取り上げておく．バス形で古典的かつ代表的なのは **10BASE5**[34] である．これは，10Mb/s のベースバンド伝送 (マンチェスター符号を用いた 2 値伝送) を最大セグメント長 500m の同軸ケーブル上で行うことを意味する．**リピータ** (repeater) によって，5 セグメントまで物理層で接続して距離を拡張できる．リピータは，一つのセグメントから受信した電気信号を (衝突も) そのまま，接続された他のすべてのセグメントに送出する．

一方，ツリー形には，**ハブ** (hub) と局を 2 対のより対線 (Twisted pair) で結んだものが多い．この場合は，バス形と同じ半二重通信だけでなく，全二重通信も可能になる．より対線使用を T で表し，**10BASE–T**[34] などと表記する．広い範囲をカバーするためには，光ファイバを用いることもできる．なお，ツリー形において，ハブを 1 個にすると，**スター形**トポロジーとなる．

局を同軸ケーブルへ接続するためには，トランシーバの針を中心導体に接触するまで刺し込まなければならない (バンパイアタップ)．これは，より対線で接続することと比べれば随分と面倒である．そのため，最近では，より対線で LAN を構築するのが普通である．**100BASE–TX** (Fast Ethernet) や **1000BASE–T** (Gigabit Ethernet)[34] も標準化され広く使用されている．

より対線のハブは，**マルチポートリピータ**か**スイッチングハブ** (switching hub)(レイヤ 2 スイッチング) である．前者は，接続した局から受信した信号を中継して他のすべての局に送出する．そのため，半二重モードとなる．一方，スイッチングハブは，ポート (回線) 毎のメモリと自分に接続されている局の **MAC アドレス**表を持っている．受信フレームの宛先 MAC アドレスを見て，そのハブに収容されている局であるか否かを判別する．収容局でなければそのフレームは破棄する．収容局であれば，受信したフレームを一旦メモリに格納する．そして，その宛先ポートが使われていないことを確認したうえで，メモリ内のフレームを送出する．したがって，局側も全二重通信が可能な構成になっていれば，スイッチングハブと局とは全二重モードで動作することができる．

より対線使用の場合，局とハブは，RJ-45 コネクタ (図 3.16 参照) の**ジャック** (メス部分：**ソケット**とも呼ぶ) を持っている．8 芯 4 対ケーブルの各対が 1 通信回線となるので，2 対を使用すれば容易に全二重通信を実現できる．10BASE–T

と 100BASE–TX は，UTP ケーブルの 2 対 (緑の対と橙の対) を使用している．

100Mb/s や 1Gb/s の高速 LAN では，スイッチングハブを用いて全二重モードで動作させるのが望ましい．しかし，一つの LAN でも，複数個のハブをツリー形で用いることが多い．ハブの中にはリピータハブがある可能性もある．局側も伝送速度が 3 種類のいずれでもありえるし，全二重通信対応になっていない場合もある．このため，2 局間 (スイッチングハブと局間，スイッチングハブ間) での伝送速度と全二重/半二重を交渉する機能，すなわち，**自動交渉** (Auto-Negotiation) が規定されている．100BASE–TX では実装はオプションであるが，1000BASE–T では必須である．

5.5.2 ギガビットイーサネット

1Gb/s を実現することは，10Mb/s や 100Mb/s の技術を単純に拡張するだけでは不可能である．3.4.3 項で述べたように，情報伝送速度を上げるためには，使用帯域幅拡大，高 SNR，多値符号化が必要である．

1000BASE–T では，CAT5 以上の 4 対 (各対 250Mb/s, 変調速度 125Mbaud) 全部を片方向に使用して (使用帯域幅拡大)，1Gb/s を達成している．誤り制御のために 8 ビットごとに 9 ビットに変換する．その変換の結果の $2^9 = 512$ 個に制御情報のパターンを加えたものを，各対で 5 レベル (2, 1, 0, -1, -2) の多値伝送を採用することによって得られる $5^4 = 645$ 個のパターン (コードグループ) にマッピングする．4 並列通信路 5 値伝送である[34]．8 ビット (8B) を，1 クロックで伝送する 4 次元 5 値 (Quinary) 符号 (1Q4) に変換するので，**8B1Q4** と呼ばれる．マッピングに際しては，畳み込み符号化による誤り訂正 (FEC)，直流分を含まずシンボル同期が取りやすい信号波形の生成などが考慮されている．

このような片方向伝送ではあるが，全二重通信が可能である．すなわち，**ハイブリッド回路** (入出力混合回路) で入力と出力とを分離するのである．これは，家庭の固定電話機 (2 線式) で昔から使われている手法と同じ原理による．ハイブリッド回路の使用によるエコーや他対からの干渉信号 (漏話) は，**エコーキャンセラー**機能も含めたディジタル信号処理回路 (DSP) によって除去される (高 SNR)．こうして 4 対すべてにおいて同時に送受信が可能となる．

1000BASE–T(と 10BASE–T 及び 100BASE–TX) の最大許容ケーブル長は，

5.5 IEEE802.3 LAN

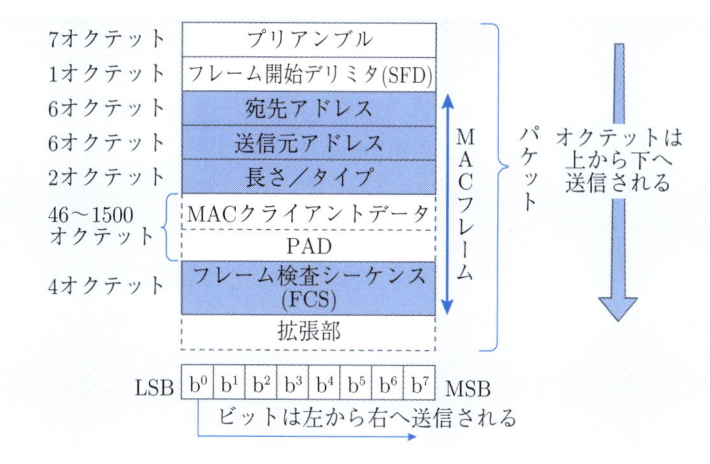

```
7オクテット       プリアンブル
1オクテット       フレーム開始デリミタ(SFD)
6オクテット       宛先アドレス           ┐         ┐
6オクテット       送信元アドレス          │ MAC     │ パケット
2オクテット       長さ/タイプ            │ フレーム  │ オクテットは
46〜1500        MACクライアントデータ    │         │ 上から下へ
オクテット        PAD                  │         │ 送信される
4オクテット       フレーム検査シーケンス    │         │
                (FCS)                ┘         │
                拡張部                          ┘

LSB  b⁰ b¹ b² b³ b⁴ b⁵ b⁶ b⁷  MSB
     ビットは左から右へ送信される
```

図 5.13 IEEE802.3 パケットフォーマット

100mである．距離を伸ばすため，光ファイバを用いた1Gb/sイーサネットも規格化されている．1000BASE–SX(マルチモード:550m)と1000BASE–LX(マルチモード/シングルモード:550m/5000m)[34]とがある．更には，WAN環境でも使用可能な10ギガビットイーサネット([例] 10GBASE-R:40km, 10GBASE-W:WAN対応)も標準化されている[34]．

5.5.3 MACフレームフォーマット

まず，図5.13にIEEE802.3パケットフォーマットを示す．IEEE802.3標準[34]では，物理層で付けられる**プリアンブル**と**フレーム開始デリミタ** (Start Frame Delimiter：SFD) に**MACフレーム**を併せた全体を"**パケット**"と呼んでいるので，その表記に従っている．このパケットフォーマットは，すべての種類(伝送速度やケーブルタイプ)のIEEE802.3LANで共通である．なお，1.5節で述べたように，1**オクテット** (octet) は8ビットを意味する．

プリアンブルはビット同期用であり，ビット列 "10101010" を7回繰り返す．SFDは有効フレームの先頭を示すビット列(10101011)である．宛先アドレスと送信元アドレスは，本項で後に説明する**MACアドレス**である．

長さ/タイプ部は，その値が10進数で1500(2進数で "**0000 0101 1101 1100**"(左端がMSB))，16進数で **05DC：プレフィックス 0x** を用いて，"**0x05DC**" と表す) 以下ならば，データ部のオクテット数を表す．これを**基**

本フレーム (basic frame) と呼ぶ．ただし，注意すべきことに，長さ/タイプ部 2 オクテットでは，最初のオクテットを上位と定義しているのである．したがって，**0x05DC** は，送信では LSB を先頭にするという基本規則 (図 5.13 参照) に従って 2 進数で記せば，**1010 0000 0011 1011** となる．

長さ/タイプ部の値が 1536(0x0600) 以上ならば，製造業者などのプロトコル開発用のタイプを示す[35]．IEEE802.3 標準のもととなった DIX 規格では，長さ/タイプ部でなく，単にタイプ部となっている．タイプ部の値が 0x0800 にセットされていると，データ部に **IPv4 データグラム** (IPv4 datagram) (8.1 節参照) が入っている．

データ部は，最小値と最大値が定められており，46～1500 オクテットとしている．データが 46 オクテットより小さい場合は，余分のビット (PAD) を付加して，46 オクテットとなるようにする．したがって，MAC フレームの最小値は，64 オクテット =512 ビットとなる．これが，100Mb/s までの場合の**スロット時間**になる．この値は，初期の 10BASE5 の規定から導出された．すなわち，用いることができるリピータは 4 個 (セグメントは 5 個) までで，二つのトランシーバ間は 2500m(= 500m × 5) 以下でなければならなかった．この場合の最大往復遅延は，最大往復距離 5000m を同軸ケーブル内の電磁波伝搬速度で割ることにより計算でき，$5000\text{m}/(1.98 \times 10^8) \cong 25.2$ マイクロ秒 [μs] となる．これにリピータやトランシーバなどの遅延時間を加えると，約 46.4μs となる．この時間は，10Mb/s では，464 ビットに相当する．これに余裕分ビットを含めて整数オクテットとなる 512 ビットとした．

最小フレームサイズ 512 ビットは，10Mb/s イーサネットだけでなく，100Mb/s，1Gb/s，10Gb/s でも用いられている (但し，1Gb/s でのスロット時間は 4096 ビット =512 オクテットとなり，10Gb/s では定義されない)．

データ部には，通常，IP データグラムが入るが，**論理リンク制御プロトコルデータ単位** (Logical Link Control Protocol Data Unit : LLC–PDU) となることもありえる．2.3 節で述べたように，放送形チャネルを用いたネットワークでは，データリンク層は MAC 副層と LLC 副層とに分割されるためである．しかし，LLC-PDU が使われることはほとんどない．LLC については，5.5.6 項で簡単に触れる．

宛先 (Destination) および送信元 (Source) アドレスは，**MAC アドレス**ま

5.5 IEEE802.3 LAN

たは**イーサネットアドレス**, **物理アドレス**と呼ばれ, 48 ビットである. 図 5.14 に, そのフォーマットと一例を示す. 48 ビットの内, 先頭ビット I/G(先頭オクテットの最下位ビット (LSB)) が 0 の場合は個別アドレス, 1 のときマルチキャストアドレスとなる. 第 2 ビット U/L は 0 のときグローバルアドレス, 1 のときローカルアドレスとなる. 最初の 24 ビット (3 オクテット) は, IEEE によって機器製造業者に割当てられる**ベンダーコード** (OUI) である. 残りの 24 ビットは, ベンダーが使用するシリアル番号である. こうして, 原理的には, 一つの MAC アドレスは, 世界中で一つしか存在しない.

MAC アドレスを 2 進数表記すると長くなるので, 図 5.14 中の例のように, 4 ビット毎に 16 進数表記して, オクテット単位でハイフン (-) またはコロン (:) でつなぐ. この際注意すべきは, 16 進数表記のオクテットでは, MSB を左端, LSB を右端として, 送信順とは逆に読むことである [9].

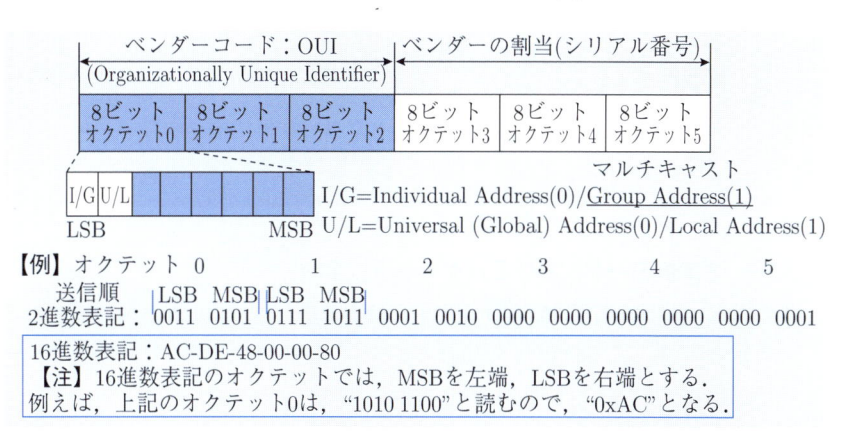

図 5.14 MAC アドレスフォーマット (ビットの送信順は左から右へ)

インターネットでは, MAC アドレスは **IP アドレス**との対応付け"アドレス解決"(2.1.9 項) が必要になる. この問題は, 第 8 章で取り上げる.

フレーム検査シーケンス (Frame Check Sequence: FCS) は, 32 ビットの CRC パリティチェックビットであり, 生成多項式は, 次式で与えられる.

$$g(X) = X^{32} + X^{26} + X^{23} + X^{22} + X^{16} + X^{12} + X^{11} + X^{10}$$
$$+ X^8 + X^7 + X^5 + X^4 + X^2 + X + 1$$

FCS ビット列の送信は, 高次項から行われることに注意されたい.

データ部は可変長であるので，FCS の位置はどのようにして見つけられるのであろうか？長さ/タイプ部の値が 0x05DC(10 進数 1500) 以下であれば，それはデータ部のオクテット数であるので，FCS は容易に特定できる．そうでなければ，データ部の中を調べてみなければならない．例えばタイプ部の値が 0x800 のときは，データ部は IPv4 データグラムになるので，そのデータグラム長フィールド (8.1 節参照) を調べれば IPv4 データグラム全体のオクテット数が分かる．しかし，これは，ある階層の情報を得るのにその上位階層の情報を得る必要があることを意味し，階層化プロトコルの原則には反することになる．TCP/IP プロトコルでは，このように階層化が明確でない設計がしばしば見られる．これは，OSI とは大きく異なる特徴である．

5.5.4 パケット間ギャップ

5.3.3 項で触れたように，CSMA/CD では，チャネルがアイドルとなった後，96 ビット時間だけ待って送信を開始する．これはチャネルのアイドル状態への回復を確実にするためである．この 96 ビット時間を，**パケット間ギャップ** (interPacketGap)，**フレーム間ギャップ** (interFrameGap)，または**フレーム間スペース** (interFrameSpacing) と呼ぶ．この値はすべての伝送速度に共通であるとともに，全二重モードでもこのギャップの挿入が義務付けられている．

5.5.5 半二重モードにおけるパケット送信手順

半二重モードでは CSMA/CD が用いられる．ただし，1000Mb/s の場合のフレーム伝送時間は，100Mb/s の場合の 1/10 となる．したがって，最小フレームサイズが 64 オクテットでは，同じ 100m 長ケーブルにおいては "ネットワーク内の最も離れた二つの局間を信号が往復する時間より長くなければならない" というスロット時間条件を満足しない．そのため，1000Mb/s の場合には，送信パケットの FCS に続けてダミービット列を付加してスロット時間条件を満足させる．これを，**キャリアエクステンション** (carrier extension)[34] と呼ぶ．この結果，最小フレームサイズは，実質的に 512 オクテット (64 の 8 倍) となる．

1000Mb/s の場合，1 パケットごとにキャリアエクステンションを行っていては伝送効率が低下するのは明らかである．効率改善のため，キャリアエクステンション付きのパケット送信が成功したとき，続いて一定個数 (burstLimit) までのパケットの連続送信を許可する送信法が規定されている．隣接するパケッ

5.5 IEEE802.3 LAN

```
|←─────────────────── burstLimit ───────────────────→|
| MACパケット |キャリアエクステンション|パケット間ギャップ| MACパケット |パケット間ギャップ| MACパケット |パケット間ギャップ| MACパケット |
```

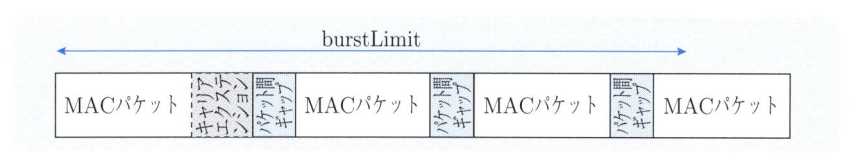

図 5.15 パケットバースティング

ト間には，パケット間ギャップ相当のダミービットが挿入される．この送信法を，**パケットバースティング** (packet bursting)[34] と呼ぶ．図 5.15 に一例を示す．

パケットの衝突が判明した場合は，直ちには送信を中止せず一定ビット数 (jamSize：1Gb/s までは 32) の送信後に送信を中断する．これは，すべての局の衝突検出を確実にするためであり，**衝突強化** (collision enforcement) と呼ぶ．

再送は，ランダムな遅延の後に行われる (バックオフ)．衝突回数を n で表すと，次のように再送される．

(1) $0 \leq n \leq 10$ のときは，$[0, 2^n - 1]$ の範囲からランダムに選んだ整数のスロット時間だけ待ってから送信開始する．
(2) $11 \leq n \leq 16$ のときは，1023 スロット時間からランダムに選ぶ．
(3) 16 回衝突が起こった後は再送を終了し，エラーとして上位層に報告する．

この方法は，**TBEB アルゴリズム** (Truncated Binary Exponential Backoff algorithm：打ち切り 2 のべき乗バックオフアルゴリズム) と呼ばれる．

5.5.6 LLC プロトコル

LLC は，IEEE802 におけるすべての MAC 副層 (802.3，802.11，802.16 など) に共通に用いられて，データリンク層を構成する．IEEE802 MAC を最初に説明するのが本節であるので，ここで LLC の概要を述べる．

LLC は，ISO/IEC 8802-2:1998[36] で定められている．これは，IEEE 標準 802.2 の 1998 年版を基にしている．しかし，IEEE は，2010 年に IEEE 標準 802.2 を取り下げており，現在は，ISO/IEC 8802-2:1998 だけが残っている．

表 5.1 に LLC の PDU フォーマットを示す．**DSAP** は Destination Service Access Point を意味し，第 1 ビットが 0 のとき個別アドレスになり，直上層 (OSI ではネットワーク層) のプロトコルが何かを示す．**SSAP** は，送信元 SAP であり，第 1 ビットは**コマンド/レスポンス** (次章の HDLC 参照) の別を示す．制御部は，シーケンス番号を含まない場合は 8 ビット，含む場合は 16 ビットと

表 5.1　LLC の PDU フォーマット

DSAP アドレス部	SSAP アドレス部	制御部	情報部
8 ビット	8 ビット	8 または 16 ビット	$8 \times M$ ビット

なる．M は 0 以上の整数であり，その上限は，使用する MAC プロトコルに依存する．

ISO/IEC 8802-2:1998 規格では，三つの動作タイプが定義されている．**タイプ 1 動作**は，コネクションレス型サービスだけを提供し，送達確認も行わない．**タイプ 2 動作**は，コネクション型サービスである．**タイプ 3 動作**は，送達確認付きコネクションレス型サービスである．これらのタイプでは，次章で扱う HDLC 平衡型手順クラスのコマンド/レスポンスのサブセットを用いる．

LLC には，提供する動作タイプの組み合わせによって，四つのクラスが用意されている．**クラス I** はタイプ 1 のみ，**クラス II** はタイプ 1 と 2，**クラス III** はタイプ 1 と 3，**クラス IV** は 3 タイプすべてが動作可能である．

▣ ユビキタスコンピューティング

情報ネットワークは，端末と通信ネットワークとから構成される．本書では，端末として，CPU やメモリを持ち何らかの情報処理機能を具備したものを想定した．このような前提から，読者は，典型的な端末として，パソコンやスマートフォンのような，それ自身が単独で自立して動作するものを思い浮かべるであろう．しかし，現代社会では，このタイプとは異なる数多くのコンピュータが存在する．家電製品や自動車などに組み込まれたコンピュータがそれである．その数はパソコンやスマートフォンよりも断然多い．これらのコンピュータの外部との通信機能は，現状では，皆無か狭い範囲に限定されている．しかし，今後は，通信機能が強化され，それらでネットワークを構成したり，他のネットワークと接続したりするようになるであろう．コンピュータの小型化・低価格化により，至るところにコンピュータが組み込まれつつある．そして，我々人間がこれらのコンピュータを容易に利用できるようなネットワーク環境が実現されると考えられる．このような環境を**ユビキタスコンピューティング** (ubiquitous computing) と呼ぶ．"ubiquitous" は，"至るところにある"，"遍在する" を意味する．この実現形態の一つは，p.16 で触れた "センサネットワークと M2M サービス" である．

5.6 IEEE802.11 無線LAN

ネットワーク構築における配線の煩わしさが，実際に採用される技術にいかに影響を及ぼすかは，イーサネットの普及の経緯を顧みれば容易に理解できるであろう．この観点からすれば，近年の無線LANの日常生活への大きな浸透は当然の結果と言えよう．

しかしながら，無線LANには，有線LAN(特にイーサネット)には存在しない技術課題を解決しなければならない．まず，無線伝送路の品質は，有線ケーブルと比べて一般に低く，しかも必ずしも一定せず，使用周波数，送信電力，送受信の場所に大きく依存する．また，基本的には放送形チャネルではあるが，電波環境によっては，5.3.3項で述べた**隠れ端末**の問題が存在し，完全連結のネットワークトポロジーは得られない．また，別チャネルとなっている無線LANからの電波干渉の可能性もある．更には，端末の移動や，放送形チャネルであることから生じる通信の機密性や認証も重要な課題である．

無線LANの代表は，IEEE802.11標準規格のものである．この規格による無線LANの相互接続性を推進するための業界団体として**ワイファイアライアンス** (Wi-Fi(Wireless Fidelity) Alliance) があり，そこで認証取得した製品のブランド名を**Wi-Fi**という．日常生活では，無線LANをWi-Fiと呼ぶほど，この言葉は普及した．

IEEE802委員会は，1997年に初めて，無線LAN標準規格**IEEE802.11**を定めており，1999年に改定を行っている．この規格は，3.2節ですでに述べたように，ISM帯(2.4GHz帯)の無線チャネルを使用し，最大データ伝送速度を2Mb/sとするものであった．ISM帯は無免許で使用できるという簡便さのため，IEEE802.11標準の無線LANは広く普及した．しかし，別のシステムとの電波干渉という問題がある．

IEEE802.11標準1999年版では，**スペクトル拡散** (spread spectrum) によって電波干渉の問題に対処している．この方法は，情報信号の周波数スペクトルを大幅に拡大して伝送路に送り出し，受信側で再びもとの周波数スペクトルに縮小するものである．これにより，伝送路上で加えられた干渉電波の影響を大きく軽減できる．スペクトル拡散法として，**直接拡散** (Direct Sequence：DS) と**周波数ホッピング** (Frequency Hopping：FH) の2種類が規定されている．

FHは，当初の物理層規定にあった赤外線(infrared)と同じく，今では使われることはあまりない．

さらに，1999年には，伝送速度向上のための修正条項(Amendment)として，同じく2.4GHz帯を使用して最大11Mb/sの伝送速度を持つIEEE802.11bと，5GHz帯を使用して最大54Mb/sの伝送速度を持つIEEE802.11aが，規定されている．2003年には，最大伝送速度54Mb/sは同じであるが，2.4GHz帯を用いるIEEE802.11gも使用できるようになった．2009年には，2.4GHz帯と5GHz帯とを使用でき，理論的には最大伝送速度が600Mb/sとなるIEEE802.11nが定められて，今では広く使われるようになった．

これらの規格の違いは，OSI参照モデルの階層(図2.13参照)で言えば，物理層(IEEE標準802.11では**PHY**と略す)であり，MAC副層は共通である．いずれの種類の物理層でも，無線伝送路の状態に応じて変調方式を選択することによって，伝送速度を適応的に切り替えている．例えば，802.11bでは，1Mb/sは2相位相変調(BPSK)，2Mb/sは4相位相変調(QPSK)，5.5Mb/sと11Mb/sはCCK(Complementary Code Keying)を用いている．低速になるほど，多値化のレベルを下げて伝送路品質の劣化に対処できるようにした(3.4節参照)．

これらの802.11の修正条項は，物理層に関するものが多いが，MAC副層のQoS関連の802.11e，リンク層セキュリティを扱う802.11iなど多岐にわたっており，相互関係や全体像の理解を難しくしていた．そこで，2007年に，主要な修正条項を本体に組み込んで一つの規格書とした．IEEE Std. 802.11-2012[37]は，2007年版を改定した最新版である．2012年版では，11a，11b，11gのような修正条項の名称は使用されておらず，これらは標準として一時無効(Suspended)状態となっている．本書の以下の記述は，2012年版に従っている．

以下，本節では，まず，3種類のネットワーク形態を定義する．続いて，すべての種類の物理層に共通するMAC副層の仕組みを説明する．その後，OFDMを用いる物理層(元の802.11n)の概要を述べる．

5.6.1　ネットワーク形態

IEEE802.11標準では，局を**STA** (station)と表記し，互いに通信可能なSTAの集合単位を**BSS** (Basic Service Set)と呼ぶ．BSSの正確な定義[37]は，やや込み入っているので，ここでは下記の直感的な説明にとどめておく．

5.6 IEEE802.11 無線 LAN

STA 同士が通信可能な地理的領域を **BSA** (Basic Service Area) と呼ぶ．BSS の物理的な広がりとも解釈できる．この解釈では，BSA は電波の到達範囲によって決まるので，空間的に動的に変化し予測不能である．したがって，正確には，"Area" というより "Volume" というほうが適切である．そのため，BSA を概念的には定義できるが，はっきりとした形で図示することはできない．

IEEE802.11 標準におけるネットワークの形態としては，図 5.16 に示すように，**アドホックネットワーク** (ad hoc network)，**インフラストラクチャ BSS–DS ネットワーク**，**メッシュネットワーク** (mesh network) の 3 種類が定義されている．

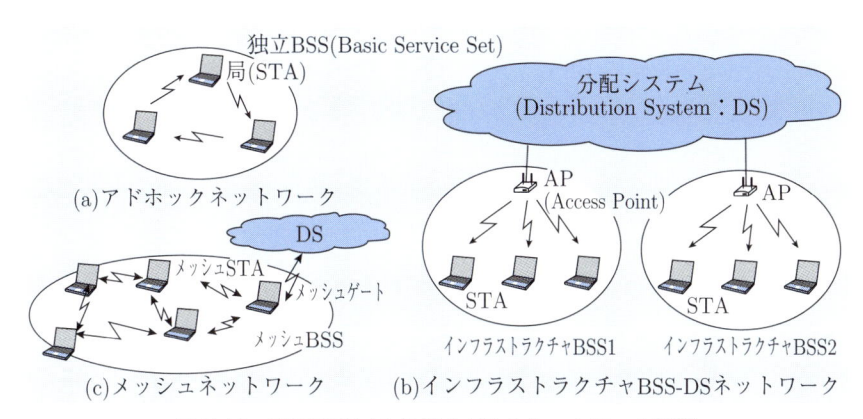

図 5.16 IEEE802.11 無線 LAN のネットワーク形態

アドホックネットワークは，分散制御で STA 同士が直接通信する BSS から成る．このような BSS は，**独立 BSS** (Independent BSS：**IBSS**) と呼ばれる．

インフラストラクチャ BSS–DS ネットワークは，一つ以上の BSS と **DS** (Distribution System：分配システム) で構成される (IEEE802.11 標準初版では，**インフラストラクチャネットワーク**と呼ばれていた)．一つの BSS には**アクセスポイント** (Access Point：**AP**) と呼ばれる基地局が存在し，STA 同士は AP を介して通信する．同一周波数帯に複数の AP が存在しうるので，各 AP には識別子 **SSID** (Service Set ID) が付けられる．AP は STA の機能も持っており，分配システム (DS) に接続されている．異なる BSS に属する STA 同士でも DS を介して通信可能である．DS は，典型的には有線ネットワークであり，STA の通信可能な領域を拡張する．このように AP を持っていて DS に接続さ

れているBSSは，**インフラストラクチャBSS** (infrastructure BSS) と呼ばれる．DSによって連結されているインフラストラクチャBSSの集合を，**ESS** (Extended Service Set) という．DSは，ESSには含まれない．

メッシュネットワークは，**メッシュSTA** (mesh STA) から成るBSSである**メッシュBSS** (mesh BSS：**MBSS**) を意味する．メッシュSTAは，データの中継・転送とパス選択 (ルーティング) などの機能を持つ．したがって，MBSSは，直接通信可能なSTA間 (1ホップ) を縦続接続することによって直接通信不可能なSTAとも通信可能にする**マルチホップネットワーク** (multihop network) である．MBSSは，DSとの通信が可能なSTAである**メッシュゲート** (mesh gate) を持つことができる．

以上述べた3種類のBSSの他に，**QoS BSS**も定義されている．これは，**QoS STA**と**QoS AP**から成るBSSであり，ネットワークの動作形態というよりも，QoS制御機能 (例えば，フレーム送信の優先度制御や帯域予約) を持ったBSSという方が適切である．MBSSは，QoS BSSの一つのタイプである．

5.6.2 MACアーキテクチャ

IEEE802.11では，MACプロトコルとして，図5.17に示す5種類を定めている．

これらの内，**DCF** (Distributed Coordination Function) と**PCF** (Point Coordination Function) の2種類は，802.11初版から規定されているものであ

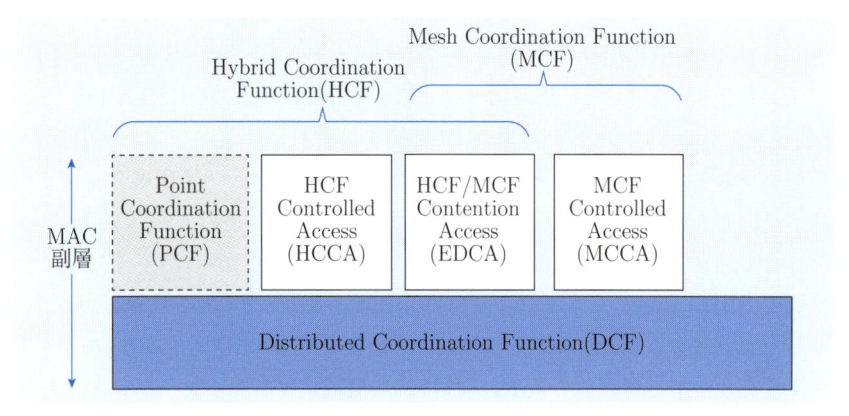

図 5.17 IEEE802.11 の MAC アーキテクチャ

5.6 IEEE802.11 無線 LAN

る．簡単に言えば，DCF はランダムアクセス (CSMA) であり，PCF はポーリングである．**HCCA** (HCF (Hybrid Coordination Function) Controlled Access), **EDCA** (Enhanced Distributed Channel Access：**HCF/MCF Contention Access**) 及び **MCCA** (MCF (Mesh Coordination Function) Controlled Access) は，DCF と (または)PCF に QoS 制御機能を持たせたものである．

DCF は，すべての BSS に必ず実装されなければならない基本 MAC プロトコルであるので，まず，DCF の動作原理を説明する．続いて，PCF の概要を述べる．さらに，EDCA, HCCA 及び MCCA に簡単に触れる．

(1) DCF

DCF における CSMA は，**CSMA/CA** (Carrier Sense Multiple Access with Collision Avoidance) と呼ばれている．無線チャネルにおいては，有線チャネルとは異なり，自局送出電波の影響により受信信号レベルの検査による衝突検出ができない．そのため，衝突検出機能を持つ CSMA/CD は利用できない．そこで，**キャリアセンス (CS)** によりチャネルがアイドルと検知された後のフレーム送信のタイミングを，フレームの種類に応じて変えることによって，できるだけ衝突を回避する工夫をしている．このことを，CSMA に CA(衝突回避) という言葉を付けて表している．しかし，CSMA/CA でも完全に衝突が回避できるわけではなく，衝突は起こり得る．

衝突回避の工夫は次のとおりである．チャネルがアイドルになればフレームの送信が可能になる．しかし，複数のフレームが同時に送信されれば衝突となる．そこで，フレームの種別によって，アイドルになってから送信が可能になるまでの時間を変えるのである．優先順位の高いフレームの時間を短くすれば，優先順位が低いフレームが送信可能になったときには高優先のフレーム伝送によってチャネルがビジーとなっているため，送信を行わずにすむ．

チャネルがビジーからアイドルとなって次のフレームの送信が始まるまでの期間を **IFS** (Inter-Frame Space) と呼ぶ．図 5.18 に，IFS の種類を示す．DCF は，**SIFS** (Short IFS) と **DIFS** (DCF IFS) を用いる．PIFS は，後述の PCF のためのものである．また，**AIFS** (Arbitration IFS) は，後述の EDCA において DIFS の代わりに用い，8 種類存在する．DCF では使われない．IFS を短

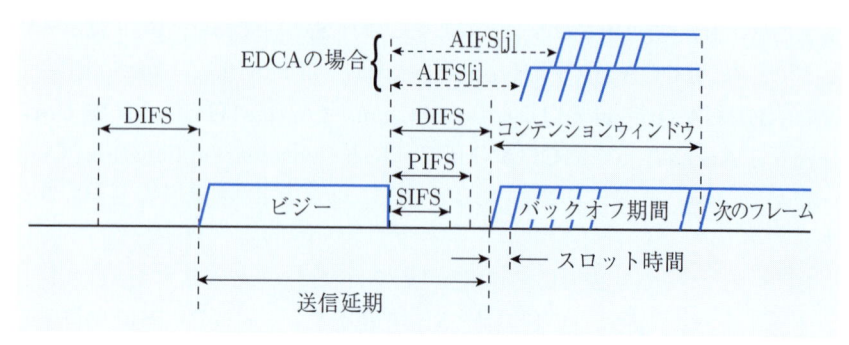

図 5.18 IFS の関係

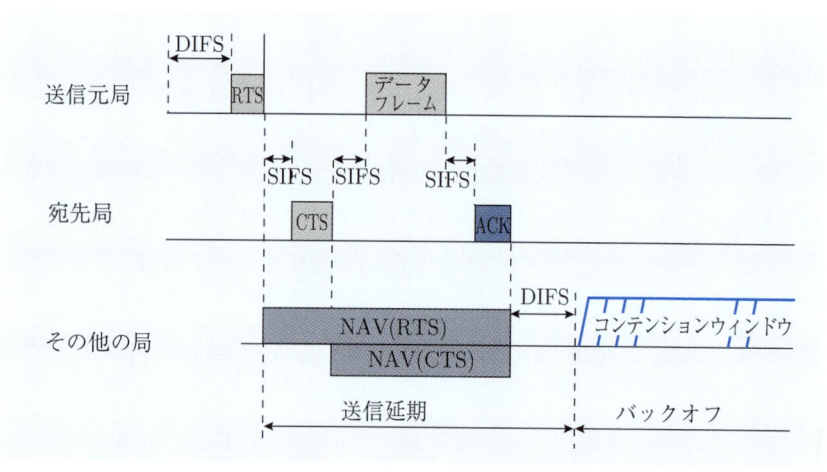

図 5.19 RTS/CTS/データフレーム/ACK の送信と NAV の設定

いものから順に挙げると，SIFS, PIFS, DIFS となる．データフレームの送信に成功すれば，その直後に必ず ACK の送信要求が発生するので，ACK には SIFS が割り当てられている．また，データフレームには DIFS としている．

一つの局がデータフレームを発生したとき，チャネルを検知し，DIFS 待ってアイドルであれば送信を行う．しかし，途中でチャネルがビジーになれば，アイドルになって DIFS だけ待った後，次式で与えられるランダムなバックオフ期間を設定する．

$$\text{バックオフ期間} = Random(\ ) \times \text{スロット時間}$$

$Random(\ )$ は，区間 $[0, \ CW]$ での一様乱数 (正整数) である．バックオフ期間

を，**コンテンションウィンドウ** (Contention Window：CW) と呼ぶことから CW の記号を用いている．CW は，衝突回数 n に依存し，初期値 $CW_{\min}(n=0)$ から最大値 $CW_{\max}$ に達するまで，次式のように 2 のべき乗で増加する．

$$CW = (CW_{\min} + 1) \times 2^n - 1$$

チャネルが DIFS 以上アイドルのときのみバックオフ時間を減少させ，その値が 0 となった時点で送信を行う．

以上の説明からも明らかなように，CSMA/CA が想定どおりに動作するためには，キャリアセンス (CS) を確実に実行し，チャネルがビジーであることを正確に判断できることが必須である．しかし，無線通信環境では，隠れ端末問題が存在し，チャネルビジーを検出できない STA もありうる．

これに対処する方法として，図 5.19 に示すように，**RTS** (Request To Send) フレームの送信と **CTS** (Clear To Send) フレームによる確認および **NAV** (Network Allocation Vector) の設定による**仮想キャリアセンス** (virtual CS) が規定されている．RTS，CTS，データフレームの**持続時間フィールド** (Duration)(次項で説明) には，自分自身の送信から対応する ACK を受信し終えるまでの時間の情報が記されている．これらのフレームを受信した STA は，NAV に持続時間の値を設定して，そのときまではチャネルはビジーであるとみなす．隠れ端末である場合には，すべてのフレームを受信できるとは限らないが，一つでも受信できれば NAV を設定できる．

IEEE802.11 標準は，電波を検知する通常の CS (**物理的 CS**) のみならず，**仮想 CS** も行うことを義務付けている．

(2) PCF

PCF は，基地局 AP による非 QoS-STA のポーリングである．この場合の AP は，**PC** (Point Coordinator) と呼ばれる．PC は PIFS のアイドル期間だけ待って，**ビーコンフレーム** (beacon frame) を送出して，ポーリングを開始する．PCF で動作する期間を，**コンテンションフリー期間** (Contention Free Period：CFP) と呼び，CFP の繰り返し期間を **CFP 繰り返し期間** (CFP repetition interval：CFPPeriod) という．図 5.20 に示すように，CFP の後には，必ず DCF による**コンテンション期間** (Contention Period：CP) が始まり，CFP と CP が交互に現れるようにする．すべての STA は，各 CFP の始まりで NAV

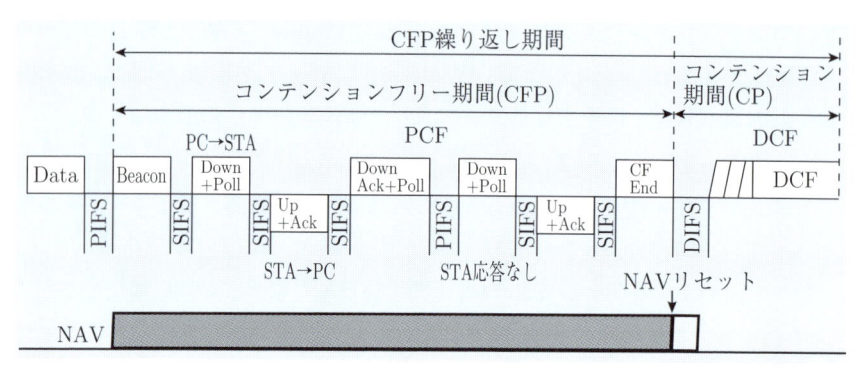

図 5.20 PCF によるポーリング

を設定する．

(3) EDCA と HCCA

EDCA と HCCA は，それぞれ，DCF と PCF に QoS 制御機能を付与したものであり，まとめて **HCF** (Hybrid Coordination Function) と呼ばれる．メッシュSTA 以外の QoS STA で使用される．HCF は，元は 802.11e として提案されたものである．HCF での送信権割当の基本単位を，**TXOP** (Transmission Opportunity) と呼ぶ．一つの TXOP では，複数個のフレームを連続して送信できる．ただし，制限時間 (TXOP Limit) がある．それに対応して，複数個のデータフレームに対する ACK を 1 個にまとめて送る**ブロック ACK** (BlockACK) 機能も規定されている．

EDCA は，DCF にフレーム送信の優先制御機能を追加したものである．すなわち，扱うトラヒックを 4 個の**アクセスカテゴリ** (Access Category : **AC**) (バックグラウンド，ベストエフォート，ビデオ，音声) に分類し，各 AC に 2 個の優先度 **UP** (User Priority)，したがって全体で 8 個の UP が設定できるようにしている．優先度を設定できる仕組みは，既に図 5.18 で記したように，データフレームの送信に際して，単一の DIFS の代わりに，AC によって異なる AIFS[AC] を用いることである．優先度の高い AC 程，AIFS[AC] は短くなる．

HCCA は，PCF を高機能化したものである．ただし，中央制御局は PC ではなく，**HC** (Hybrid Coordinator) と呼ばれ，AP と併置できる．HCCA も，PCF と同様に，CFP 繰り返し期間を設定し，CFP と CP が交互に現れるのを

基本形とする．しかし，HCCA では，HC は，CP 期間中でも TXOP を確保してコンテンションフリーの期間 **CAP** (Controlled Access Period) を設定できる．これにより STA の QoS 要求を満たすようにする．

(4) MCF と MCCA

メッシュネットワークを構成するメッシュSTA では，EDCA の実装は必須である．加えて，MBSS 内の一部のメッシュSTA 集合でコンテンションフリーの MCCA を使用することも許されている．EDCA と MCCA を合わせて，**MCF** (Mesh Coordination Function) という．MCCA は 1 種の予約プロトコルである．メッシュSTA は，まず，EDCA を用いて予約フレームを送信し，成功すれば以降周期的に TXOP (**MCCAOP** と呼ぶ) を確保できるというものである．

メッシュSTA が持つ機能は幾つかあるが，特徴的なのは**メッシュ発見** (Mesh Discovery) と**メッシュパス選択・転送** (Mesh path selection and forwarding) であろう．前者は，ネットワークトポロジーが時間的に変化しうるので，その決定と更新を行うことである．後者は MBSS 内でのルーティングである．メッシュ発見のために，各メッシュSTA は，定期的にビーコンフレームを送るとともに，探索要求フレームを受信したときに探索応答フレームを返信するようにしている．メッシュパス選択のプロトコルとして，**HWMP** (Hybrid Wireless Mesh Protocol) が規定されている．これは，通信要求が生じたときにパスを決定するリアクティブ型 (reactive) と，予め経路表を作成しておくプロアクティブ型 (proactive) の両方の機能を持っている．

5.6.3 MAC フレームフォーマット

MAC フレームフォーマットを，図 5.21 に示す．MAC フレームには，フレーム制御フィールドのタイプ 2 ビットで識別される 3 タイプ ($b_3b_2 = 00$ は**管理**，01 は**制御**，10 は**データ**) がある (後述の IEEE802.11ad では，11 を新しい**拡張**タイプとし，制御タイプの 1 サブタイプを制御フレーム拡張用としている)．サブタイプは，各タイプ内でのフレーム種別を示す (例えば，管理タイプの $b_7b_6b_5b_4 = 1011$ は認証，データタイプの 0000 はデータ)．フレーム制御フィールド，持続時間/ID フィールド，アドレス 1 及び FCS は，すべてのフレームタイプで存在する．残りのフィールドの存否は，フレームタイプによる．

フレーム制御フィールドの "To DS" ビットと "From DS" ビットは，DS に

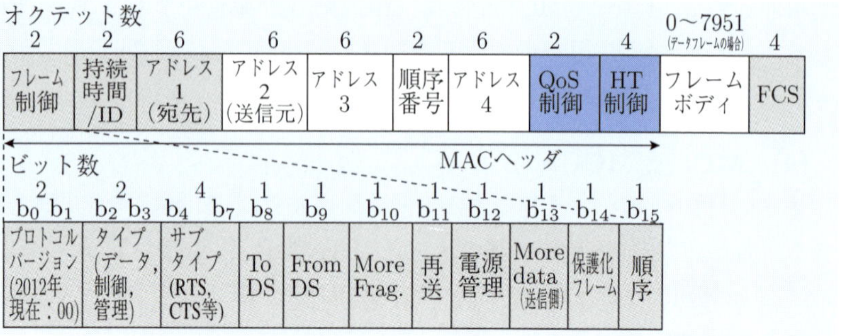

図 5.21 IEEE802.11 MAC フレームフォーマット

向けたフレームか否か，DS から来たフレームか否かを示す．例えば，00 の場合は，同一 BSS のフレーム転送になる．11 は，DS を介したメッシュ BSS 間の転送を意味し，この場合は送受信の STA アドレス (1, 2) に加えて，送受の各 MBSS を識別するアドレス (3, 4) も必要になる．データフレームや認証フレームで $b_{14} = 1$ であると，フレームボディは暗号化されている．**CCM**(CTR with CBC-MAC) での **AES 暗号** (p.213 と p.217 参照) などが規定されている．

持続時間/ID フィールドの情報は，主として NAV の値を設定するのに使用される．QoS 制御フィールドは，その名の通り QoS 制御用である．HT 制御フィールドは，変調方式やアンテナ選択などによる高スループット (**HT** (High Throughput)) 実現のための制御パラメータ値を持っている．データ (MAC-SDU：MSDU) は，長さの情報とともにフレームボディに入れられる．また，FCS には，802.3 と同じ生成多項式が使用される．

5.6.4 OFDM を用いる PHY

無線 LAN(802.11) と有線 LAN(803.3) との大きな違いは，物理層にある．前節の 802.3 ではケーブルの種類や使い方を中心に物理層の説明をした．802.11 については，代表的な使用周波数帯である ISM 帯 (2.4GHz 帯) が，高速伝送方式 OFDM(3.5.3 項参照) によってどのように使われているのかを概説する．

我が国の ISM 帯 (2.4000GHz〜2.4835GHz) は，図 5.22 に示すように，まずは 5MHz 間隔の 13 個のチャネル (CH1〜CH13) に分けられている．しかし，これらのチャネルの周波数スペクトルは互いに重なり合っている．そこで，例えば中心周波数を 25MHz 離して，CH1, CH6, CH11 の 3 チャネルを使用す

5.6 IEEE802.11 無線 LAN

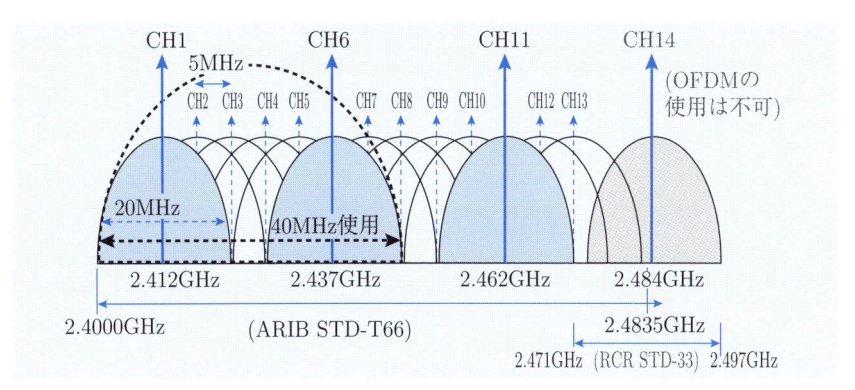

図 5.22 我が国の ISM 帯 (2.4GHz 帯) におけるチャネル構成

れば電波干渉はなくなり，各チャネルは 20MHz の周波数帯域幅を確保できる．

802.11 では，まず，チャネル間隔 5MHz(最大情報伝送速度=13.5Mb/s)，10MHz(27Mb/s)，20MHz(54Mb/s) の場合の OFDM が規定されている．副搬送波数は，いずれも 52 個 (内 4 個は同期用) であり，変調方式には，BPSK，QPSK，16QAM，64QAM が使用されている．また，誤り訂正のために，拘束長 7($K=7$) の畳み込み符号 (符号化率は，1/2, 2/3, 3/4) が採用されている．

現時点での高速無線 LAN の代表 802.11n は，上記のものとは異なる **HT** (High Throughput) PHY 仕様を採用している．これは，周波数帯域幅が 20MHz で副搬送波数 56 個のものと，40MHz 幅で副搬送波数 114 個のものとの 2 種類がある．それぞれ，**HT20**，**HT40** と略記されることが多い．

802.11 の更なる特徴は，**MIMO** (Multiple Input Multiple Output) である．これは，送受信アンテナをそれぞれ複数本用いることによって，空間分割多重を行い，1～4 個の**空間ストリーム** (spatial stream) を作成する．1 空間ストリーム当り最大 150Mb/s となるので，4 ストリームを使用すれば，理論上は 600Mb/s となる．しかし，現時点では，1 または 2 ストリームのものが多い．

以上繰り返し触れてきたように，高速化のためには，使用できる周波数帯域幅の拡大が基本である．これまで無線 LAN で利用されている 2.4GHz 帯と 5GHz 帯では限界があるので，新たに 60GHz 帯 (ミリ波帯) で約 7GHz 幅を使用した新規格 **IEEE802.11ad**[38] が 2012 年 12 月に定められている．

演習問題

1 ランダムアクセス方式について，以下の問に答えよ．
  (1) 安定性問題とはどのようなものであり，なぜ生じるかを説明せよ．
  (2) 静止衛星チャネルに CSMA/CD を適用すると，どのようになるかを説明せよ．チャネルのビット伝送速度は 128kb/s，1 フレーム長は 512 オクテットとする．

2 100 個の局を持つトークンリングネットワークを考える．
  (1) トークンがリングを一周するのに要する時間が 50ms であるとしよう．一つの局のトークン保持時間は，すべての局において 8ms であるとすると，通信回線の最大利用効率はいくらになるか．
  (2) トークン保持時間が 4ms になると，通信回線の最大利用効率はいくらになるか．

3 1Gb/s の半二重モード CSMA/CD において，あるパケットに n 回の衝突が生じた．$n=5$，$n=12$ の場合に，それぞれのバックオフの期間をビット単位で示せ．

4 IEEE802.11 無線 LAN における DCF と PCF について簡単に説明せよ．また，隠れ端末への対処方法としてどのようなものがあるか．

■ OFDM におけるガードインターバルによるマルチパス対策

OFDM は，各副搬送波のシンボル間に**ガードインターバル** GI を挿入してマルチパスに対処する (3.5.3 項参照)．図 5.23 に原理を示す．一つのシンボル (正弦波信号) の後方部分 T_G をコピーして GI とし，そのシンボルの先頭に付加する．遅延波の遅延時間が T_G よりも短ければ，直接波と遅延波とのシンボル間干渉がない区間ができ，それを切り出して処理すれば，元のシンボルを復元できる．

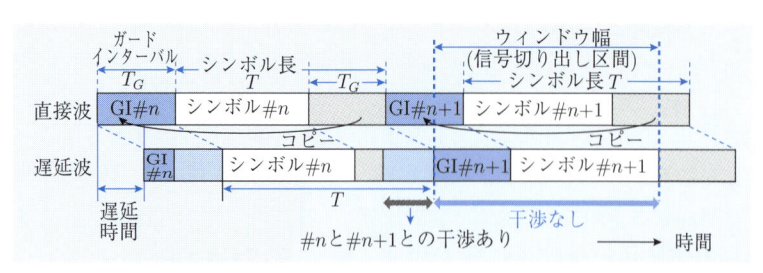

図 5.23 OFDM の GI による遅延波干渉の軽減 (1 副搬送波分を図示)

6 データリンク層プロトコル

データリンク層は，隣接局間で**フレーム** (OSI 用語ではデータリンク PDU) の伝送サービスを提供する．そのプロトコルが持つべき機能の大部分は，2.1 節で通信プロトコルにおける基礎概念として説明した．

本章では，標準化されているデータリンク層プロトコルとして，**ハイレベルデータリンク制御手順** (High–level Data Link Control procedure：**HDLC**) と，**ポイントツーポイントプロトコル** (Point–to–Point Protocol：**PPP**) の概要を説明する．

HDLC は，近代的なデータ通信用プロトコルとして初めて標準化されたものと言える．2.1 節で述べた通信プロトコルの基礎概念の主要なものが取り込まれている．ネットワーク階層化の概念が現れる以前に原型の設計が行われているので，今や古典的と言ってもよい．ISO/IEC 13239 として規格化されており，現在でも，**専用線**や **ISDN** (Integrated Services Digital Network：統合サービスディジタル網) で使用されている．また，HDLC 以後のプロトコルの設計に及ぼした影響は大きい．

一方，PPP は，IETF で RFC1661 として定められたものであり，ホームネットワーク内の PC から ISP に接続する場合など，現在広く使われている．PPP はデータリンク層プロトコルの機能だけでなく，IP アドレスの動的な割当などのネットワーク層プロトコルの機能も併せ持っている．したがって，純粋にデータリンク層プロトコルとは言えないが，本章で取り扱う．

キーワード

HDLC
PPP　　PPPoE

6.1 HDLC

6.1.1 歴史的経緯

HDLC の原型は，2.3 節で触れた米国 IBM の SNA(1974 年発表) におけるデータリンク層プロトコル **SDLC** (Synchronous Data Link Control) である．SDLC は，同社の **BSC** (Binary Synchronous Communications) の欠点を改善するために新しく設計された伝送制御手順であった．

ISO は，BSC をもとにして，1971 年に国際規格**基本形データ伝送制御手順** (ISO 1745) を定めている．これは，1975 年に，JIS 規格 X 5002 となっている．この手順は，**単方向伝送を基本としストップ-アンド-ウエイト ARQ を用いたコネクション型**である．その最大の特徴は，**情報交換用符号** (典型的には **ASCII** 符号) を用いていることである．そのため，原則として，文字ベースの情報しか伝送できない (バイナリコードや画像情報の伝送ができない) などの多くの問題点があった．SDLC は，情報交換用符号を用いない，すなわち，特定の符号には依存しない，新しい方法を開発してこれらの問題点を解決した．

以上の経緯から，HDLC は，**全二重通信によるピギィバック ACK 付き連続 ARQ 採用のコネクション型**であり，任意のビットパターンが情報として伝送可能 (フレーム内容が**透過**または**トランスペアレント** (transparent) であるという) であるように設計された．HDLC では，コネクションのことを**データリンク**と呼んでいる．HDLC の規格は，国際的には ISO/IEC 13239[7]，国内的には JIS X 5203[31] である．主な内容は，**フレーム構成**，**手順要素**，**手順クラス**となっている．なお，ISO/IEC 13239 と JIS X 5203 では，コネクションレス手順クラスも規定されている．

6.1.2 HDLC における基本用語

HDLC の具体的な説明に入る前に，HDLC における基本用語を定義しておく．

まず，HDLC では，3 種類の局，**一次局**，**二次局**，及び**複合局**が定義されている．一次局と二次局は対で使用され，その場合を**不平衡型** (unbalanced) という．簡単に言えば，一次局がマスタで二次局がスレーブである．複合局は複合局とのみ組み合わされ，その場合は**平衡型** (balanced) と呼ばれる．

不平衡型と平衡型に密接に関係する概念として，**動作モード**が定義されてい

6.1 HDLC

```
ポイントツーポイントシステム          マルチポイントシステム
```

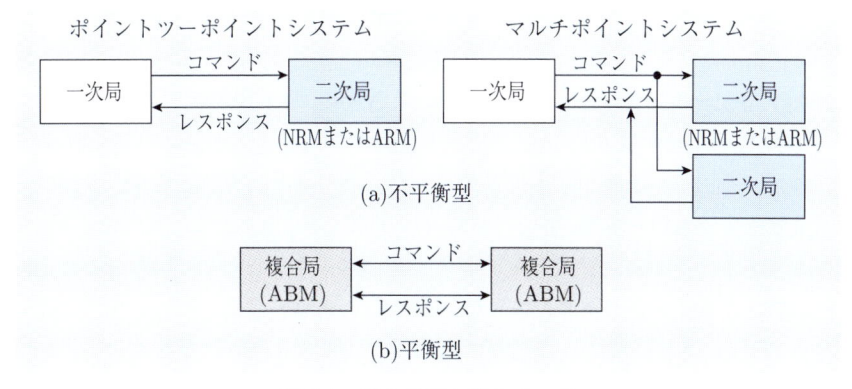

図 6.1 局の種類と動作モード

る．これは，データリンクが設定された後の二次局または複合局の動作形態であり，**手順要素**の中核概念である．**正規応答モード** (Normal Response Mode：**NRM**)，**非同期応答モード** (Asynchronous Response Mode：**ARM**)，**非同期平衡モード** (Asynchronous Balanced Mode：**ABM**) の3種類がある．NRMとARMは二次局に対して(すなわち，不平衡型用)，ABMは複合局に対して(平衡型用)定義されている．通信開始時にいずれか一つを選択することになっている．NRMとARMの違いは，二次局の送信に，一次局の許可が要るか否かである．NRMには許可が要る．ここで，不平衡型の局に，"正規応答モード"という名称が与えられていることに，時代背景を感じるであろう．

図6.1に，局の種類と動作モードの関係を示す．不平衡型は，二次局が複数個あるマルチポイントシステムもサポートしており，ポーリングの機能を持つ．

HDLCでは，多様なデータリンク制御機能を実現するために，**手順要素**として，多くの**コマンド**と**レスポンス**が規定されている．コマンドは，相手局に，ある特定のデータリンク制御機能の実行を指令する制御情報である．レスポンスは，実行した動作または状態を報告する制御情報である．例えば，送信情報(I)がコマンド，その送達確認(RR)がレスポンスである．**その逆もある**．一次局は，コマンドを送信しレスポンスを受信する．二次局は，レスポンスを送信しコマンドを受信する．複合局は，コマンドとレスポンスの両方を送受信する．

3種類の動作モードと多くのコマンド/レスポンスの組合せは大きな数になり，HDLCの利用者を困惑させる．HDLCの**手順クラス**は，言わば，レスト

ランでアラカルト(一品料理)のメニューに困惑する食事客に提示される"定食コース"である. 3種類の動作モードに対応して, **UN**(Unbalanced NRM), **UA**(Unbalanced ARM), **BA**(Balanced ABM) の3**基本手順クラス**がある.

HDLCの規格が最初にISOで制定されたときには, 不平衡型のみであった. これは, その当時は集中形ネットワークが主流であり, 大型計算機が多数の端末を制御するという形態(図6.1(a)のマルチポイントシステム)が普通であったためである. その後, 分散形ネットワークが増えてきたので, 複合局の考え方が必要となり, 平衡型が導入された. HDLCの規格が最初に制定された当時の技術状況が, NRMのような用語の選択にも反映されたわけである.

現在では不平衡型が使われることはほとんどなく, 平衡型が主流である. ITU-T勧告X.25(パケット交換網)及びISO/IEC 7776におけるデータリンク層プロトコル **LAPB** (Link Access Procedure-Balanced) はABM相当である.

6.1.3 HDLCフレーム構成

HDLC規格の**フレーム構成**を図6.2に示す(ビットの送信順は左から右へ).

HDLCのフレーミングは簡単である. **01111110**という8ビットのパター

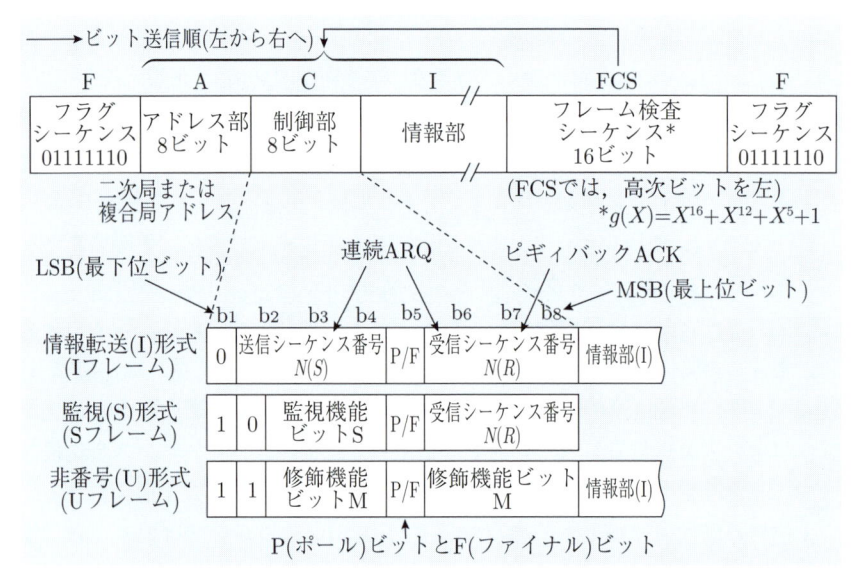

図6.2 HDLCフレーム構成(ビットの送信順は左から右へ.)

ンフラグシーケンスで，送信したいビット列の前後を挟むのである．受信側では，受信ビット列からこのビットパターンを検出すると，フレームの始まりと判断する．そして，それに続く 8 ビットが**アドレス部**，その後の 8 ビットが**制御部**と解釈する．再び 01111110 のパターンを検出すると，その前の 16 ビットが**フレーム検査シーケンス** (Frame Check Sequence：FCS) であるとみなす．

データリンクの設定・切断，情報転送，送達確認などの伝送制御用のフレーム種別は，図 6.2 下部に示すように，制御部のビットパターンで設定する．**情報 (I) フレーム**，**監視 (S) フレーム**，**非番号制 (U) フレーム**の 3 種類が定義されている．I と S のすべてと U の一部は，コマンドにもレスポンスにもなる．

I フレームは，情報部を持ち，情報の転送を行う．送信シーケンス番号 $N(S)$ と受信シーケンス番号 $N(R)$ に，それぞれ 3 ビットが割り当てられており，ピギィバック ACK を用いた連続 ARQ が可能である．$N(R)$ の値は，2.1.3 項で述べたように，**次に受信を期待している番号**とする．例えば，$N(S) = 3$ の I コマンドを正しく受信した場合には，$N(R) = 4$ のレスポンスを返送する．

S フレームは，データリンクの監視制御を行う．SREJ 以外は情報部を持たないが，ACK が送信できるように受信シーケンス番号 $N(R)$ は持っている．2 ビットの監視機能ビット S があるので，4 個のコマンド/レスポンスが定義されている．S=00 のとき，I フレームの ACK を表す **RR** (Receive Ready) コマンド/レスポンス，S=10 のとき一時的送信休止要求コマンド/レスポンス **RNR** (Receive Not Ready)，S=01, 11 のとき，それぞれ再送要求コマンド/レスポンス **REJ** (Reject)，**SREJ** (Selective Reject) を表す．RNR は，フロー制御に使用され，受信バッファが一杯になるなどのビジー状態を相手局に通知して，送信の停止を要求する．REJ と SREJ は，それぞれ第 2 章で述べた GBN(go–back–N)ARQ と選択的再送 (selective repeat)ARQ に相当する．

U フレームは，データリンクの設定・切断等の制御を行う．非番号制 (Un-numbered) という言葉が使われているのは，HDLC は連続 ARQ を用いたコネクション型プロトコルであることによる．すなわち，データ転送フェーズでは，シーケンス番号の監視により通信制御を行うが，コネクションの設定・切断時には，シーケンス番号は用いないので，非番号制という．5 ビットの修飾機能ビット M があるので，最大 32 個のコマンド/レスポンスが定義可能であるが，実際には 18 個が規定されている．

また，I，S，U の 3 種のフレームに共通して，第 5 ビット b_5 が **P/F** となっている．これは，そのフレームがコマンドのときに**ポール (P) ビット**，レスポンスのときには**ファイナル (F) ビット**であることを表す．このビットが "1" のときにその機能を果たす．代表的な機能は，NRM における P=1 のコマンドは，二次局に送信許可を与えることである．

なお，制御部を 16 または 32 ビットに拡張し，送信と受信のシーケンス番号を，ともに 7 または 15 ビットに増やすオプションもある．

FCS は，ビットスタッフィング (次項で説明) する前のアドレス部，制御部，情報部のビット列 (i ビットとする) に対して，生成多項式 $g(X) = X^{16}+X^{12}+X^5+1$ によって計算された CRC のパリティビットである．正確にいうと，対象とする i ビットを表す多項式を $h(X)$ とすると，$X^{16}h(X)$ と $X^i(X^{15}+X^{14}+\ldots+X+1)$ の和を $g(X)$ で割り算 (モジュロ 2) した余りの 1 の補数とする．IEEE802 標準の 32 ビット CRC を用いるオプションもある．

6.1.4 送信ビットの透過性

HDLC のフレーミングは簡単ではあるが，送信ビットパターンに制約を課する．すなわち，フラグシーケンス以外の場所で，01111110 のパターンが検出されると，フレームの終了または始まりとみなされ，正常な情報伝送ができなくなる．つまり，フレーム内容の透過性が確保できなくなる．

これを避けるために，送信局は，前後二つのフラグシーケンスの間のビット内容を調べ，5 個連続したビット "1" の次にビット "0" を挿入する．この操作を，**ビットスタッフィング** (bit stuffing) と呼ぶ．受信局は，5 個連続したビット "1" の次のビット "0" を削除する．

ビットスタッフィングを行うと送信フレーム長がオクテットの整数倍でなくなるので，オクテット単位の送信を行うシステム (例えば，3.3 節の調歩同期) では不都合になる．この場合には，**制御エスケープオクテット** (control escape octet) **10111110** を用いた**オクテットスタッフィング** (octet stuffing) (**バイトスタッフィング**ともいう) を利用する．送信情報ビット列内に，フラグシーケンス，制御エスケープオクテット (及び非同期制御用に定義されたオクテット) が現れると，そのオクテットの前に制御エスケープオクテットを挿入するとともに，当該オクテットの第 6 ビットの 1 と 0 を入れ替える．受信側では逆の操

作をする.

このように，(ビットまたはオクテット) スタッフィングが必要になるのは，フレーム内に長さの情報が含まれていないためであることに注意しよう．IEEE802.3 や 802.11MAC フレームは長さ情報を持っている．この透過性確保の方法の違いは，IEEE802 標準の出発点となった"イーサネット 1.0 規格"が 1980 年作成であるのに対し，HDLC の原型 SDLC は 1974 年公開であるという 6 年の差に起因しているのかもしれない．

ルータ製造業大手の米国シスコ (Cisco) は，HDLC のヘッダにおいて，制御部と情報部の間に 1 オクテットの**タイプ部**を挿入した独自仕様を策定している．タイプ部は，情報部で使われているプロトコルを示す値を持っている．

6.1.5 動作モードの選択

既に述べたように，HDLC には，NRM, ARM, ABM の 3 種類の選択可能な動作モードがある．

NRM では，P=1 のコマンドを受信したときのみ，二次局は送信できる．二次局は何フレーム送信してもよいが，最後のフレームでは F=1 とする．**SNRM** (Set NRM) または **SNRME** (SNRM Extended) で設定する．SNRME は，制御部を 16 ビットに拡張した場合に使用する．

ARM も二次局用であるが，二次局はいつでも送信できる．**SARM** または **SARME** で設定される．

ABM は複合局用で，局はいつでも送信できる．**SABM** または **SABME** で設定する．データリンクの確立・終結のために送受されるコマンドとレスポンスの関係を図 6.3 に示す．図中の P, F は，その値が 1 であることを意味する．

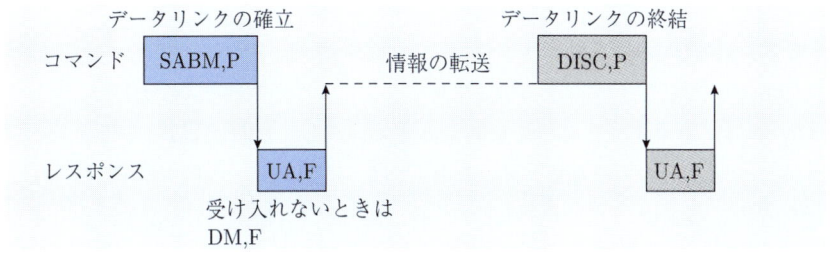

図 6.3 非同期平衡モード (ABM) によるデータリンクの確立・終結

6.2 PPP

ポイントツーポイントプロトコル (Point–to–Point Protocol：**PPP**) は，元々は，ダイアルアップ電話回線でインターネットに接続するために設計されたプロトコルである．2局間で全二重回線により双方向にパケットの順序を保持して転送することを想定している．IETF で RFC 1661(1994 年)[40] として定められている．現在では，ホームネットワークのパソコン (PC) から ADSL や FTTH のブロードバンド回線を介して ISP に接続するために広く用いられている．

PPP の主要構成要素は，次の三つである．

> (1) 複数種類のプロトコルの**データグラム** (datagram：ネットワーク層の転送単位，例えば IP データグラム) の**カプセル化法**
> (2) データリンクを確立・構成・試験するための**リンク制御プロトコル** (Link Control Protocol：**LCP**)
> (3) 異なったネットワーク層プロトコルを選択し構成する一群の**ネットワーク制御プロトコル** (Network Control Protocol：**NCP**)．NCP は，例えば，IP の選択と IP アドレスの割当や管理を行う．

このように，PPP は，データリンク層とネットワーク層の両方の機能を併せ持つ．したがって，階層化の観点からは綺麗とはいえないが，実践的には効率的な設計である．これは，5.5.3 項の IEEE802.3 MAC フレームフォーマットに関して言及した厳密でない階層化と同種のものである．TCP/IP ではよく見られる設計である．実生活では，原理原則を頑なに守るのは，必ずしも実践的ではないということであろうか．

6.2.1 PPP の基本動作

図 6.4 に，PPP のカプセル化 (フレーミング) とデフォルトの HDLC フレーミング [41] を示す．ここで注意しておきたいのは，RFC における 1 オクテット内でのビットの表記順である．RFC では，HDLC での順序 (図 6.2 参照) と逆になり，最上位ビット (MSB) から最下位ビット (LSB) へとなる．図 6.4 では，左端が MSB で，右端が LSB となる．

制御部の **00000011** (0x03) は，ISO/ITU–T 流に書けば，**11000000** とな

6.2 PPP

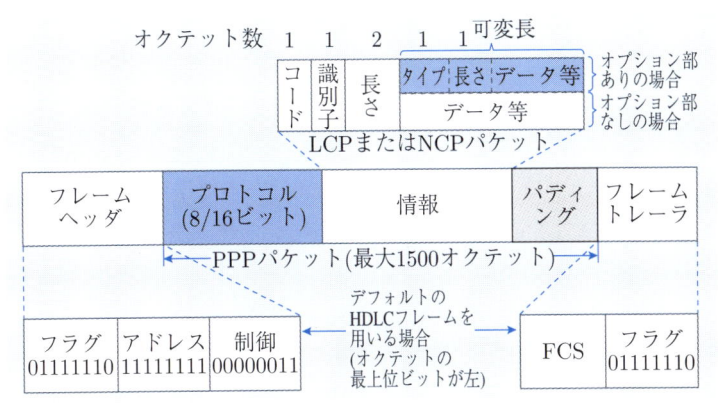

図 6.4 PPP カプセル化 (フレーミング)

るので，非番号制フレームである (図 6.2 参照)．具体的には，P/F ビットが 0 に設定された **UI** (Unnumbered Information) コマンド/レスポンス (番号管理なしの情報転送) である．また，アドレス部 **11111111** は全局宛を意味する．このようにアドレス部と制御部は固定値になるので，LCP の交渉で省略できる．

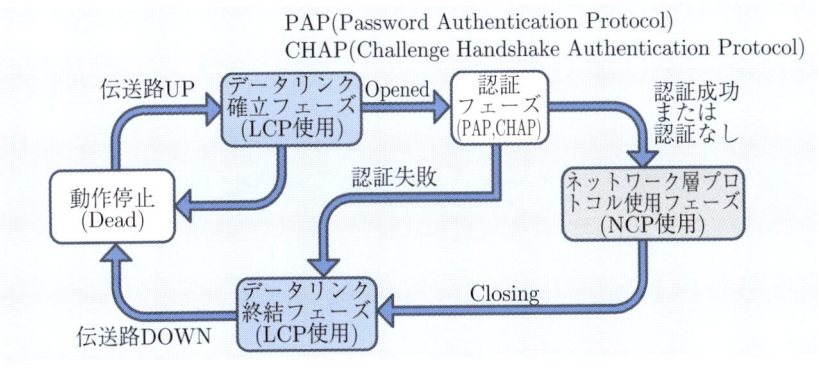

図 6.5 PPP リンクが経るフェーズの変化の簡略化表現図

PPP リンクが経るフェーズの変化を簡略化して描くと図 6.5 のようになる (正確な状態遷移表では 10 個の状態が定義されている)[40]．動作停止 (Dead) 状態から始まって，LCP を使用したデータリンク確立フェーズを経て，データリンクが確立される．その後，オプションとして認証が必要ならば認証フェーズを経て，ネットワーク層プロトコル使用フェーズとなる．このフェーズで，NCP

は，使用するネットワーク層プロトコルを選択し，具体的な構成を決定する．典型的には，IP を選択して，PC 側は ISP から IP アドレス割当と DNS サーバ (8.7.1 項) アドレスの通知を受ける．この状態でデータ転送が行われ，それが完了すれば，データリンク終結フェーズに入る．その後，動作停止状態に戻る．

PPP パケットの**プロトコル部**は，通常 16 ビットで用いられ (8 ビットとすることも 2 局間の交渉で可)，情報部に入っているデータグラムが何かを示す．例えば，その値が 0xC021 のときは LCP，0xC023 と 0xC223 のときは，それぞれ，認証用のプロトコル **PAP** (Password Authentication Protocol)(パスワードをそのまま送信)，**CHAP** (Challenge Handshake Authentication Protocol)(乱数のハッシュ値 (9.2.1 項参照) を交換して認証) を意味する．

ネットワーク層プロトコル使用フェーズでは，ほとんどの場合インターネット接続をするために，NCP として **IPCP** (IP Control Protocol)[42] が選ばれる．これは，リンクの両局で IP プロトコルモジュールを構成して起動・停止する機能を持つ．IPCP の PPP パケットのプロトコル部の値は，**0x8021** となる．また，IP パケットの転送は，PPP パケットの情報部に丁度 1 個の IP パケットが収容され，プロトコル部の値を **0x0021** に設定して行われる．

表 6.1 LCP/NCP コード部の値とパケットの種類 (NCP は，コード 1〜7 まで)

コード部の値	パケットの種類	オプション	コード部の値	パケットの種類	オプション
1	Configure–Request	有	7	Code–Reject	無
2	Configure–Ack	有	(8)	Protocol–Reject	無
3	Configure–Nak	有	(9)	Echo–Request	無
4	Configure–Reject	有	(10)	Echo–Reply	無
5	Terminate–Request	無	(11)	Discard–Request	無
6	Terminate–Ack	無			

LCP パケットと NCP パケットは，図 6.4 の最上部に記した同一のフォーマットを用いる．コード部は，パケットの種別を表す値を持っている．これを，表 6.1 に示す．

コード 1 から 4 の "Configure パケット" を用いて，データリンクの確立と構成 (LCP) や，ネットワーク層プロトコルの構成や起動 (NCP) を行う．プロト

コル構成に際しては，LCP/NCP パケットデータ部にオプションを入れて，双方の局が交渉する (NCP では IP アドレスの割当など)．オプションの種別は，1 オクテットのタイプ部の数値で判別する．LCP/NCP パケットの識別子は，要求パケットと応答パケットで同じ値を用いることによって，二つを対応付ける．2 オクテットの長さ部は，コード，識別子，長さ，データの合計を表す．データ部は，そのパケットが**オプション部**を持つか否かによって異なる．図 6.4 の表現は簡潔にしたものであり，オプション部がない場合には内訳を記していない．オプション内のタイプと長さは，ともに 1 オクテット長である．

コード 5 と 6 の "Terminate パケット" は，データリンクの終結 (LCP) やネットワーク層プロトコルの停止・解除 (NCP) を行う．

6.2.2 PPPoE

ホームネットワーク内の PC からインターネットにアクセスする際には，ホームゲートウェイを介して，イーサネット形式で行うことが多い．このとき，PPP を利用するならば，PPP パケットのフレーミングには，図 6.4 に示すような HDLC フレームのヘッダとトレーラは必要でなく，イーサネットのものを用いればよい．すなわち，図 5.13 の MAC フレームを用いればよい．このような形で PPP パケットを送る方法を，**PPPoE** (PPP over Ethernet)[43] と呼ぶ．

PPPoE の動作は，**発見ステージ** (Discovery stage) と **PPP セッションステージ** (PPP Session stage) の 2 段階からなる．PPPoE の場合には，通信開始前には相手の MAC アドレスがわかっていない．最初にこれを "発見" してから，このアドレスにより，PPPoE セッションの識別子 (ID) を定めなければならないのである．図 5.13 の長さ/タイプ部はタイプとして使用され，発見ステージでは **0x8863**，PPP セッションステージでは **0x8864** の値が設定される．

発見ステージにおいては，PC の相手サーバが複数個ある可能性がある．したがって，PC は，まず，宛先 MAC アドレスの全ビットを "1" にしたブロードキャストアドレスで開始パケットを送信する．この開始パケットに応答してきたサーバに (複数個あれば一つを選んで)，PC はそのサーバの MAC アドレスを宛先アドレスに設定して，セッション要求パケットを送信する．これに対して，サーバが確認パケットを送ってくれば，PPP セッションステージに進む．

LCP/NCP パケットフォーマットは，図 6.4 とは別のものが定義されている．

演習問題

1 HDLC におけるビットスタッフィングとは何か．その目的と原理を簡単に説明せよ．

2 半二重回線によって接続されている二つの局が，HDLC の正規応答モードを用いて通信を行う．まず，二次局から一次局へ 3 フレーム分のデータを送り，その後に一次局から二次局へ 2 フレーム分のデータを送るものとする．このとき，送受されるフレームシーケンスをデータリンクの確立から終結まで含めて図示せよ．ただし，伝送誤りは発生しないものとするが，送達確認は最も効率的な形で必ず行うことにする．

図は，フレームの種類，送信および受信シーケンス番号，P/F ビットの有無がわかるような形で書くこと．例えば，U フレームについては，図 6.3 のように，"コマンド名/レスポンス名，P/F ビットの有無" という形式で書く．I フレームでシーケンス番号を含む場合は，"Ix,yP/F" と略記する．ここで，x は送信シーケンス番号，y は受信シーケンス番号を意味し，P/F はその値が 1 の場合に P または F と書く．"I0,0"，"I1,3P" のようになる．さらに，送達確認 RR は，S フレームであるので，受信シーケンス番号を含む．これは，"RRy,P/F" と記せばよい．例えば，"RR0,P" と書く．

3 1 個の HDLC フレームを受信して，その制御部を調べたところ，"00111110" であった．受信の順番は左から右である．このフレームの種類は何であるか．また，P/F ビットの値と，送信/受信シーケンス番号があればそれを 10 進数で示せ．

■ PPPoA

エンドユーザがインターネットにアクセスするとき，PPP はよく使用される．PPP には，本章で紹介した HDLC フレーミングによるものと PPPoE の他にも，いくつか規定されている．中でも，**PPPoA** (PPP over ATM) は，非対称ディジタル加入者線 (Asymmetric Digital Subscriber Loop：**ADSL**) で用いられているため，ユーザ数は多い．RFC 2364 でも規定されており，"PPP over AAL5" と呼ばれている．p.135 で，ATM との関係を説明してあるので参照されたい．

7 データ交換とネットワーク層

　ネットワーク層は，データリンク層が提供する隣接局間のデータ伝送サービスを利用して，エンドツーエンド局間のデータ転送サービスを提供する．このことを可能にするための主な技術が，データの**交換**，**ルーティング**，**輻輳制御**である．

　交換には，**回線交換**，**パケット交換**，**ATM 交換**の 3 種類がある．まず，これらの原理の説明と比較を行う．その後の議論は，現在の中核交換方式であるパケット交換に焦点を合わせる．

　パケット交換における技術課題は，我々が自動車を運転するときに遭遇する問題とのアナロジーで考えれば理解しやすい．

　ルーティング (**経路制御**とも呼ぶ) は，第 2 章で設定した "基本的問題 (3) 相手端末をいかに見つけるか (アドレス解決とルーティング)" の重要項目である．ルータは，基本的には，パケットが到着したときにルーティング表を参照して出力回線を決定する**フォワーディング** (forwarding) と，ルーティング表の更新との二つの機能を持つ．適応形ルーティングアルゴリズムは，後者のためのものである．実用化されている適応形ルーティングアルゴリズムは，**距離ベクトル**と**リンク状態**との 2 種類に大別され，インターネットでは，**パスベクトル**ルーティングも用いられる．それぞれの動作原理を説明し，簡単な例を示す．

キーワード

回線交換　　パケット交換　　ATM 交換
距離ベクトルルーティング
リンク状態ルーティング
パスベクトルルーティング
輻輳制御

7.1 交換方式

通信したい端末が複数個あるとき，概念的に最も簡単なネットワーク構成は，図 7.1(a) に示すように，すべての端末対に通信回線を設置した完全結合トポロジーネットワークである．このネットワークでは，すべての端末が互いに隣接しているので，前章で述べたデータリンク層プロトコルを用いれば，通信は可能である．しかし，稀にしか通信しない端末間に通信回線を設置するのは不経済である．

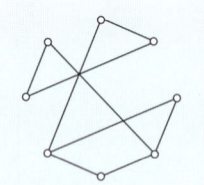

そこで，実際には通信頻度の高い端末対にのみ通信回線を設置し，図 7.1(b) に示すような不完全結合トポロジーのネットワークを構築する．そして，直通回線がない端末対の通信は，途中の端末で中継してもらうという方法をとる．

どのようなネットワークトポロジーを採用するかは，通信したい端末の地理的な位置，端末相互の距離，端末間の通信要求発生頻度と通信データ量を総合的に考慮して決められる[54]．この技術課題には，待ち行列理論の他に，グラフ理論やネットワークフロー理論 [2], [3] を用いた種々の解決法が提案されているが，本書では取り扱わない．

通常，途中の中継端末は，ユーザ端末ではなくそれ専用の局，すなわち，**交換機** (switch) とする．交換機は，ユーザ端末または他の交換機から受け取ったデータの宛先に応じて，最も適切な出力回線を選ぶという操作を行う．この操作を**交換** (switching) と呼ぶ．パケット交換では**フォワーディング**ともいう．一つの交換機から隣接する交換機までの伝達経路を**ホップ** (hop) と呼ぶことがある．

現在使用されている主な交換方式は，次の 3 種類である．

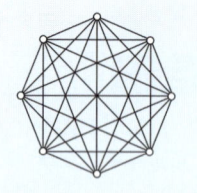

(a) 完全結合トポロジーネットワーク　　(b) 不完全結合トポロジーネットワーク

図 7.1　ネットワークトポロジー

- 回線交換
- パケット交換
- ATM 交換

以下，その動作原理と特徴を説明しよう．

7.1.1 回線交換

回線交換 (circuit switching) は，通常の固定電話網で用いられているものであり，歴史的には3種類のうちで最も古い．これは，通信の都度，端末間に物理的な回線を設定する．すなわち，送受信端末が占有使用する回線を設定し，実質的に直通回線ができた状態になる．回線設定中は，他の端末がその回線を使うことはできない．通信が終了すると，その回線は解放され，他の端末対が使用可能となる．

図 7.2 に回線交換の様子を示す．これは，二つの交換機間の通信回線が2チャネルの時分割多重されている例である．二つの入力回線の各々に対して，交互にタイムスロットが割り当てられている．

以上の動作原理から明らかなように，回線交換は次の利点を持つ．

(1) 送受信端末間に物理的な回線が設定されているのであるから，送受信端末間で合意していれば，送信データのフォーマットや用いる符号などに制約がない．これを，**伝送系はトランスペアレント**であるという．

(2) 送受信端末間で電気 (または光) 信号が直接流れるので，伝搬遅延以外の網内遅延がない．これは，次に述べるパケット交換との大きな違いである．このことを，**時間的にトランスペアレント**であるという．

(3) 通信中，回線を占有使用するので，その間の情報発生頻度が高くかつ情報量の多い通信に適する．

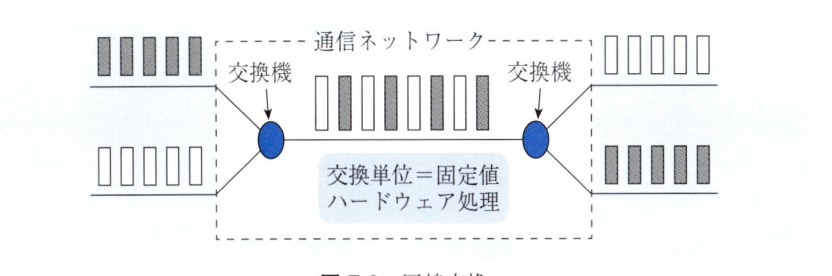

図 7.2　回線交換

欠点は，以下に示すように利点の裏返しである．
(1) 交換機は単に物理レベルでの信号を中継するだけであるので，プロトコルや通信速度などの異なる端末間の通信はできない．
(2) 回線を設定した端末対が回線を使用していなくても，他の端末はこれを使用できない．したがって，回線設定中の情報発生頻度が低くかつ情報量の少ない通信では，回線利用効率が低くなる．

コンピュータデータの伝送を行うデータ通信においては，上記の欠点 (2) が顕著に現れる場合が多い．嘗て，ダイアルアップの電話回線でインターネット接続しているとき，あまり多くのデータを送受信しないのに電話料金が高くなった経験がある読者もいよう．これは，通常の電話は通信中は回線を占有使用するため，通信時間に比例して課金されるためである．インタラクティブなコンピュータデータ交換のような情報発生頻度が低くかつ情報量の少ない通信では，別の交換方式を用いることが望ましい．パケット交換は，こうして導入された．

7.1.2 パケット交換

パケット交換 (packet switching) は，**蓄積交換** (store–and–forward switching) の一種である．蓄積交換では，回線をスイッチして物理的に接続し占有するのではなく，他の端末対と共有する．

パケット交換では，送信端末は，発生した情報 (ここでは，**メッセージ**と呼ぶ) が一定の長さを超えていれば，その長さ以内のブロックに分割する．同一回線に複数の端末からの情報が流れるので，それらを識別するために，送受信端末のアドレスまたは識別番号を表す**ラベル** (label) が必要となる．ラベルに制御情報を加えた**ヘッダ** (header)(OSI 用語では PCI) を情報ブロックに付与して，ネットワークに送出する．ヘッダが付与された情報ブロックを**パケット** (packet) と呼ぶ．

メッセージの長さは，普通一定ではないので，パケット長は可変となる．すなわち，許容最大長を超えている場合は，最大長のものいくつかと残りのものとなるが，残りのものは可変長である．また，メッセージ長が最大値よりも小さい場合は，当然，長さは一定でない．

パケット交換機，すなわち，**ルータ** (router) は，図 7.3 に示すように，受け取ったパケットを一旦メモリに蓄積した後，ヘッダを解読して，出力すべき回

図 7.3　パケット交換

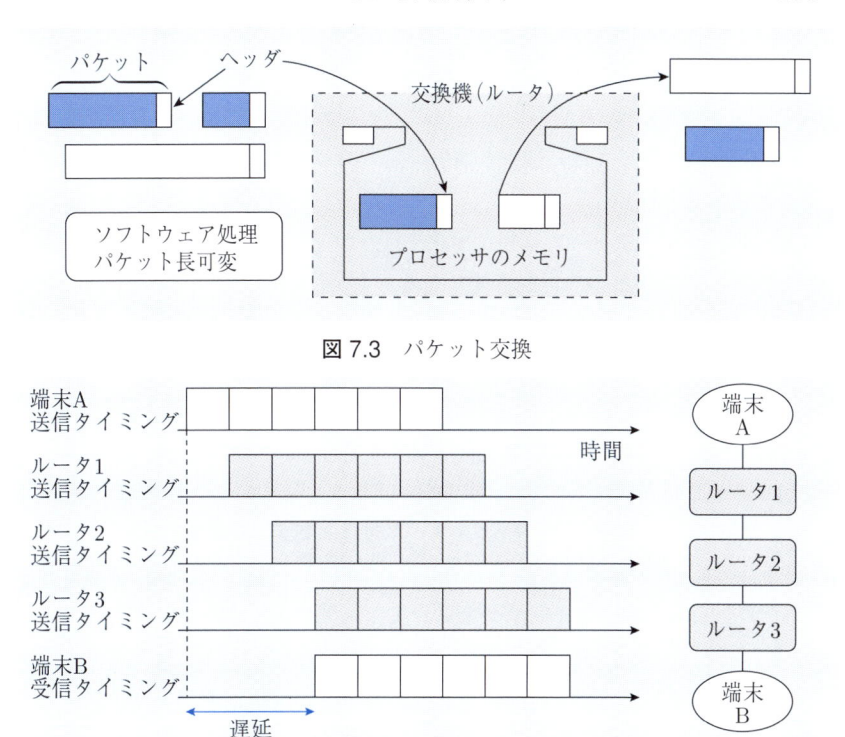

図 7.4　パケット交換における遅延

線を決定する．出力回線の決定に際しては，ヘッダ内のラベルをもとに，ルータ内に作成されているルーティング表を参照する．このメモリへの蓄積のため，パケット交換では，1個のルータを通過する毎に，少なくとも1パケット伝送時間分の遅延が生じる．図7.4は，3個のルータを経由して宛先端末に届くまでの遅延を示したものである．図では，他の端末のパケット伝送はなく，回線の伝搬遅延とルータでの処理遅延が無視できるほど小さいと仮定している．

　パケット交換の考え方は，1961年に米国ランド社 (RAND Corp.) のポールバラン (Paul Baran) によって提案された．当時は，米ソ冷戦の時代であり，米国空軍のプロジェクトの一つとして研究された．その目標は，敵からの攻撃を受けて一部が破壊されても，機能停止に陥ることなく動作する通信網を構築することであった．その後，1969年に稼動し始めた世界初の大規模コンピュータ

ネットワーク ARPANET でパケット交換方式が採用されて以来，急速に普及した．ARPANET は，現在のインターネットの元祖である．

さて，上記の説明から明らかなように，パケット交換には次の利点がある．
(1) 1本の回線で多数の端末と通信可能であるので，計算機内部の多重処理と親和性が高い．
(2) ルータでメモリへの蓄積と解読を行うので，プロトコルや通信速度などの異なる端末との通信が可能である．
(3) メモリに対しての蓄積・解読のため，情報量に比例した課金が可能である．したがって，情報発生頻度が低くかつ情報量の少ない通信に適している．

また，パケット交換の欠点は，次のとおりである．
(1) メモリに蓄積するため，網内遅延が大きくなり，しかも変動する．
(2) プロトコルのオーバヘッド (ヘッダ付与と解読) がある．

欠点 (1) は，時間構造を持つメディア，すなわち，音声やビデオのような連続メディアを伝送する場合に問題となる．また，欠点 (2) は，ネットワークの伝送速度が高くなると，より顕著になる．すなわち，パケット交換が効率良く動作するためには，ルータでのパケットの処理速度が通信回線の伝送速度よりも大幅に速いことが必要である．しかし，光ファイバの利用などにより伝送速度が向上すると，ルータでのソフトウェア処理が伝送速度よりも相対的に遅くなり，性能を抑える要因 (これを**ボトルネック**と呼ぶ) となる．したがって，ルータでの処理を高速化する方法が必要となる．次に説明する ATM は，その解決策の一つである．

7.1.3 ATM交換

ATM 交換 (Asynchronous Transfer Mode switching) は，ITU–T によって，**広帯域 ISDN** (Broadband Integrated Services Digital Network：B–ISDN) のための交換方式として標準化されたものである．ATM は，交換機でのパケット処理をハードウェアで行うことによって，処理速度の向上を図っている．可変長パケットではハードウェア化は難しいので，パケット長を固定にしている．48 オクテットの情報に 5 オクテットのヘッダを付与した固定長パケットを，**セル** (cell) と呼んでいる．図 7.5 に，ATM 交換の様子を示す．

7.1 交換方式

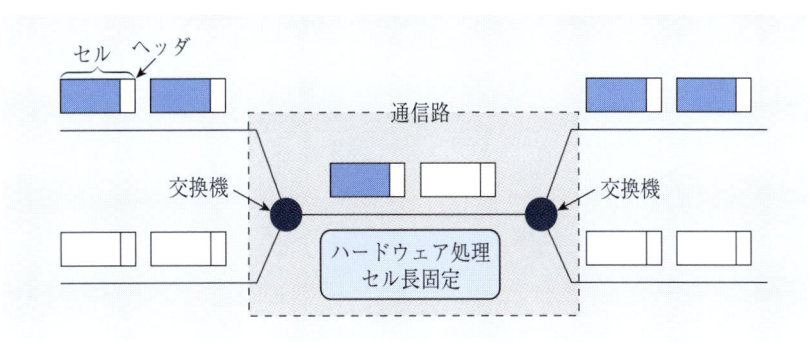

図 7.5 ATM 交換

また，ATM は再送制御機能を持たず，再送は，エンドツーエンドで行われる．このことによって，ATM 交換機での処理を簡略化し，高速化を図っている．

上記の説明により，ATM は以下の特徴を持つことは明らかであろう．

(1) パケット交換の利点を持つ．しかし，ハードウェアスイッチングにより交換遅延は小さい．
(2) 異なる情報メディアをセルにより統一的に扱えるため，多様な通信速度要求に対応可能である．

加えて，ATM は，原理的には QoS 保証可能なネットワークであるので，回線交換網やパケット交換網を駆逐して，すべての通信網が ATM 化される (ユビキタス ATM) と，1990 年代には期待された．事実，各国の通信事業者は，基幹網を次々と ATM 化していった．しかし，ATM コネクションの効率的な制御は，予想以上に難しい技術課題であった．その間，インターネットの急速な普及とルータの高速化によって，ATM の優位性は失われてきた．現在では，基幹網に ATM が残っている．

さらに，加入電話回線を非対称ディジタル加入者線 (Asymmetric Digital Subscriber Loop：**ADSL**) として用い，ホームネットワークから PPP によってインターネットアクセスする場合に，**AAL5** (ATM Adaptation Layer 5)(ITU-T 勧告 I.363.5) が利用される．これを，**PPPoA** (PPP over AAL5) と呼ぶ (RFC 2364)．ADSL は，加入電話回線における音声信号帯域 (0.3〜3.4kHz) より高い周波数帯を上りと下りとに分割して，それぞれを OFDM で用いる．ADSL には種々の規格があるが，例えば，ITU-T 勧告 G.992.1 では，4.3125kHz 間

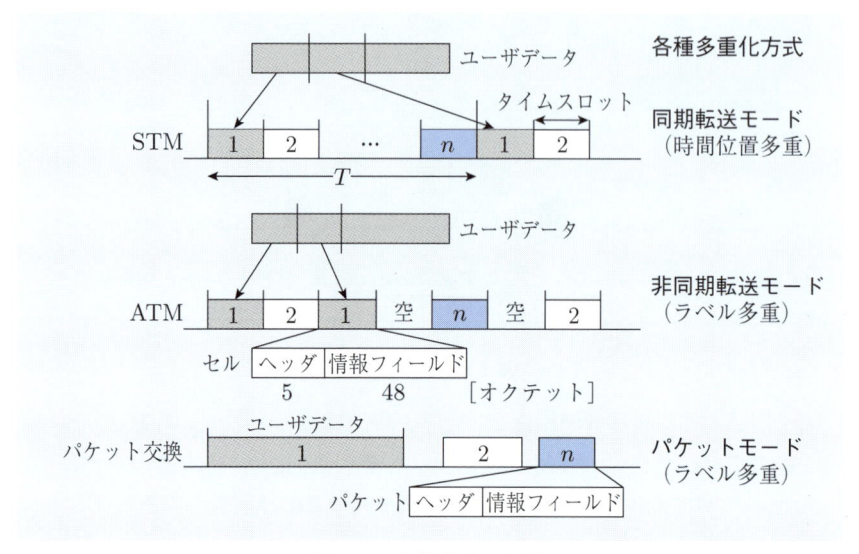

図 7.6 交換方式の比較

隔で副搬送波を立てている．25～138kHz 帯を上りとして 25 個の副搬送波で使用し，下りは 138～1104kHz 帯で 224 個の副搬送波を用いる．勧告 G.992.1 では，OFDM を離散マルチトーン (Discrete Multi-Tone：**DMT**) と呼んでいるので，勧告自身も G.DMT と呼ばれることが多い．

7.1.4 各交換方式の特徴

各交換方式の特徴を明確にするために，図 7.6 に，通信回線の多重化という観点から，回線交換，ATM，パケット交換の動作原理を対比させて示している．

回線交換は，ATM の**非同期転送モード** (Asynchronous Transfer Mode) に対して，**同期転送モード** (Synchronous Transfer Mode：STM) と呼ばれる．このように呼ばれるのは，回線交換では時分割多重が行われ，各チャネルはすべて対等で同じ速度を持ち，各チャネルに相当するタイムスロットは同じ周期 T を持つためである．タイムスロットの位置によってチャネルの識別が行われるので**時間位置多重**といえる．この方式は，周期性にもとづく単純ルールでハード処理が可能である反面，異なる速度の情報を多重化するには不便である．

一方，ATM とパケット交換は，ラベルによって送信端末を識別するため，**ラベル多重**といえる．この方式では，情報の発生頻度に応じて，タイムスロット

7.1 交換方式

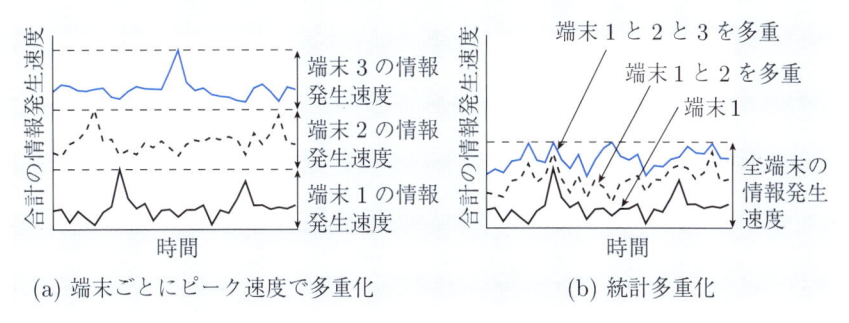

図 7.7 統計多重化効果

(a) 端末ごとにピーク速度で多重化　(b) 統計多重化

のダイナミックな割付を行うことができる．したがって，速度の異なる多数の情報メディアを多重化すれば，統計的な平均効果により，必要となる伝送速度の揺らぎが小さくなる．サービス品質 (QoS) を保証するためには，通信回線容量を伝送要求速度のピーク値に設定しておかなければならないので，揺らぎが小さければ回線使用効率が高くなる．これを，**統計多重化効果**と呼ぶ．図 7.7 に，端末ごとにピーク値の情報発生速度で回線容量を割り当てて多重化した場合と，統計多重の場合とを比較している．

同じラベル多重でも，パケットモードでは可変長パケットによる複雑なルールでソフトウェア処理，ATM ではセル長の固定化とルールの簡単化でハードウェア処理実現という大きな違いがある．

上述のように，時間位置多重とラベル多重には，それぞれの特徴がある．しかし，情報ネットワークに対する現在の大きな要求は，多様な情報メディアを効率的に扱えるということである．この点では，ラベル多重が優れている．そのため，現在のネットワーク構築の考え方は，すべての情報メディアをラベル多重のネットワーク，特にパケット交換ネットワークで統一的に扱う方向に向かっている．**NGN** (Next Generation Network)[39] がそれである．そこで，本章の以下の議論は，パケット交換に焦点を絞る．

パケット交換における主な技術課題は，**コネクション制御**，**ルーティング**，**フロー制御**，**輻輳制御**である．コネクション制御を 7.2 節で，ルーティングと輻輳制御は，それぞれ，7.3 節と 7.4 節で取り上げる．フロー制御は，輻輳制御の中で取り扱う．

7.2 パケット交換におけるコネクション制御

コネクション制御は，ネットワーク層において，コネクション型またはコネクションレス型いずれのプロトコルを用いるかという問題である．これら2種類の一般的な特徴は，すでに2.1.7項で説明してある．ここでは，ネットワーク層に固有の問題を指摘しておこう．

まず，コネクション型の場合には，コネクションを張るため，図7.8に示すように，そのコネクションを流れるパケットは，いつも同じルートをとる．これは，各ルータでコネクション管理用の状態情報を保持する必要があるからである．ルータごとに状態情報が保持されているのであるから，パケットに付与するラベルとして，送信端末・受信端末の各々の完全なアドレスは必要でなく，**コネクション識別番号**があればよい．この番号に必要なビット数は，送信端末・受信端末の完全なアドレスのビット数と比べればはるかに少ない．そのため，1パケット当たりのオーバヘッドが少なくなる．

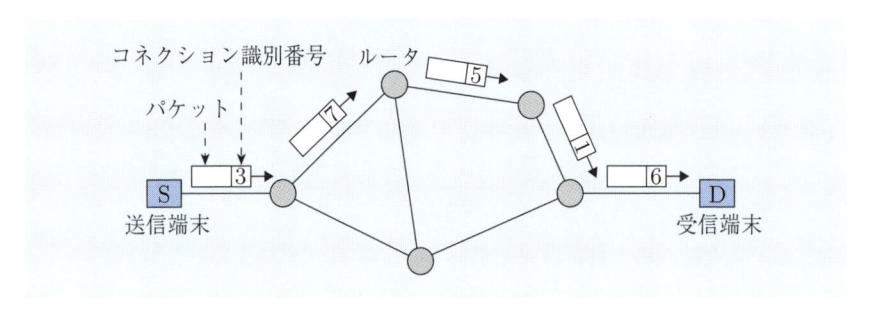

図7.8 コネクション型パケット交換

コネクション識別番号は，コネクション確立時に選択する．ただし，1コネクションのすべてのホップ(ルータ間)で同じ番号を用いることは，分散環境下では番号管理の点で現実的に困難である．そのため，ホップごとに独立に番号を選んでいる．ホップ間の対応さえ付いていれば，コネクションの識別は可能である．こうして，図7.8の例でも記しているように，パケットが持つコネクション識別番号はホップごとに変わり得る．

一方，コネクションレス型の場合には，図7.9に示すように，各パケットは送信端末・受信端末の完全なアドレスを持ち，パケットごとに通るルートが異

7.2 パケット交換におけるコネクション制御

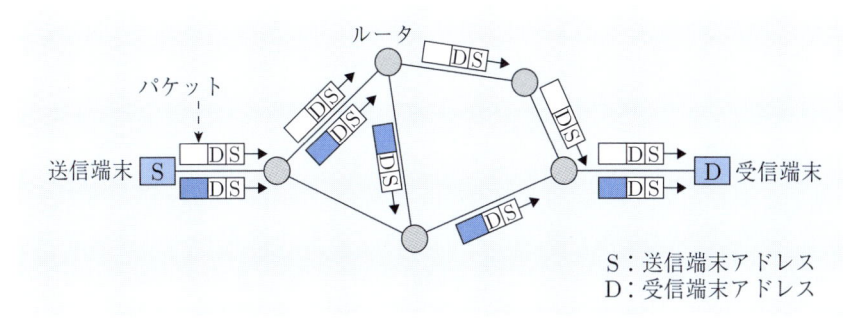

図 7.9 コネクションレス型パケット交換

S：送信端末アドレス
D：受信端末アドレス

なる可能性がある．アドレスのオーバヘッドが大きくなる反面，ルータでの処理は簡単になり，ルート選択の柔軟性もある．

ネットワーク層でコネクション型プロトコルを用いるネットワークは，**バーチャルサーキット** (Virtual Circuit：VC) または**バーチャルコール** (Virtual Call：VC) ネットワークと呼ばれる．公衆データ網では，これが用いられており，ITU-T で **X.25**[6] として標準化されている．

コネクションレス型プロトコルを用いたネットワークは，**データグラム** (Data-Gram：DG) ネットワークと呼ばれる．**IP** (Internet Protocol) を用いたインターネットはその代表例である．コネクションレス型では，端末とルータの間やルータ間で，通信の前に調停や資源確保を行わない．また，バッファオーバフローやデータ誤りがあったとしても，再送しない．このようなサービスは**ベストエフォート型サービス** (best effort service) と呼ばれ，QoS を保証しない．

例題 7.1

コネクションレス型パケット交換ネットワークにおいて，5700 オクテットのメッセージをパケットに分割し，端末 A から端末 B へ，8 個のルータ (ルータ 1〜8) を経由して伝送する場合を考える．1 パケットのヘッダは 50 オクテットで，最大ペイロード長は 950 オクテットとする．

このネットワークでは，他のパケットフローは存在しなく，ルータでのパケット処理時間 (メモリへの読み書き時間を含む) は十分小さく無視できるものとする．また，一個のルータが持つパケット蓄積用メモリは，3000 オクテットであるとし，メモリへの読み書きはパケット単位で行う．

このとき，端末 A がメッセージの最初のビットを含むパケットを送信し始めてから，端末 B がメッセージの最後のビットを含むパケットを受信し終えるまで (この時間を，**メッセージ遅延**と呼ぶ) について以下の問いに答えよ．計算に際しては，パケットの伝搬遅延は無視できるものとする．

(1) 端末 A から 8 個のルータを経由して端末 B に到る経路上のすべての回線の伝送速度が 4Mb/s である場合に，端末 A がメッセージの最初のビットを含むパケットを送信し始めてから，端末 B がメッセージの最後のビットを含むパケットを受信し終えるまでの時間を計算せよ．

(2) 端末 A からルータ 5 までの経路上の回線速度はそれぞれ 8Mb/s であり，ルータ 5 から端末 B までの回線速度は各々 4Mb/s である場合に，端末 B で受信されるパケットはどのようになるかを説明せよ．

(3) 上記 (2) で，端末 A がメッセージの最初のビットを含むパケットを送信し始めてから，端末 B がメッセージの最後のビットを含むパケットを受信し終えるまでの時間を計算せよ．

【解答】 5700 オクテットのメッセージは，6 個の 950 オクテットのペイロードに分割されて伝送される．1 パケットは，ヘッダが 50 オクテットであるので，1000 オクテット長となる．したがって，一個のルータが持つパケット蓄積用メモリは，3 パケット分となる．

(1) 950 オクテットペイロードパケットの伝送時間は，$(950 + 50) \times 8[\mathrm{bit}]/4[\mathrm{Mb/s}] = 2$ ms となる．したがって，端末 A での全パケット送信時間は，$2\mathrm{ms} \times 6 = 12$ ms となる．ルータ 1 段毎に 1 パケット送信時間分の遅延が生じるので，8 個のルータでの総遅延時間は，$8 \times 2 = 16$ ms である．以上より，端末 A がメッセージの最初のビットを含むパケットを送信し始めてから端末 B がメッセージの最後のビットを含むパケットを受信し終えるまでの時間 (メッセージ遅延) は，$12+16=28$ ms となる．

(2) 1 パケットの伝送時間は，端末 A からルータ 5 までの各回線では，$(950+50) \times 8[\mathrm{bit}]/8[\mathrm{Mb/s}] = 1$ ms となる．したがって，メッセージの最初のビットを含むパケットが，端末 A からルータ 5 に届くまでの時間は，図 7.10 に示すように，5ms となる．一方，ルータ 5 から端末 B までの各回線における 1

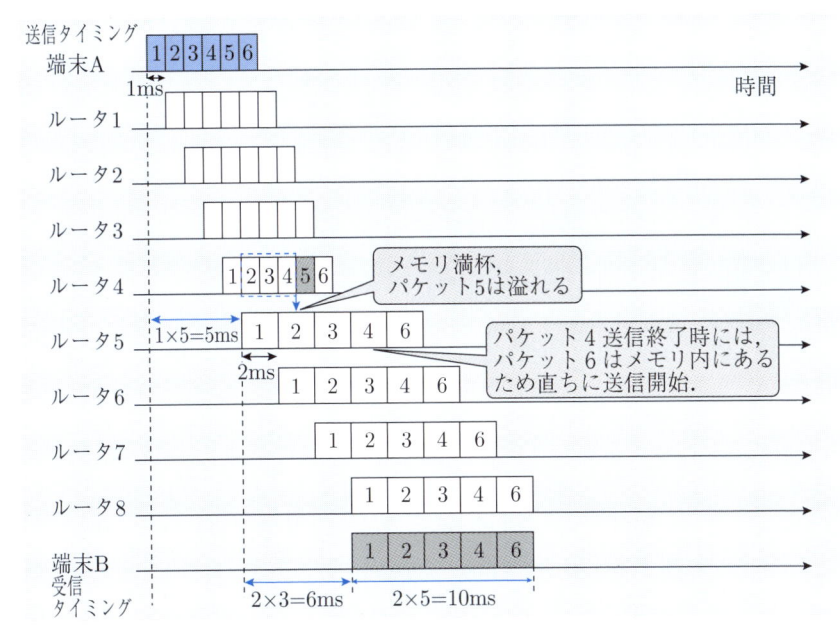

7.2 パケット交換におけるコネクション制御　141

図 7.10 回線の伝送速度が 8Mb/s と 4Mb/s である場合

パケット伝送時間は，(1) と同じく，$(950+50) \times 8[\mathrm{bit}]/4[\mathrm{Mb/s}] = 2$ ms となる．

したがって，ルータ 1 から 4 までの各ルータでは，常にメモリに 1 パケットを蓄積し，それを出力回線に送出しつつ入力回線で次のパケットを受信している状態にある（第 1 パケットと第 6 パケットは別）．そのため，各ルータでは高々 2 パケット分のメモリ（2000 オクテット）が使用されている．

一方，ルータ 5 では，パケットの送出時間が 2 倍 (2ms) となるため，後続のパケットが到着する度に使用されるメモリが増えてくる．メモリ内では，図 7.11 に描くように，パケットの待ち行列が生じる．すなわち，ルータ 5 では，パケット 5 受信開始時にメモリが満杯のため，パケット 5 はメモリから溢れて欠落する．ルータ 5 では，パケット 4 送信終了時点でパケット 6 が既にメモリ内にある．このネットワークは，**コネクションレス型であるため，パケット番号のチェックはしていない**．したがって，パケット 4 の送信終了後，直ちにパケット 6 が送信開始される．ルータ 6 から 8 までは，ルータ 1 から 4 までと同じ状況である．端末 B では，パケット 1, 2, 3, 4, 6 が連続して受信される．

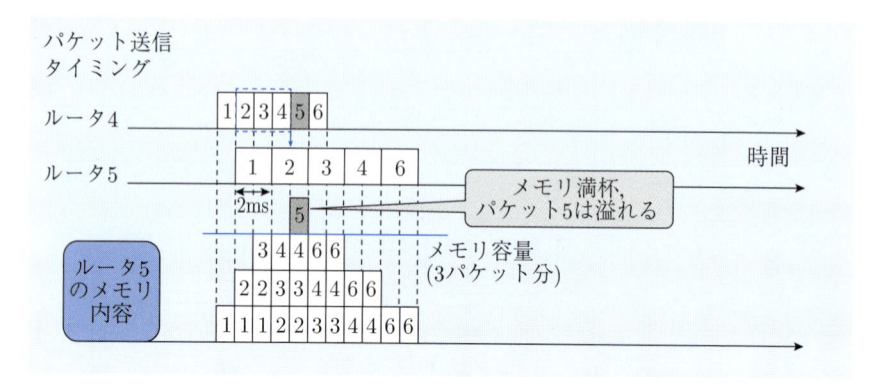

図7.11 ルータ5のメモリ内のパケット待ち行列

(3) メッセージの最初のビットを含むパケットが，ルータ5から端末Bに届き始めるまでの時間は，2 ms×3=6 msとなる．端末Bで第6パケットを受信し終えるまでに要する時間は，2 ms×5=10 msとなる．以上より，求める時間は，5+6+10=21 msとなる．

上記の例題7.1では，(1)と(3)でメッセージ遅延を計算し，(2)ではパケット欠落率が1/6であることを知った．これは，ネットワークレベルQoSを評価したことに相当する．しかし，例題7.1での条件設定は極めて特殊であり，一般性に欠ける．すなわち，他のパケットフローは存在しなく，しかも，当該フローでも1メッセージのみを送信するとした．

普通は，1フローでも，複数のメッセージを，必ずしも一定でない間隔で送信する．この場合には，ルータのメモリに蓄積されるパケット数の分布は変わってきて，溢れが生じやすくなる．さらに，複数個のフローがある場合は，メモリ内のパケット待ち行列分布は複雑なパターンとなる．また，ルータでは，パケットのヘッダ解析やメモリでの待ちが生じ，パケット処理時間は無視できない．

ルータへのパケットの到着間隔や各パケットのサイズは必ずしも一定ではないという条件の下で，複数のフローや，パケットヘッダの解析時間，メモリ内での待ち時間を考慮して，どのように遅延を算出するのであろうか？また，メモリの大きさをどの程度にすれば，パケットの溢れが生じないのか？これらの疑問に答える数学理論が，第10章の主題である待ち行列理論である．

7.3 ルーティング

ルーティング (routing) は，送信元端末から宛先端末までのエンドツーエンドのルート選択であり，**経路制御**とも呼ばれる．

7.3.1 ルーティングアルゴリズムの分類

ルーティングのための多くのアルゴリズムが，これまでに提案されている．これらのアルゴリズムは，まず，ルートを決定する主体によって，**ホップバイホップルーティング** (hop–by–hop routing) と**ソースルーティング** (source routing) とに分類される．前者では，各ルータで独立にルート選択が行われる．各ルータは，宛先ごとにパケットを送出すべき出力回線を記した表を持っている．この表を，**ルーティング表** (routing table) または**経路表**と呼ぶ．ルータは，入力されたパケットのラベルをもとにルーティング表を参照して，そのパケットの出力回線を決定する (**フォワーディング**)．一方，後者では，送信元端末が宛先までのルートを決定し，その情報をパケットに付与する．パケットを受信したルータは，その情報で指示されるルートにパケットを送出する．通常のルーティングで用いられるのは，ホップバイホップルーティングである．

ルーティングアルゴリズムの別の分類法は，ルートの固定性・可変性という観点からのものであり，**非適応形** (nonadaptive) と**適応形** (adaptive) がある．非適応形では，ネットワークの状況にかかわらず，選択可能なルートは固定している．適応形は，ネットワークの状況により，選択可能なルートを変更する．

非適応形の代表的なものとして，**フラッディング** (flooding) と**最短パスルーティング** (shortest path routing) が挙げられる．

適応形は，**中央制御** (centralized)，**孤立適応** (isolated)，**分散制御** (distributed) に分類される．中央制御は，ネットワーク内にルーティング計算のための制御局を設置し，すべてのルータからの状態情報の収集とすべてのルータへのルーティング表の配布を行う．孤立適応は，これとは逆に，各ルータが単独で，自分が収集できる情報のみに基づいて，ルーティングの決定を行う．待ち行列が最短の出力回線を選択する**ホットポテト** (hot potato) 法は，これに属する．分散制御は，前の二つの中間である．各ルータは自分でルーティング表を作成するが，そのための情報を他のルータから収集する．

適応形でも実際に使用されているのは，分散制御である．中でも，**距離ベクトルルーティング** (distance vector routing) と**リンク状態ルーティング** (link state routing) とが重要である．

以下，本節では，上記二つの非適応形と，距離ベクトル，リンク状態の各ルーティングアルゴリズムを紹介する．さらに，上述のものとは別の観点からのルーティングやインターネットのルーティングプロトコルにも簡単に触れる．

7.3.2 非適応形ルーティング

(1) フラッディング

これは，その名称が示すように，パケットの"洪水"を起こす．各ルータは，受け取ったすべてのパケットをコピーして，それが到着した回線以外のすべての出力回線に送出するのである．このようにすれば，少なくとも一つのパケットは，宛先端末に届くであろうという考え方である．極めて非効率な方法ではあるが単純であるので，実際に使われることもある．後に説明するリンク状態パケットの配布は，この方法によっている．

(2) 最短パス

最短パスは，"最も距離が短い"ルートを選ぶという，直感的には最もわかりやすい方法である．この場合の"距離"としては，地理的距離，送信元端末から宛先端末までのホップ数，遅延，コストなどが考えられる．最短であるので性能は良い．しかし，代替ルートが用意されていないため，最短ルートが使用不能となったとき，通信が途絶するという問題がある．最短パス (ルート) を計算する方法としては，**ダイクストラ (Dijkstra) のアルゴリズム**がよく知られている．具体的な方法は，文献 [3], [12], [13] などを参照されたい．

7.3.3 距離ベクトルルーティング

距離ベクトルアルゴリズムは，**ベルマン-フォード (Bellman–Ford) アルゴリズム**とも呼ばれる．このアルゴリズムでは，各ルータは，他のすべてのルータの各々に対して，自分との"距離"を表 (距離ベクトル) にして管理する．距離は，ホップ数やそのルータまでの遅延の推定値などであり，その情報は測定や他のルータとの情報交換によって得られる．各ルータは，**隣接ルータとのみ**，周期的に距離ベクトルを交換する．隣接ルータから得られた距離ベクトルをもとにして，他のすべてのルータの各々に対して，距離とそこに到達するために

選択すべき出力回線を記載したルーティング表(経路表)を作成する.

図7.12は,距離ベクトルルーティングの一例である.ルータGがルーティング表を作成する様子を示している.ルータ間の通信回線ごとに記入してある数字は,そのルータ間の距離を表す.ルータGは,四つの隣接ルータA,E,F,Hから,距離ベクトル(列ベクトルで表現)を受信している.この距離ベクトルには,送信元のルータから自分を含めたすべてのルータへの距離が記してある.例えば,ルータAからの距離ベクトルでは,自分への距離は0,ルータBへは5,Cへは20となっている.これらの距離ベクトルに加えて,ルータGは,隣接ルータへの距離も測定している.この距離が,対応する受信距離ベクトルの下に,"G–A 24"のように記されている.

ルータGは,これらの情報を用いて,新しいルーティング表を計算する.各宛先ルータごとに,そこまでの距離を計算し,最短距離となる隣接ルータにつながる出力回線を選択する.例えば,ルータDを宛先としよう.このとき,もしルータAを経由するならば,ルータDまでの距離は,24(G–A)+5(A–D)=29となる.同様に,ルータE経由では17+20=37,ルータFでは13+15=28,ルータHでは7+35=42となる.最短は,ルータF経由の28であるので,ルーティング表には,(28, F)と記入する.

図 7.12 距離ベクトルルーティングの例

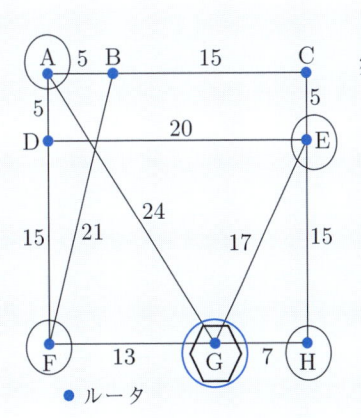

このアルゴリズムは，隣接ルータとのみ情報交換するという制約のため，ある通信回線が不通になるなどの状態変化があった場合に，それに適したルーティング表に収束するまでに時間がかかる．1回の距離ベクトル交換で1ホップしか変化が伝わらないからである．また，ルートのループ発生の可能性もある．

距離ベクトルルーティングプロトコルとしてよく知られているものの一つに，**RIP** (Routing Information Protocol) がある．これは，距離としてホップ数を用いるものである．UNIX 4.3BSD の routed として実装された．

── 例題 7.2 ──

図 7.13 は，四つのイーサネット (NW–1〜NW–4) を 3 個のルータ A, B, C で接続したネットワークを示したものである．

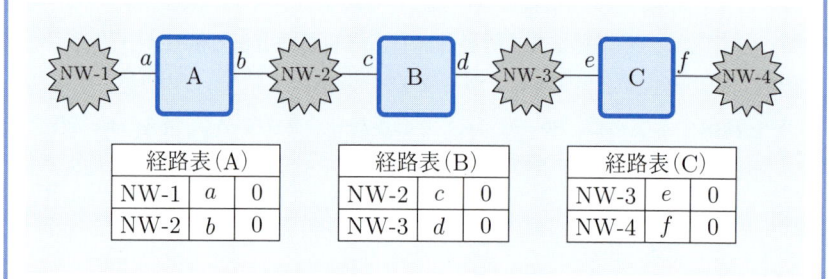

経路表(A)		
NW-1	a	0
NW-2	b	0

経路表(B)		
NW-2	c	0
NW-3	d	0

経路表(C)		
NW-3	e	0
NW-4	f	0

図 7.13　ネットワーク構成

それぞれのルータで，各イーサネットを宛先とした距離ベクトルアルゴリズムによるルーティング表 (経路表) を作成したい．ここでは，一つのイーサネットを経由することを1ホップとみなす．ルータ A は，ルータ B と1ホップの距離にあることを知っているとする．同様に，ルータ B は，A, C それぞれと1ホップ，ルータ C は，B と1ホップであることを知っている．各ルータは，初期状態で，図に記載している経路表を持っている．表の各行のエントリは，宛先ネットワーク，選択する出力回線，宛先までのホップ数となっている．すべてのルータで完全な経路表の完成には，何ステップかの経路表の交換が必要である．交換の各ステップにおける三つのルータの経路表を，それが完成するまでの全ステップについて記せ．

【解答】　まず，1 回目の経路表交換を行うと，図 7.14 のようになる．例えば，

ルータAでは，ルータBからの経路表により，NW–2にはルータBから0ホップで到達できることがわかる．ルータAは，ルータBと1ホップの距離にあることを知っているので，NW–2にはルータBを経由すると1ホップで到達できることになる (ただし，この場合には，一旦NW–2を通ってルータBに行くのであるから，実際には無駄であり意味がない)．その場合のルータAの出力回線は b となる．また，NW–3についても，ルータBから0ホップであるので，ルータB経由では1ホップで到達できる (この場合は，意味がある)．出力回線は，やはり b である．ルータBとCについても，同様の見方をすればよい．

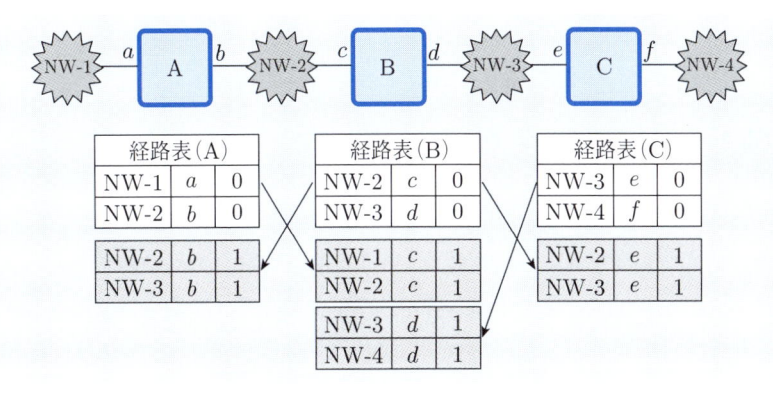

経路表(A)		
NW-1	a	0
NW-2	b	0
NW-2	b	1
NW-3	b	1

経路表(B)		
NW-2	c	0
NW-3	d	0
NW-1	c	1
NW-2	c	1
NW-3	d	1
NW-4	d	1

経路表(C)		
NW-3	e	0
NW-4	f	0
NW-2	e	1
NW-3	e	1

図 7.14　1回目の経路表交換

図7.14の各ルータの経路表において，宛先ネットワークごとに，複数の行がある場合にはホップ数が最も少ないものを選んで経路表を作成する．その結果を，図7.15に示す．

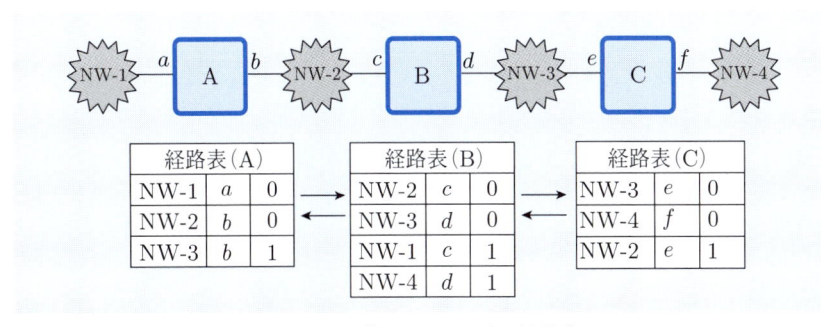

経路表(A)		
NW-1	a	0
NW-2	b	0
NW-3	b	1

経路表(B)		
NW-2	c	0
NW-3	d	0
NW-1	c	1
NW-4	d	1

経路表(C)		
NW-3	e	0
NW-4	f	0
NW-2	e	1

図 7.15　第1ステップの経路表

以下同様に，第 2 ステップの経路表を，図 7.16 に示す．第 2 ステップで経路表が完成することがわかる．

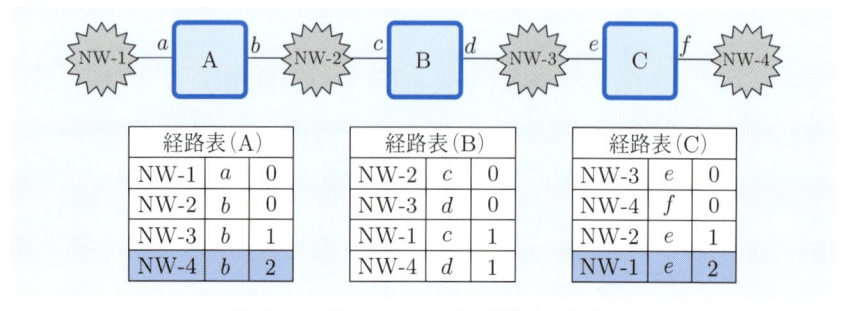

経路表(A)		
NW-1	a	0
NW-2	b	0
NW-3	b	1
NW-4	b	2

経路表(B)		
NW-2	c	0
NW-3	d	0
NW-1	c	1
NW-4	d	1

経路表(C)		
NW-3	e	0
NW-4	f	0
NW-2	e	1
NW-1	e	2

図 7.16　第 2 ステップの経路表 (完成)

7.3.4　リンク状態ルーティング

距離ベクトルルーティングでは，隣接ルータとのみルーティング情報を交換するため，**ルータによって持っているネットワークの状態情報が異なっていた**．そのため，アルゴリズムの収束性やルートのループ発生の問題があった．

リンク状態ルーティングでは，各ルータは，隣接ルータから得た情報を**すべてのルータに配布**する．したがって，**全ルータが同一のネットワーク状態情報**(**リンク状態データベース**)を持つことができる．これにより，各ルータは全ネットワークトポロジーと他のルータへの"距離"(一般に**コスト**)を推定する．

リンク状態ルーティングにおける各ルータでの処理ステップを，次に示す．

(1) すべての隣接ルータのアドレスを調査する．
(2) 各隣接ルータへのコスト(遅延やホップ数など)を測定する．
(3) **リンク状態パケット** (Link State Packet：LSP) を作成する．パケットに含まれる情報は，自分のアドレス，シーケンス番号，年齢 (age)，すべての隣接ルータのアドレスとそこまでのコストなどである．
(4) 全ルータにリンク状態パケットを配布する．配布には，フラッディングが用いられる．
(5) 受信したリンク状態パケットの情報を用いて，自分を根，各宛先を節点とする最小コスト木(最短経路木)を計算する(ループは生じない)．

このアルゴリズムの遂行において最も難しいのは，リンク状態パケットのフラッディングによる配布である．一つのルータから送出されたリンク状態パケットが他のルータに届く時間は，ルータにより異なる．さらに，同じリンク状態パケットが複数個届く可能性が高い．しかも，同一ルータから送出された生成時刻の異なるリンク状態パケットが，時間関係が逆転して到着することもある(すなわち，後で生成されたものが先に届く)．これらは，全ルータが同一のリンク状態データベースを持つというリンク状態ルーティングの狙いを妨げるものである．この問題を解決するために，各ルータは，送信元ルータごとに受信リンク状態パケットのシーケンス番号を記録管理し，古いシーケンス番号のパケットが届けば廃棄する．また，各ルータは，受信したリンク状態パケットに付与されている年齢の値を一定の割合で減少させて，年齢が0になったリンク状態パケットを廃棄するなどの方法をとる．

リンク状態ルーティングプロトコルの代表例は，RFC 2328として定められている **OSPF**(Open Shortest Path First)である．これは，コスト("距離")としてホップ数のみならず複数の尺度を採用している．最小コストパス(最短パス)の計算にはダイクストラのアルゴリズムを用いている．パスは木(tree)として計算されるため，ルート上でのループは発生しない．

図7.17は，リンク状態パケットの一例である．図には，6個のルータA～Fからなるネットワークと，各ルータが生成したリンク状態パケットの例が示し

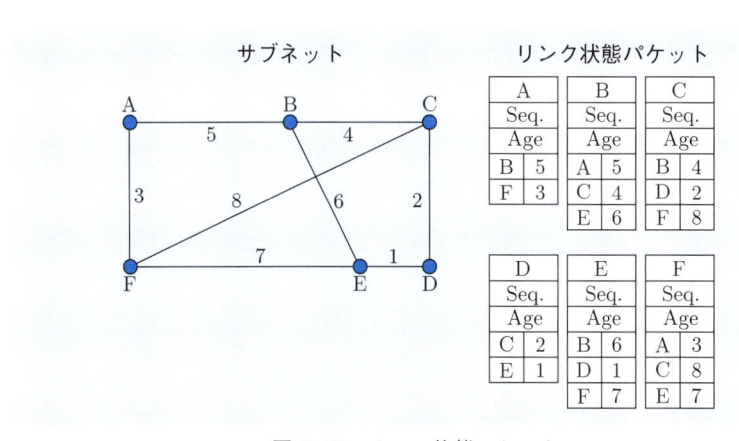

図7.17 リンク状態パケット

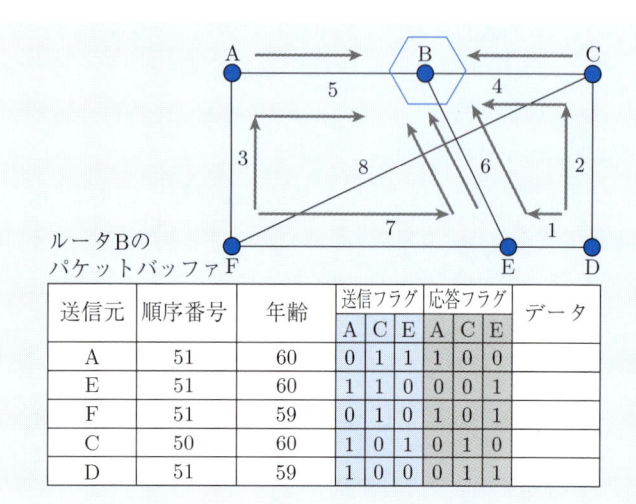

送信元	順序番号	年齢	送信フラグ A	送信フラグ C	送信フラグ E	応答フラグ A	応答フラグ C	応答フラグ E	データ
A	51	60	0	1	1	1	0	0	
E	51	60	1	1	0	0	0	1	
F	51	59	0	1	0	1	0	1	
C	50	60	1	0	1	0	1	0	
D	51	59	1	0	0	0	1	1	

図 7.18　ルータ B でのリンク状態パケットの管理

てある．ルータ間の通信回線ごとに記入してある数字は，そのルータ間のコストを表す．各リンク状態パケットは，自分のアドレス，シーケンス (順序) 番号 (Seq)，年齢 (Age)，隣接ルータのアドレスとそこまでのコストの情報を含んでいる．

図 7.18 は，ルータ B が受信したリンク状態パケットの管理の一例を示したものである．送信元ルータごとに，それを中継して送信 (フラッディング) しなければならない宛先を示す送信フラグと，ACK を返送しなければならない応答フラグとが設けてある．

7.3.5　階層的ルーティング

これまでに説明したすべてのルーティングは，各ルータが，すべての宛先へ到達するためのルートを自分で決定することを想定していた．しかし，この方法では，宛先の数が多くなると経路表のエントリ数 (行数) が膨大になる．すべてのルータが，このような経路表を維持更新するのは現実的には不可能である．

そこで，すべてのルータをいくつかの領域に分割する．各ルータは，自分の領域内のすべてのルータに対するルーティング情報を持つが，他の領域のルータについては，何ら情報を持たないようにする．そして，各領域内に，領域を宛先単位としたルーティング表を持つ特別なルータを設置して，領域間の通信

はそのルータに任せる．普通のルータは，他の領域のルータにパケットを送りたいときには，領域間通信機能を持つルータに送ればよい．このような方法を，**階層的ルーティング**と呼ぶ．インターネットでは，7.3.8 項で説明するように，**AS 内・AS 間**と，**AS 内のエリア 0 とその他エリア間**で用いられる．

7.3.6 デフォルトルーティング

経路表のエントリ数の増大問題への対応策の一つが，**デフォルトルーティング** (default routing) である．そのルートを**デフォルトルート**と呼ぶ．

このルーティングでは，送信元が容易に到達できる宛先 (例えば同一 LAN 内) については，その経路情報を経路表のエントリとして記載しておく．それ以外の宛先 (エントリがない宛先) へのパケットは，まずは，予め決められた特定の直結しているルータ (**デフォルトゲートウェイ**と呼ぶ) に転送するように設定する．パケットを受け取ったデフォルトゲートウェイは，自分の経路表を見てその宛先のエントリがあれば，それに従って転送する．ない場合には，自分にとってのデフォルトゲートウェイへ転送する．遠く離れた宛先の場合は，何段ものデフォルトゲートウェイを通過することになる．この方法は，前項の階層的ルーティングと親和性がある．端末のインターネットアクセスで普通に使われる方法である．

これは，航空機による海外旅行の場合と似ている．地方空港から出発すると，目的地の海外空港への直行便がないことが多い．そこで，まずは成田空港へ行けばよい．成田からの乗継 (1 回とは限らない) で目的地まで行くことができる．

7.3.7 移動端末へのルーティング

携帯情報端末や携帯電話機のように端末が移動するネットワークにおいては，ルーティングに特別の工夫が必要になる．端末の場所が変化するので，通常のルーティングアルゴリズムは，そのままでは動作しない．端末の位置を管理する仕組みを取り入れなければならない．そのために，端末の"本籍"を管理する HLR (Home Location Register)(ホームエージェントともいう) と，現在位置を管理する VLR (Visitor Location Register)(フォリンエージェントともいう) を設ける．VLR は，現在自分の管理下にある端末のアドレスを，常に HLR に通知する．移動端末宛のパケットは，まず HLR に送られ，そこから該当する VLR に転送されて，VLR から宛先端末に送られる．

7.3.8 インターネットのルーティングプロトコル

インターネットでは，**自律システム**(Autonomous System：**AS**) を領域とする階層的ルーティングが行われる．AS は，一つの管理組織で運営されるルータの集合を意味し，普通は一つの ISP に対応する．AS 内ルーティングを行うプロトコルを **IGP** (Interior Gateway Protocol)，AS 間ルーティング用を **EGP** (Exterior Gateway Protocol) と呼ぶ．

IGP には，既述の RIP と **OSPF** (RFC 2328) の他，距離ベクトル型の IGRP やリンク状態型の Integrated IS-IS(ISO/IEC 10589) がある．OSPF でも，一つの AS を複数の**エリア** (area) に分割した階層的ルーティングを行う．

一方，EGP としては，**BGP-4** (Border Gateway Protocol 4) が重要である．現在のインターネットの標準 (RFC 4271) となっている．

AS は，インターネットに関連する番号の管理組織 **IANA** (Internet Assigned Numbers Authority) から付与された 32 ビット (または 16 ビット) の **AS 番号**によって一意に識別される．IANA については，次章で再び取り上げる．

BGP は，AS 番号の順序列 (AS パス) でルートを表す**パスベクトルルーティング**を行う．指定した隣接ルータとのみ TCP で経路情報の交換を行う**ポリシーベースルーティング**である．すなわち，ルート選択は，まず，ISP 同士の契約関係 (例えば，相手の ISP からのトラヒックを通過させるかどうか) などのポリシーに基づいて行われる．そのため，必ずしも最短パスを選ぶとは限らない．

図 7.19 に AS による階層的ルーティングの例を示す．

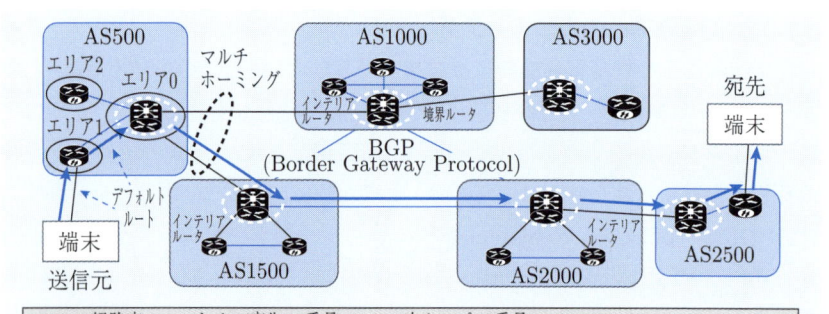

図 7.19 AS による階層的ルーティングの例

7.4 輻輳制御

輻輳 (congestion) は，ネットワークの混雑を意味し，ネットワーク内のパケットが多すぎるため性能が低下する現象である．この言わば "交通渋滞" の原因は，ルータ，通信回線，端末などのネットワーク資源の容量に近い，もしくはそれを超えたパケットがネットワーク内に存在することである．

輻輳を回避 (予防) または解消する制御を**輻輳制御**と呼ぶ．輻輳制御の効果をスループットで表現すると，図 7.20 のようになる．制御を行うと，行わない場合よりも多少スループットが減少することもある．しかし，高負荷になっても，無制御の場合のようにスループットが急激に低下することはない．

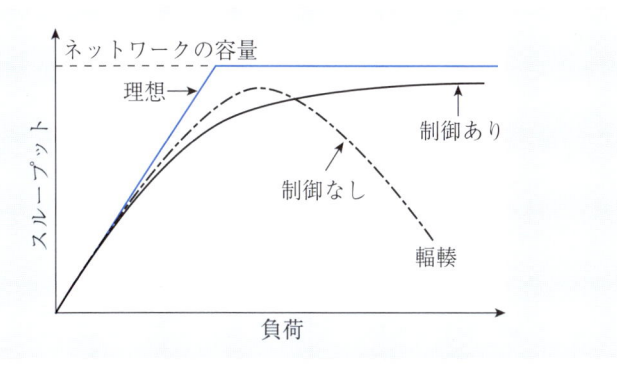

図 7.20 輻輳制御

輻輳制御は，ネットワーク層のみで行われるものでなく，データリンク層やトランスポート層でも行われる．したがって，本章でのみ取り扱う技術課題ではないが，便宜上，ここで基本的な考え方を述べておく．輻輳制御には，回避と解消があるが，一つの制御方法が両方に役立つこともあるので，以下の議論では特に区別しない．

輻輳制御方法として，まず最初に思いつくのは，輻輳が生じたら，新たに発生したパケットをネットワークに入れないことである．この方法は，コネクション型パケット交換網に適用でき，**呼受付制御** (call admission control) と呼ばれる．

次に考えられるのは，輻輳が生じているネットワークの箇所をパケットが通

らないようなルーティングを行うことである．

さらに，フロー制御，**トラフィックシェーピング** (traffic shaping)，**パケット廃棄**は，重要な方法である．以下，これらについて，簡単に説明する．

(1) フロー制御

フロー制御は，本来，受信端末でバッファオーバフローが起こらないように，送信端末がパケット送信を調整するものである．しかし，この制御は，ネットワークに流入するパケット量を調整するので，輻輳制御としても有効であると考えられる．

この方法による輻輳制御の代表例は，次章で学習する TCP のウィンドウフロー制御である．ウィンドウフロー制御では，ウィンドウサイズ分のデータは ACK を受信する前に連続して送信可能である．したがって，ウィンドウサイズをネットワークの状況に応じて変えてやれば，ネットワークへの流入パケット量を制御できる．

この考え方にもとづく輻輳制御方式の一つが，TCP の**スロースタート** (slow start) である．この方法では，送信を開始するとき，またはパケットが欠落して再送を開始するときに，まずウィンドウサイズを小さな初期値 **IW** (Initial Window) に設定する．そして，新しいパケットに対する ACK を受け取るごとに，徐々にウィンドウサイズを増やしていくのである．

(2) トラヒックシェーピング

これは，送信端末でパケットの送信レートを均一にすることによって，大量のパケットが短時間にネットワークに流入することを防ぐものである．送信端末がパケットの送信間隔を調整することをシェーピングと呼ぶ．この方法は，ATM ネットワークで使用されている．

簡単なシェーピングアルゴリズムの例として，**リーキィバケットアルゴリズム** (leaky bucket) が挙げられる．このアルゴリズムでは，端末からランダムな間隔で発生したパケット (セル) は，一旦バッファに蓄えられる．バッファからは，一定のレートで，パケットがネットワークに送出される．パケットの発生速度 (時間的に変動する) が，ネットワークへの送出速度 (一定) よりも高くなってある限界を超えたときには，パケットはバッファに入りきれなくなり，失われるものとする．このアルゴリズム名は，バッファを穴の開いた漏れるバケツ

(leaky bucket) に，パケットを水滴に対応させるアナロジーに由来する．

シェーピングアルゴリズムとしては，この他に，デュアルリーキィバケット法やトークンバケット法などがある．

(3) パケット廃棄

これは，輻輳が生じると，ルータからパケットを廃棄するものである．概念的には単純であるが，どのパケットをどのようなタイミングで廃棄すべきかは自明ではない．

種々のパケット廃棄アルゴリズムが提案されているが，**RED** (Random Early Detection) は，代表的なものの一つである．これは，ルータでのバッファオーバフローが生じる前にパケットを廃棄する輻輳回避法である．バッファ内パケットの平均待ち行列長 avr を観測する．パケットが到着したとき，avr が閾値 min_{th} よりも小さければバッファに入れ，閾値 max_{th} よりも大きければ廃棄する．

$$min_{\mathrm{th}} < avr < max_{\mathrm{th}}$$

のときには，avr に比例した確率で，パケットを廃棄する．パケット廃棄確率の一例を，図 7.21 に示す．ただし，P_{d} は定数である．

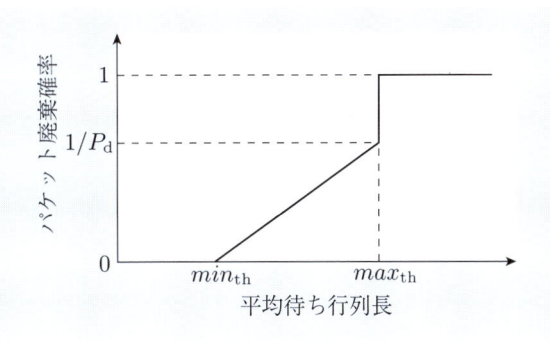

図 7.21 RED の動作

平均待ち行列長 avr がパケット到着の一時的な増加に過敏に反応するのを避けるため，avr の更新においては，次式のような平滑化を行う．

$$avr \leftarrow (1-\alpha)avr + \alpha q \quad (\alpha は定数，q は現時点での待ち行列長)$$

なお，RED では，輻輳発生時にパケットを廃棄することなく，輻輳が発生していることを示すマークをパケットに付ける方法も規定されている．

演習問題

1 x ビットのユーザデータ (メッセージ) をパケット交換ネットワーク上で送信する場合を考える．このネットワーク上で，ユーザデータは，p ビットのデータビットと h ビットのヘッダビット (ただし $x \gg p+h$ とし，x/p は正整数であるものとする) を持つパケットの列として伝送されるものとする．送信端末から受信端末までのルート上のホップ数を k (したがって，中継ルータ数は $k-1$)，回線の伝送速度を b bit/s とし，伝搬遅延は無視できるものとする．このとき，p をいくつにすると総遅延が最小になるかを示せ．計算に際しては，p を実数とみなしてよい．また，このネットワーク上では他のパケットフローは存在しないものとする (すなわち，各ルータ上での処理待ち時間を 0 とする)．

2 コネクションレス型パケット交換ネットワークにおいて，5760 オクテットのメッセージをパケットに分割し，端末 A から端末 B へ，7 個のルータ (ルータ 1~7) を経由して伝送する．1 パケットのヘッダは 40 オクテットで，最大ペイロード長は 960 オクテットとする．このネットワークでは，他のパケットフローは存在しなく，ルータでのパケット処理時間 (メモリへの読み書き時間を含む) と伝搬遅延は無視できる．また，一個のルータが持つパケット蓄積用メモリは，2000 オクテットであるとし，メモリへの読み書きはパケット単位で行う．ルータでは，1 個のパケットが送信終了すると瞬時にメモリから消去され，次のパケットを受信可能とする．

端末 A からルータ 5 までの経路上の回線速度はそれぞれ 8Mb/s であり，ルータ 5 から端末 B までの回線速度は各々4Mb/s である．

このとき，端末 B で受信されるパケットはどのようになるかを説明せよ．また，端末 A がメッセージの最初のビットを含むパケットを送信し始めてから，端末 B が最後のパケットを受信し終えるまでの時間を計算せよ．

3 図 7.22 のように，五つのイーサネット (NW-1~NW-5) が五つのルータ (A~E) を介して接続されている．

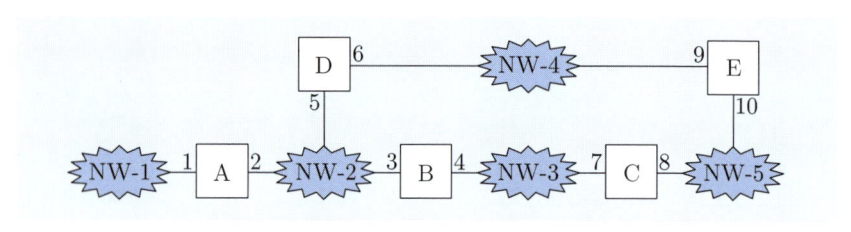

図 7.22 ネットワークの構成

例えば，NW-1 と NW-2 を接続するルータ A は，NW-1 にはアドレス "1" のインタフェースを，また，NW-2 にはアドレス "2" のインタフェースを介して接続されている．同じネットワーク内の端末とは直接通信することができ，ネットワーク間のルーティングには，距離ベクトル型のプロトコルが用いられているものとする．

すべてのルータが，時刻 0 で一斉に起動したとする．起動した直後 (他のルータからルーティング情報を受け取っていない状態) のルータ A のルーティング表は表 7.1 のようになる．

表 7.1 起動直後のルータ A のルーティング表

宛先	次ホップ	ホップ数
NW-1	直接接続	0
NW-2	直接接続	0

"次ホップ" には，ルータ A が "宛先" 向けのパケットを手渡す中継先のルータのアドレスが記されるが，"宛先" の NW-1, NW-2 ともにルータ A が直接接続されているため，"直接接続" となっている．このとき，以下の問に答えよ．

(1) 起動直後のルータ B, C, D, E のルーティング表を示せ．宛先までの距離が等しい二つの経路がある場合には，アドレスの小さなものが選択されるものとする．

(2) ルーティング情報は 30 秒間隔で定期的に送信されるものとする．起動から 30 秒経過した後の，ルータ A〜E のルーティング表を示せ．ここで，ルーティング情報は受信した瞬間に即座に処理され，ルーティング表に反映されるものとし，ルーティング情報を送信するパケットの遅延，損失はないものとする．

(3) 起動から 60 秒経過した後のルータ A〜E のルーティング表を示せ．

(4) NW-1 に属しルータ A のアドレス "1" のインタフェースを介して通信する端末は，NW-3, NW-5 に属する端末と，ネットワーク起動後，それぞれ何秒後に通信することができるか．

4 輻輳制御について，以下の問に答えよ．

(1) 輻輳制御とフロー制御との違いを説明せよ．

(2) トラフィックシェーピングとは何か．簡単に説明するとともに，アルゴリズムの名称を一つだけ挙げよ．

■ OSI と TCP/IP

OSI は，1970 年代に国際標準ネットワークアーキテクチャとして，ISO で開発が開始された．当時のコンピュータ業界では，IBM は圧倒的に高い市場占有率を誇り，世界のコンピュータ市場に大きな影響力を持っていた．その IBM がネットワークアーキテクチャ SNA (Systems Network Architecture) を発表していた．このため，各国のコンピュータ業者，通信業者や政府まで，IBM がコンピュータ単体のみならずネットワークにおいても支配的な力を確立することを恐れた．こうして，一企業に閉じていなく，誰にでも開放するネットワークアーキテクチャを国際的な中立機関で定めようということになった．これが OSI (Open Systems Interconnection) である．その名の Open は，この意図を表している．

一方，TCP/IP は，1960 年代末に，米国国防総省 ARPA(後に DARPA に改称) がスポンサーとなって構築された研究者用ネットワーク ARPANET から生まれた．1980 年に RFC 761(TCP)，1981 年に RFC 791(IP) として定められ，1982 年から ARPANET では TCP/IP のみの使用が決定された．商用ではなく，計算機科学研究者の世界で作られ，非営利的な UNIX BSD によって普及していった．商用に開放されたのは，1992 年からである．

OSI は国際標準であり，1980 年代から 1990 年代前半にかけて多くの国の政府や公共団体は OSI 採用の方針を打ち出し，積極的に普及に努めた．しかし，結果的には，TCP/IP が広く普及し事実上の標準となり，今日に至っている．どちらもオープンアーキテクチャと謳っているにもかかわらず，このような結果となった．その理由の一つとして，OSI は TCP/IP と比べ理論的概念的には洗練されているが，実用的に利用可能なものが少なかったことが挙げられている．

加えて，これら 2 種類のアーキテクチャの作成を担当した組織 (ISO/ITU–T と IETF) の性格の違いが，その後の普及にも影響したと考えられなくもない．ISO は非政府組織ではあるが，正式の国際標準化組織である．ITU–T も国際連合の専門機関の一つである．一方，IETF は，学会組織 ISOC(Internet SOCiety) には属しているが，ボランティア団体である．ISO や ITU–T の標準化に個人として参加することはできないが，IETF には簡単にできる．ITU–T と IETF の組織運営方法や標準策定法の違いは大きい．

近年におけるネットワーク技術標準化の動向を眺めると，標準化に適切な組織形態や標準策定法は，技術の性質によって変わってくるように思える．

8 TCP/IP

　本章では，IP，TCP および UDP を中心に**インターネットプロトコルスイート (TCP/IP)** を学習する．前章までに物理層，データリンク層，ネットワーク層の順番で見てきたので，次はトランスポート層である．トランスポート層プロトコルとして現在最も多く使用されているのは TCP と UDP である．したがって，TCP と UDP が本章の主題となるべきであるが，これらは IP とともに用いられるのが普通である．このため，IP はネットワーク層のプロトコルではあるが，本章で扱う．さらに，インターネットプロトコルスイートの応用層プロトコルも簡単に紹介する．

　最初に IP のバージョン 4(**IPv4**)，続いて IP バージョン 6(**IPv6**)，TCP，UDP へと進む．次に，リンクレベル及びネットワークレベルの QoS 保証技術に簡単に触れる．応用層プロトコルとしては，**ドメインネームシステム (DNS)** と **HTTP** とを取り上げる．

　なお，第 1 章で述べたように，インターネットでは端末を**ホスト** (host) と呼んでいるので，本章でもこの言葉を用いる．

キーワード

IPv4　　IPv6
IPv4 アドレス　　IPv6 アドレス
TCP　　UDP　　ポート番号
DHCP　　NAT　　NAPT
DNS　　HTTP

8.1 IPv4

IP は，コネクションレス型のネットワーク層プロトコルである．そのため，7.2 節で述べたように，バッファオーバフローやデータ誤りがあったとしても再送は行わない**ベストエフォート型サービス** (best effort service) となる．したがって，ネットワークレベル QoS は保証されない．

この IP の特徴は，一見頼りなく，大規模ネットワーク構築には適さないように見える．しかし，この特徴がインターネットの世界規模での普及の理由であった．すなわち，IP はコネクションレス型プロトコルであるので，ルータは自分が中継・交換するパケットの状態情報を持つ必要がない．この簡便さは，運営主体が異なる多くのネットワークを相互接続する場合には，大きな長所となる．信頼性の確保は，エンドシステム (ホスト) が行えばよい．エンドシステムのみが状態管理を行うことをエンドツーエンド論 (end–to–end argument) と呼ぶ．

インターネットのこのようなシステム構築方針は，ネットワークの透過性を確保する．ルータはパケットの中継・交換以外の特別なことはしないのであるから，原則的にはどのようなパケットでも通過できるのである．したがって，IP ネットワーク上にあらゆるものを流すこと (**Everything on IP**) や，あらゆるものに IP アドレスを付与してネットワークに収容すること (**IP on Everything**) が期待できる．

IP のデータ転送単位は，**IP データグラム**または単に**データグラム**と呼ばれる．IP データグラムは，そのヘッダ内にホスト識別のための **IP アドレス**を持つ．ルーティングは，IP アドレスの構造を利用して行われる．また，コネクションレス型プロトコルとしての IP の機能を補うための ICMP や，MAC アドレスと IP アドレスとの対応関係を求める ARP および RARP も用意されている．

IP には，インターネットプロトコルスイート設計の当初からある **IPv4** (IP version 4：32 ビットアドレス) (RFC 791) と，128 ビットアドレスを持つ **IPv6** (IP version 6) (RFC 2460) の 2 種類が，通常使用される．

本節では，IPv4 の基礎概念の説明とともに問題点の指摘も行う．これらの説明を踏まえて，次節で IPv6 の概要を述べる．

8.1.1 IPv4データグラムフォーマット

IPv4のデータグラムフォーマットを図8.1に示す(IPv6のデータグラムフォーマットは，これとは異なり，次節の図8.9に示す)．図の上部に書いてある数字は，ビット番号であり，1行は32ビット(4オクテット)からなる．IPデータグラムは，最小20オクテットの**ヘッダ**(header)部(オプション部は可変)と**ペイロード**(payload)部とから構成される．ヘッダ部はOSIでのPCIに相当し，ペイロード部はSDUであって，送信したいデータ本体である．以下に，ヘッダ部の各フィールドの意味を説明する．

(1) バージョン(Version)：4ビット

IPプロトコルのバージョンを指定する．ここでは，4となる．

(2) ヘッダ長(Internet Header Length：IHL)：4ビット

4オクテットを単位として，ヘッダの長さを表す．したがって，オプション部がなければ，この値は5となる．

(3) サービスタイプ(Type of Service：TOS)：8ビット

サービス品質を表し，最初の3ビットはデータグラムの優先度を意味し，0〜7の値を取る．通常のデータグラムの値は0で，値が大きくなるほど優先度が高くなる．4, 5, 6ビット目は，それぞれ，遅延，スループット，信頼性を表

図 8.1 IPv4のデータグラムフォーマット

し，その値が 1 のとき高品質 (低遅延，高スループット，高信頼性) を意味する．第 7 および第 8 ビットは未定義である．

現時点では，これらのビットで意味されるサービス提供が可能なネットワークは少なく，十分に利用されているとはいえない．後に触れる DiffServ は，サービスの差別化にこの TOS フィールドを使用している．

(4) データグラム長 (Total Length：TL)：16 ビット

ヘッダ部とペイロード部の合計長をオクテット単位で表したものである．したがって，最大長は $2^{16} - 1 = 65535$ オクテットとなる．

(5) フラグメント識別子 (Identification：ID)：16 ビット

送信ホストが，各データグラムに対して付与する識別番号である．後に述べるように，データグラムが複数個の小さなブロックに分割されたときに，その再構成に利用される．このブロックを**フラグメント**と呼ぶ．なお，IP では誤り制御やフロー制御を行わないので，シーケンス番号という言葉は用いない．

(6) フラグ (Flag)：3 ビット

データグラムの分割に使用される．第 1 ビットは未定義，第 2 ビットは分割の可否を指定する．その値が 0 のとき分割可，1 のとき不可 (Don't Fragment：DF) である．第 3 ビットは，More Fragment (MF) を意味し，その値が 0 のとき最後のフラグメント，1 のとき後続のものがあると定義されている．

(7) フラグメントオフセット (Fragment Offset：FO)：13 ビット

当該データグラムに対応するフラグメントの先頭からの相対的な位置を，8 オクテット単位で表す．最初のフラグメントに対する値は，0 である．

(8) 寿命 (Time To Live：TTL)：8 ビット

そのデータグラムの生存可能時間を秒単位で示す．最大値は，255 秒である．送信ホストが初期値を設定し，ルータを通過する毎に，そのルータでの処理時間分 (1 未満ならば 1) 値を減らす．TTL 値が 0 のデータグラムは破棄される．これは，宛先ホストに到達できないデータグラムがインターネット内にいつまでも滞留することを避けるためである．

(9) プロトコル (Protocol)：8 ビット

このデータグラムを使用している次のレベルのプロトコルを番号で表す．例えば，TCP は 6，UDP は 17，ESP(IPsec) は 50，OSPF は 89 としている．

(10) ヘッダチェックサム (Header Checksum)：16 ビット

バージョンからパディングまでの範囲のチェックサムである．16 ビットごとに 1 の補数演算により加算し，その結果の 1 の補数を取る．計算に際しては，チェックサムフィールドは 0 としておく．

(11) 送信元アドレス (Source Address)：32 ビット

送信元ホストの IPv4 アドレスである．IPv4 アドレスについては，後述する．

(12) 宛先アドレス (Destination Address)：32 ビット

宛先ホストの IPv4 アドレスである．

(13) オプション (option)：可変

必須フィールドではない．現在定義されているオプションは，セキュリティ処理法，ソースルーティング (7.3.1 項参照) におけるルートのデータ，ルートの記録，各ルータでの IPv4 アドレスとタイムスタンプの記憶である．

(14) パディング (Padding)：可変

ヘッダ長が 32 ビットの整数倍になるように付加する 0 のビット列である．

8.1.2 クラスフル IPv4 アドレス

IP アドレス (IP address) は，ネットワーク内のすべてのホストとルータを一意に識別できるように付与される．ホストやルータは，**通信回線インタフェース毎に一つの IP アドレス**を持つ．IP アドレスとして，IPv4 においては 32 ビット，IPv6 では 128 ビットが使用される．

IPv4 アドレスは，各ローカル網を識別する**ネットワーク番号**とホストを識別する**ホスト番号**との階層構造を持っている．IPv4 プロトコル設計の当初 (RFC 791) は，IP アドレスは，ネットワークに含まれるローカル網の数，各ローカル網の大きさによって，まず，A から C の 3 種類のクラスに分類された．これを，現在では，**クラスフル IPv4 アドレス** (classful IPv4 address) と呼ぶ．

クラス A〜C に加えて，マルチキャスト用としてクラス D，将来の拡張用としてクラス E も定義されている．これら 5 クラスのアドレスフォーマットを，図 8.2 に示す．

IP アドレスは，一意に割り当てられなければならない．そのための機関が，7.3.8 項で触れた **IANA** である．IANA は，IP アドレスやドメイン名などのインターネット資源を世界的に管理するための米国民間非営利団体 **ICANN** (The Internet Corporation for Assigned Names and Numbers) の下部組織

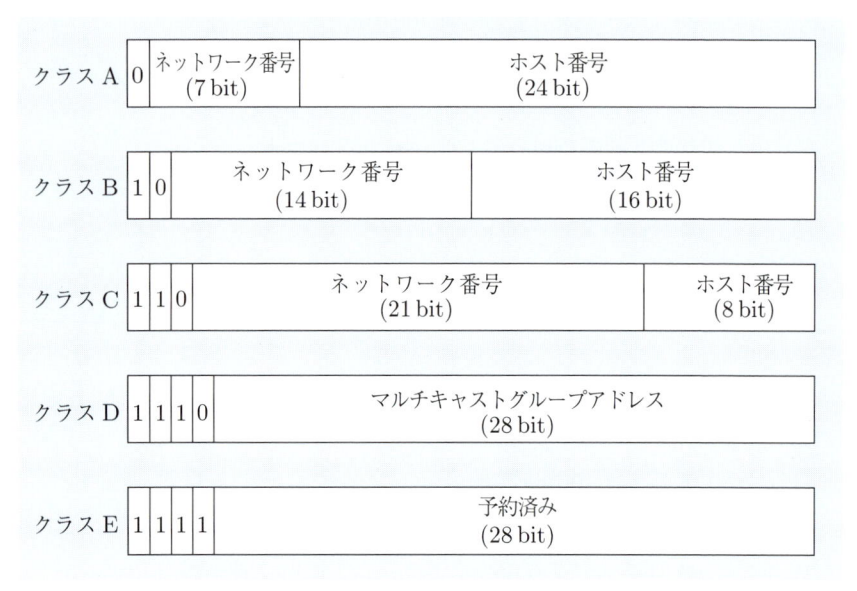

```
クラス A  | 0 | ネットワーク番号 (7 bit) | ホスト番号 (24 bit) |

クラス B  | 1 0 | ネットワーク番号 (14 bit) | ホスト番号 (16 bit) |

クラス C  | 1 1 0 | ネットワーク番号 (21 bit) | ホスト番号 (8 bit) |

クラス D  | 1 1 1 0 | マルチキャストグループアドレス (28 bit) |

クラス E  | 1 1 1 1 | 予約済み (28 bit) |
```

図 8.2　クラスフル IPv4 アドレスフォーマット

となっている．IP アドレスは，**インターネットレジストリ**と呼ばれる組織によって，階層的な**割り振り (allocate)**・管理が行われている．すなわち，IANA は，五つの地域インターネットレジストリ (RIR) にアドレスブロックを割り振り，RIR はそのブロックを分割して，その地域の国別インターネットレジストリ (NIR) に割り振っている．さらに，NIR がブロックを分割してプロバイダに割り振る．そして，プロバイダが，最終的な使用者に**割り当てる (assign)** のである．我が国では，RIR が **APNIC** (Asia Pacific Network Information Center)，NIR は **JPNIC** (Japan NIC) となっている．

インターネットの急速な普及により，IPv4 アドレスの不足は深刻な状況になっている．2011 年 2 月 3 日に IANA の持つ新規在庫がなくなった．APNIC/JPNIC でも，2011 年 4 月 15 日に IPv4 アドレスの新規在庫は枯渇した．

さて，IPv4 アドレスは 32 ビットもあり，ビットのままでは扱いにくい．そこで，8 ビットずつに区切って，それぞれを 10 進数表示して，各数字の間にピリオドを入れるという表記法を用いる．例えば，10010110 00100011 00001000 00011011 は，150.35.8.27 となる．これを，**ドット付き 10 進数表記** (dotted decimal notation) と呼ぶ．

　IPアドレスでは，すべて1は"全部"，すべて0は"ここ"という特別な意味を持たせており，通常のアドレス割り当てには使用しない．例えば，ネットワーク番号が0で非零のホスト番号を持つアドレスは，このネットワーク上のホスト番号のホストを指す．また，あるネットワーク番号に対してホスト番号がすべて1となっている場合は，ネットワーク番号で指定されたネットワークのすべてのホストを示すことになる．したがって，このネットワークに対する**ブロードキャストアドレス** (broadcast address) になる．

　以上の前提でクラスA～Cのアドレスを見ると，例えば，クラスAでは，収容できるネットワーク数の最大値は $2^7 - 2 = 126$，ホスト数の最大値は $2^{24} - 2 = 16777214$ となる．クラスBでは，最大ネットワーク数16382，最大ホスト数65534となる．クラスCでは，それぞれ2097150, 254である．

8.1.3　プライベートIPアドレスとNAT

　インターネットレジストリから正式に割り当てられ，世界で一意のIPアドレスを，**グローバルIPアドレス** (global IP address) という．しかし，これだけでは不便であるので，インターネットレジストリからの許可なく，**イントラネット** (ホームネットワークやLAN) 内で自由に使えるIPアドレスのブロックも設けられている．これを，**プライベートIPアドレス** (private IP address) と呼び，表8.1に示す．クラスCは，ホームネットワークでよく用いられる．

表8.1　プライベートIPアドレス

アドレスクラス	プライベートIPアドレス		
クラスA	10.0.0.0	～	10.255.255.255
クラスB	172.16.0.0	～	172.31.255.255
クラスC	192.168.0.0	～	192.168.255.255

　プライベートIPアドレスは，各イントラネットで独立に選択されるので，当然，異なるイントラネットで同じアドレスが使用される可能性がある．そのため，プライベートIPアドレスを使用しているホストがイントラネット外 (インターネット) にアクセスするときには，イントラネットの出口のルータで，グローバルIPアドレスを得なければならない．また，インターネットからのデー

タグラムを受信する場合には，グローバル IP アドレスで受信し，イントラネットに入るときにプライベート IP アドレスに変換してもらう必要がある．この変換を，**NAT** (Network Address Translation)(RFC 3022) と呼ぶ．

NAT には，**静的 NAT** と**動的 NAT** とがある．前者は，一つのプライベートアドレスと一つのグローバルアドレスとを 1 対 1 で変換する．後者は，複数のグローバルアドレスを用意しておき，イントラネット外への接続要求があった場合に，一つを選んでプライベートアドレスを変換する．動的 NAT を用いれば，用意しなければならないグローバルアドレスの数は，使用するプライベートアドレス数よりも少なくできる．しかし，接続要求があってもグローバルアドレスを割り当てることができない場合も起こりうる．例えば，ホームネットワークが ISP から割り当てられるグローバル IP アドレスは 1 個の場合が多い．しかも常に同じアドレスとは限らない．一方，ホームネットワークでも，複数のパソコン，スマートフォン，タブレット端末を使用することが多い．

1 個のグローバル IP アドレスを複数個のプライベート IP アドレスで使用可能にする方法が，**NAPT** (Network Address Port Translation) である．これは，8.3.3 項で説明するトランスポート層**ポート番号**とプライベート IP アドレスとの組み合わせを，別のポート番号とグローバル IP アドレスとの組み合わせに変換するものである．NAPT については，8.3.4 項で再度取り上げる．

8.1.4　サブネットワーク

現在では，IP アドレスを割り当てられている組織は，その内部に複数個のローカル網 (LAN) を持つ場合が多い．後述のように，IP のルーティングは，ネットワーク番号を用いて行われる．そのため，個々の LAN ごとにネットワーク番号を割り当てると，ルーティング表が増大し，表の管理やルートの決定が複雑になる．また，ネットワーク番号は JPNIC などに申請して割り当ててもらう必要があるので，それを増やすことは厄介である．さらに，セキュリティの観点からも，組織内のネットワーク構造を外部にさらすことは好ましくない．

そこで，この問題の解決策として，**サブネットワーク** (subnetwork) という考え方が導入された．これは，従来のホスト番号のフィールドを，新たに，サブネットワーク番号とホスト番号に分割して使用し，アドレスフォーマットの解釈を次のように変更するものである．

IP アドレス = { ネットワーク番号, サブネットワーク番号, ホスト番号 }

このようにすれば, 各組織はネットワーク番号の取得は NIR やプロバイダに申請しなければならないが, 組織内の LAN は自分で個別に管理することができる.

IP アドレスからサブネットワークアドレスを求める場合には, 図 8.3 に示すように, **サブネットマスク** (subnet mask) を用いる. これは, ネットワーク番号とサブネットワーク番号に対応するビットはすべて 1, ホスト番号に対するビットはすべて 0 としたものである. 当該 IP アドレスと論理積を取ることによって, ネットワーク番号とサブネットワーク番号を抽出することができる.

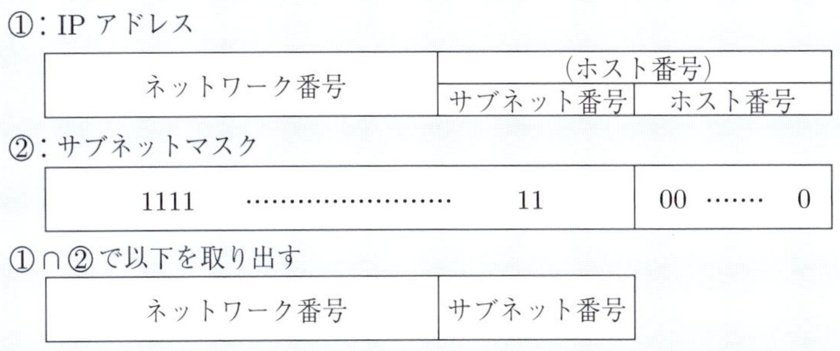

①: IP アドレス

ネットワーク番号	(ホスト番号)	
	サブネット番号	ホスト番号

②: サブネットマスク

1111 ……………… 11	00 …… 0

① ∩ ② で以下を取り出す

ネットワーク番号	サブネット番号

図 8.3 サブネットマスク

例題 8.1

N 工大には, クラス B のネットワークアドレス (133.68.0.0) が割り当てられている. N 工大には 500 の研究室があり, 各研究室には少なくとも 100 台以上の IP 端末 (ホスト) が必要であるとする. N 工大に割り当てられたネットワークアドレスを分割し, 各研究室に一つずつサブネットワークアドレスを割り当てるとき, サブネットマスク値はいくつにすべきかを示せ.

【解答】 2 のべき乗個のアドレスごとに, ネットワークはサブネットワークに分割される. 2 のべき乗のうち, 100 台以上のホストを収容できる最小の値は 128 ($= 2^7$) であるので, ホスト番号部を 7 [bit] 以上とすればよい. また, 500 のネットワークに分割するためには, サブネットワーク番号部が 9 ビット以上でなくてはならない ($2^9 = 512$). クラス B のアドレスのホスト番号部は 16 ビットである. サブネットワーク番号部を 9 ビット (最大 510 ネットワーク) とすれ

ば，拡張後のホスト番号部は $16-9=7$ ビット (最大 126 ホスト) となり，双方の条件を満たす．

以上より，サブネットマスク値は，

11111111 11111111 11111111 10000000

すなわち，255.255.255.128 となる．■

8.1.5 データグラム分割と再構成

インターネットでは，IP データグラムはデータリンク層フレームのペイロードとして運ばれる．送信元から宛先までのルートでは，異なるデータリンク層プロトコルが使われていることが多い．プロトコルの種類によって転送可能なデータグラムの最大値は異なる．この最大値を **MTU** (Maximum Transmission Unit) と呼ぶ．例えば，イーサネットでは，IP データグラムは MAC フレームのデータ部となるので，MTU は 1500 オクテットとなる (5.5.3 項参照)．

このように，送信ホストと宛先ホストとの間に最大データグラム長が異なるネットワークが存在するとき，IP データグラムは分割されることがある．その際，IP ヘッダはコピーされた後，必要な修正が施されて，分割されたデータグラム (**フラグメント**) に付与される．ペイロードは，8 オクテットの整数倍になるように分割される．ただし，最後のフラグメントは例外である．

8.1.1 項ですでに述べたように，分割されたデータグラム (フラグメント) をまとめてもとのデータグラムを再構成するために，次のヘッダ情報が参照される．

- フラグメント識別子 (ID)：もとのデータグラムを識別する．
- TL (Total Length)：そのデータグラムの長さを示す (オクテット単位)．
- MF (More Fragment) フラグ：この値が 1 のとき後続フラグメントがあり，0 のとき最後のものであることを示す．
- FO (Fragment Offset)：このフラグメントの先頭を，もとのデータグラムの先頭からの相対位置 (**8 オクテット単位**) で示す．

図 8.4 に，120 オクテットの IP データグラムが，最大データグラム長 84 オクテットのネットワークを通過する場合の例を示す．

この例では，IP ヘッダ (IPH) でオプション部はなく，20 オクテットとしている．第 2 フラグメントにおいては，FO=8 となっている．これは，第 1 フラグメントのペイロード長が 64 オクテットであるので，これを 8 オクテット単位

8.1 IPv4

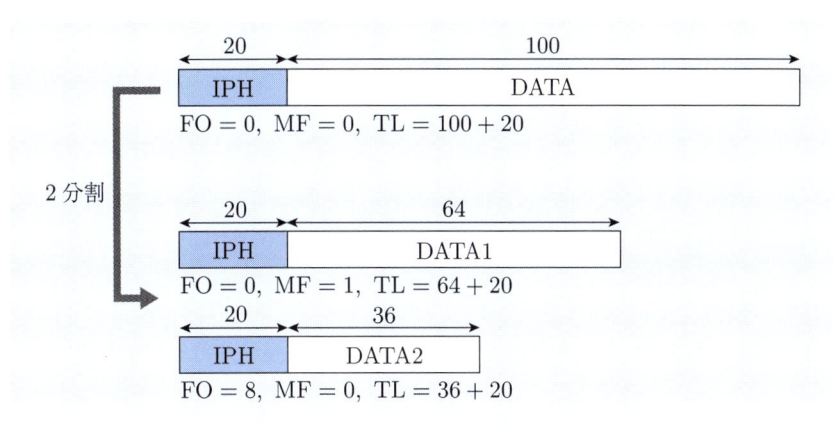

```
        20              100
      ┌────┬──────────────────────────┐
      │IPH │          DATA            │
      └────┴──────────────────────────┘
      FO = 0, MF = 0, TL = 100 + 20
2分割
        20           64
      ┌────┬──────────────────┐
      │IPH │     DATA1        │
      └────┴──────────────────┘
      FO = 0, MF = 1, TL = 64 + 20
        20       36
      ┌────┬──────────┐
      │IPH │  DATA2   │
      └────┴──────────┘
      FO = 8, MF = 0, TL = 36 + 20
```

図 8.4 IP データグラムの分割と再構成の例

で表して $64/8 = 8$ としている.また,最後のフラグメントであるので,MF=0 となっている.

例題 8.2

イーサネット LAN (最大 IP データグラム長が 1500 オクテット) 上のホストが生成した IP データグラム (データグラム長が 1500 オクテット) が,様々なネットワークを経由して,宛先アドレスを持つホストまで届けられるものとする.途中,この IP データグラムが,最大 IP データグラム長が 500 オクテットであるネットワークを経由する場合,このネットワーク上でどのように分割されるかを示せ.分割された IP データグラムごとに,TL (Total Length),ID (Identification),MF (More Fragment),FO (Fragment Offset) の値を下記の例に従って記述すること.ただし,ID の値は自由に割り当ててよい.また,IP ヘッダのオプション部は用いないものとする.

[記述例] 第 n 番目の IP データグラム
   (TL=100, ID=50, MF=1, FO=10)

【解答】 最大 IP データグラム長が 500 オクテットの場合,IP ヘッダ 20 オクテットを除くと,ペイロードは 480 オクテットとなる.したがって,もとの 1500

オクテットの IP データグラムのペイロード 1480 オクテットは, 480 オクテットが 3 個と 40 オクテットが 1 個に分割される. FO は 8 オクテット単位で表現することに注意すると, 答は次のようになる.

　　1 番目の IP データグラム (TL=500, ID=1, MF=1, FO=0)
　　2 番目の IP データグラム (TL=500, ID=1, MF=1, FO=60)
　　3 番目の IP データグラム (TL=500, ID=1, MF=1, FO=120)
　　4 番目の IP データグラム (TL=60, ID=1, MF=0, FO=180)　■

— 例題 8.3 —
例題 8.2 のネットワーク (最大 IP データグラム長が 500 オクテット) において, IP ヘッダによるオーバヘッド (IP ヘッダ長の和) と, 実際に送られるデータ量 (すべての IP データグラム長の総和から IP ヘッダ長の和を引いたもの) とを記せ.

【解答】　データグラム長の総和は, $500 + 500 + 500 + 60 = 1560$ オクテットとなる. 一方, IP ヘッダ長の総和は, $20 \times 4 = 80$ オクテットである.

したがって, 実際に送られるデータ量は, $1500 - 20 = 1560 - 80 = 1480$ オクテットとなる.　■

8.1.6　IP ルーティングの原理

インターネットでは, **AS** と**エリア**でそれぞれ階層的ルーティングが行われることを, すでに 7.3.8 項で述べている. したがって, ここでは, IP アドレスの階層構造がルーティングでどのように利用されるかを, 例を用いて説明する.

一般に IP ルーティングでは, 宛先ホストが属するネットワークにデータグラムが到達するまでは, **各ルータではネットワーク番号のみを読んで, ホスト番号 (サブネット番号＋ホスト番号) は参照しない**.

図 8.5 に示すインターネットにおいて, ホスト A からホスト B (IP アドレス 120.0.30.51) にデータグラムを送る場合を考えよう. 楕円はネットワークを表し, その中の数字は IP アドレス内のネットワーク番号である. $Ri (1 \leq i \leq 5)$ と書いてある四角は, ルータである. ここでは, IP ルーティングの動作原理のみを説明するので, ルータが実行するルーティングプロトコルは IGP, EGP のいずれであるかは問わない. 各ルータは, 入出力インタフェースごとに別々の IP アドレスが付与されている.

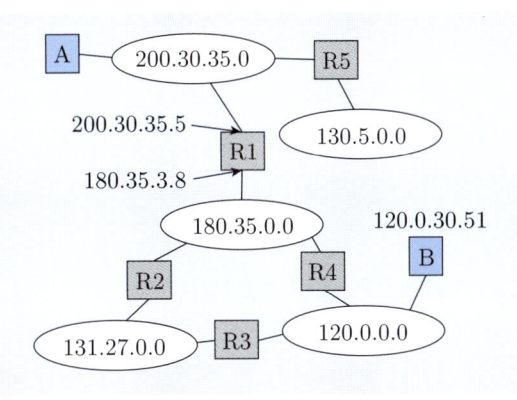

図 8.5　IP ルーティングの例

表 8.2 は，ルータ R1 のルーティング表を示している．この表には，宛先ネットワークごとに，次に送るべきルータ名，選択する出力回線のインタフェース番号 (IP アドレス)，およびホップ数が記載されている．ここでのホップ数は，宛先ネットワークに到達するまでに通過するネットワークの数を意味する (宛先ネットワーク自身も一つに数える)．ホップ数は，コスト (メトリック) の一例として，説明の簡単のために使用した．このルーティング表は，7.3 節で説明したようなルーティングアルゴリズムを用いて作成される．

表 8.2　ルータ R1 のルーティング表

宛先ネットワーク	次のルータ	インタフェース番号	ホップ数
200.30.35.0	——	200.30.35.5	1
180.35.0.0	——	180.35.3.8	1
131.27.0.0	R2	180.35.3.8	2
120.0.0.0	R4	180.35.3.8	2
130.5.0.0	R5	200.30.35.5	2

ホスト A からホスト B への IP データグラムの送信は，以下の手順で行われる．
(1)　R1 がホスト A からホスト B 宛のデータグラムを受信する．
(2)　R1 はネットワーク番号 (120.0.0.0) を見て，ルーティング表の宛先ネットワーク番号の欄を参照する．

(3) ネットワーク (120.0.0.0) に配送するには，次に R4 に送ればよいことが判明する．
(4) R4 はデータグラムを受信すると，その宛先アドレスのネットワーク番号を見る．そして，そのデータグラムが自分の管轄しているローカル網内のホスト宛であると判断する．
(5) R4 はデータグラムをホスト B に送信する．

8.1.7 クラスレス IPv4 アドレスと CIDR

8.1.2 項で述べたように，IPv4 のアドレス不足がインターネットの発展・運用の大きな懸念となっている．これは，根本的にはアドレス長が 32 ビットであることに起因している．次節で説明する IPv6 アドレス (128 ビット) を用いれば，この懸念はなくなる．しかし，現在使用している IPv4 アドレスを一斉にIPv6 アドレスに切り替えるということは現実的ではない．そこで，IPv4 アドレスの有効活用の方法が必要になる．

この種の方法には，8.1.3 項で既に説明した NAT の他に，**DHCP** (8.1.11 項参照)，**NAPT** (8.3.4 項参照)，そして，以下に説明する**クラスレス IPv4 アドレス** (classless IPv4 address) がある．

IPv4 アドレス不足の原因の一つは，クラスに分けられていることである．クラス C ではホスト数が少なすぎる．しかし，クラス A や B(特に A) を割り当てられた組織 (ネットワーク) は，ホスト番号を使い切れずに余している状況が多々ある．これを解消するのは簡単である．クラスをなくし，ネットワーク番号に任意のビット数 (8 ビットの整数倍でなくともよい) を設定できるようにすればよい．ただし，割り当てるアドレスブロックは，一定数の連続したアドレスになるようにする．これがクラスレス IPv4 アドレスである．概念的には単純であるが，クラスレスのために次の二つの課題が新たに生じる．

(a) ネットワーク番号をいかに識別するか．
(b) ルーティング表のエントリ数の増大にいかに対処するか．

ここで，8.1.6 項で説明したように，IP ルーティングでは，宛先ホストが属するネットワークにデータグラムが到達するまでは，各ルータではネットワーク番号のみを参照することに注意しておこう．クラスフルアドレスの場合には，図 8.2 から分かるように，ルータは，多くても最初の 4 ビット (0 が最初に現れ

るビット位置) を見ればクラスが判別できる (情報理論的に言えば，クラス識別部分が瞬時復号可能符号になっている)．これにより，ネットワーク番号のビット数は自動的に決まる．ルーティングには，ルーティング表においてそのクラスに対応するエントリのみを見ればよい．すべてのエントリを調べる必要はない．

一方，クラスレスの場合には，ネットワーク番号部分は，明示的に指定しなければ分からない．そのためには，クラスフルアドレスにおけるサブネットマスクと同様に，ネットワーク番号部分に対応するビットを 1，ホスト番号部分に対応するビットを 0 に設定した 32 ビット列の**ネットワークマスク** (network mask) を指定すればよい．または，IPv4 アドレスの "ドット付き 10 進数表記" と "ネットワーク番号ビット数" を組み合わせ，これら二つをスラッシュ(/)で区切る書き方がある．これを**プレフィックス** (prefix) 表記と呼ぶ．ネットワーク番号ビット数を**プレフィックス長** (prefix length) ということもある．

クラスレスアドレス表記の例を挙げよう．クラスフルアドレスのクラス B のネットワーク "133.68.0.0" は，クラスレスアドレスとみなせば，ネットワークマスク "255.255.0.0" を持ち，プレフィックス表記は "133.68.0.0/16" となる．クラスレス IPv4 アドレスの別の例を，図 8.6 に示しておく．

クラスレスアドレスを採用すると，ルーティングの方法も変更しなければならない．このルーティング法を，**CIDR** (**Classless Inter-Domain Routing**)

プレフィックス表記	開始アドレス	終了アドレス	含まれるアドレス数
69.208.0.0/0	0.0.0.0	255.255.255.255	4,294,967,296
69.208.0.0/1	0.0.0.0	127.255.255.255	2,147,483,648
69.208.0.0/8	69.0.0.0	69.255.255.255	16,777,216
69.208.0.0/11	69.192.0.0	69.223.255.255	2,097,152

クラス A に対応

```
        69        208
      ┌─────┐┌─────┐
      01000101.11010000.00000000.00000000
      ←11ビット→
```

開始アドレス 01000101.11000000.00000000.00000000
　　　　　　　69　　　192　　　0　　　0

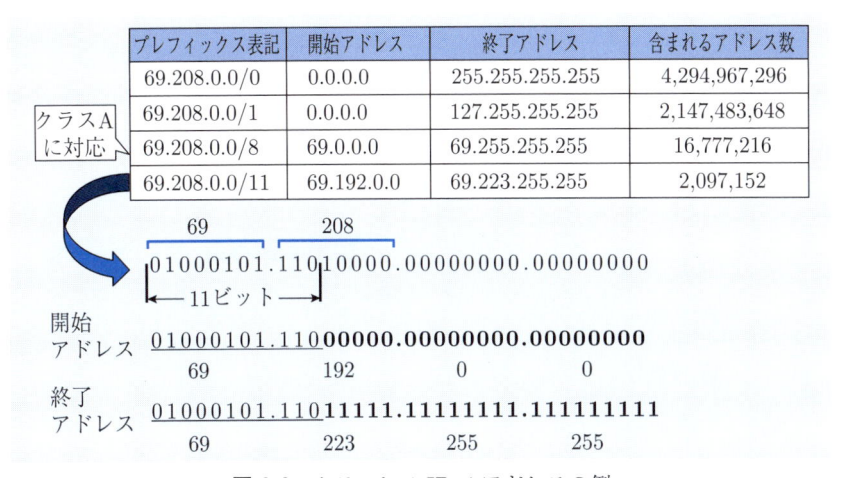

終了アドレス 01000101.11011111.11111111.11111111
　　　　　　　69　　　223　　　255　　　255

図 8.6　クラスレス IPv4 アドレスの例

と呼ぶ (RFC 4632). クラスフルアドレスの場合は, サブネットマスクはルーティング情報に含まれておらず, ルーティング表にも記載されていない. したがって, クラスレスの場合には, ネットワークマスクをルーティング情報として含めるとともに, ルーティング表に記載しなければならない. そして, ルータは, 受け取ったデータグラムの IP アドレスのネットワーク部分を抽出して, ルーティング表のすべてのエントリと, 一つずつ比較する. 一致するエントリが複数個ある場合には, マスク長が最も長いものを選ぶ. この方法では, クラスフルの場合と比べて, ルーティング表探索時間が大幅に増加する. すなわち, クラスレス化に伴う二つの課題の内の第2課題 (b) である. この問題は, AS 間ルーティングにおいて, そのネットワーク規模のゆえに顕著になる.

AS 間ルーティングにおける課題 (b) は, エントリ数を削減することによって軽減できる. そのための方法が, **アドレス集約** (address aggregation) である. この手法は, 基本的には, AS の境界ルータ (boundary router) で使用される.

図8.7に, CIDR におけるアドレス集約の例を示す. この例では, プレフィックス表示 133.68.16.0/23, 133.68.18.0/23, 133.68.20.0/23, 133.68.30.0/23 の四つのネットワークが AS#n を構成し, 一つの境界ルータを介して AS#$n+1$ に接続されている. これをそのまま, AS#$n+1$ 側のルーティング表に反映すれば, 四つのエントリとなる. しかし, これらは一つのエントリに集約できる.

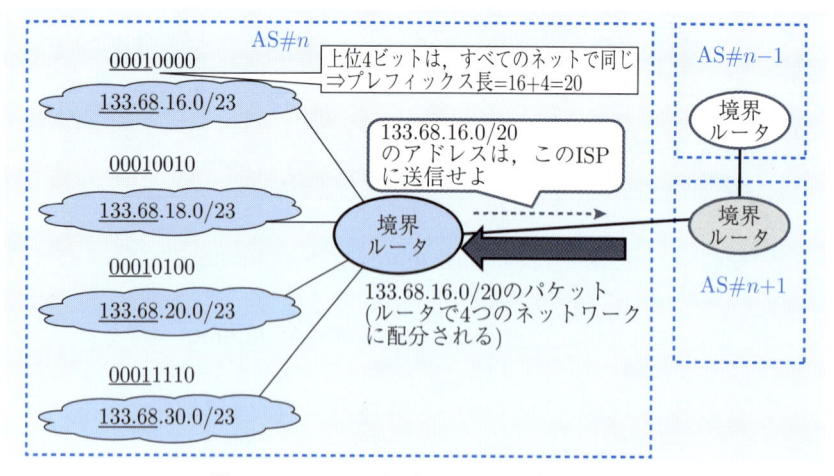

図 8.7 CIDR におけるアドレス集約の例

すなわち，四つのプレフィックスでは，第3番目の10進数を2進数表記すると，それぞれ，00010000, 00010010, 00010100, 00011110 となる．上位の4ビットは四つのネットワークで同じ "0001" であるので，プレフィックス長を新たに $16+4=20$ と定義しなおすことができる．そして，BGP-4 により，AS#n が AS#$n+1$ へ送る (広告する) 経路情報メッセージで，"133.68.16.0/20" の宛先アドレスは AS#n に送るように指示できる．これにより，AS#$n+1$ のルーティング表のエントリ4個分を1個に集約できる．133.68.16.0/20 のパケットを受信した AS#n の境界ルータのルーティング表は4個のネットワーク別にエントリを持っているので，適切なネットワークに分配できる．

8.1.8 IP ルーティング総括

ルーティングは，第2章で設定した "基本的問題 (3)" の重要事項であるので，ここで，これまでの議論をまとめて若干の補足説明もしておく．

簡単のため，送信元ホストがホームネットワーク内にあると想定する．この場合のインターネットアクセスは，普通，**デフォルトルーティング** (default routing)(7.3.6項) で行われる．このためには，宛先ネットワークをプレフィックス表記 **0.0.0.0/0** に設定すればよい．まず，送信元ホストは，ホームゲートウェイをデフォルトゲートウェイとし，そこから ISP のデフォルトゲートウェイに接続される．この場合は，通常，PPPoE などが用いられ，ホームゲートウェイにグローバル IP アドレスが割り当てられる．

ISP は一つの AS またはその一部となるので，そこでは OSPF で AS 内ルーティングが行われる．一つの AS は，バックボーンの**エリア 0** とそれにつながるエリア 1, 2 などに分割されていて階層的ルーティングになることもある (p.152 図 7.19 参照)．各エリアでのリンク状態データベースは同じである必要はない．エリア境界でアドレス集約が行われることもある．IP データグラムを他の AS に転送する場合には，AS 間ルーティングの BGP-4 が用いられ，ポリシーベースルーティングが行われる．

OSPF と BGP-4 は，ともに，ネットワークマスク値 (プレフィックス長) もルーティング情報として扱えるようになっている．OSPF ルート情報は IP データグラムのペイロードとして送られ，プロトコル番号は 89 である．一方，BGP-4 ルート情報は TCP のペイロードとなり，ポート番号は 179 となっている．

CIDR 使用の OSPF ルーティング表では，一つの宛先ネットワークについて，**宛先 IP アドレス，ネットワークマスク，次に送るルータ (ゲートウェイ) の IP アドレス，出力回線インタフェースの IP アドレス，コスト (メトリック)** の 5 種類の情報が一つのエントリとなっている．

8.1.9 ICMP

IP はコネクションレス型プロトコルであるため，データグラム転送で異常が生じてもそれを検出できず，またネットワークの状態情報を得ることもできない．IP のこのような機能不足を補うために，**ICMP** (Internet Control Message Protocol) が定義されている．IP を実装した場合には，ICMP も必ず実装することとなっている．IPv6 用 (RFC 4443) もあるが，以下の説明は IPv4 用 (RFC 792) についてである．

ルータや宛先ホストは，ICMP を用いてデータグラムの異常などを送信元ホストに知らせるメッセージを発生する．一つの ICMP メッセージは，一つの IP データグラムのペイロードとして送信される (プロトコル番号は 1)．

いくつかの ICMP メッセージが定義されているが，その主なものを次に示す．

- **destination unreachable**：指定されたネットワーク，ホスト，プロトコルなどにデータグラムを届けることができないときや，DF フラグが 1 にセットされたデータグラムが，分割されなければ通過できないネットワークに出会ったときに使用される．
- **source quench**：中継網が輻輳したとき，送信元ホストの送信速度を下げる指示をする．
- **redirect**：ルータが送信元ホストにデータグラムのルート変更を指示．
- **echo および echo reply**：echo メッセージは宛先ホストが到達可能であるかどうかを調べるために使用され，echo reply メッセージはその応答である．`ping` コマンドは，これらのメッセージを利用している．
- **time exceeded**：TTL 値が 0 のデータグラム廃棄や，分割されたデータグラムが受信ホストで一定時間内に再構成できなかったことを通知する．宛先ホストまでのルートを探索する UNIX の `traceroute` コマンドや Windows の `tracert` コマンドは，この ICMP メッセージを利用している．

8.1.10 ARPとRARP

これは，第2章で設定した基本的問題(3)の**アドレス解決** (address resolution) のためのプロトコルである．その必要性は，2.1.9項で説明済みである．ネットワーク層においては，宛先IPアドレスがわかれば，IPデータグラムを送信することができる．送信ホストでは，IPデータグラムはデータリンク層に渡され，そこでデータリンク層の宛先アドレスが付与されてフレームが作られる．ここで問題となるのは，送信ホストは，普通，宛先IPアドレスに対応した宛先データリンク層アドレスを知らないことである．宛先ホストはイーサネットに収容されていることが多いので，そのイーサネットアドレス(MACアドレス)とIPアドレスとの対応関係を求めることが必要になる．これを行うのが**ARP** (Address Resolution Protocol) である．

5.5.3項で述べたように，IEEEは，MACアドレスを，重複しないように製造業者に割り当てている．製造業者は，計算機のLANインタフェースボードやLANカード製作時にROMにそれを書き込んでいる．一方，IPアドレスは，前述のように，IANAが組織的に管理しているので，MACアドレスとは何の関係もない．したがって，これら2種類のアドレスの対応関係は，自明ではない．

ARPによるMACアドレスの取得は，図8.8に示すように行われる．ホストAがホストDのMACアドレスを知りたいとしよう．このとき，ホストAは，自分のIPアドレスとMACアドレス，そしてホストDのIPアドレスを情報として持つブロードキャストメッセージ(すべて"1"の宛先MACアドレス)をネットワーク内の全ホストに向けて送信する．このメッセージを受信したホストDは，自分のIPアドレスであることがわかるので，自分のIPアドレスとMACアドレスを情報として持つメッセージを，ホストAに返送する．

通信要求が発生するたびにこのようなブロードキャストメッセージを送信するのは，トラヒックを増加させることになる．これを避けるために，各ホスト

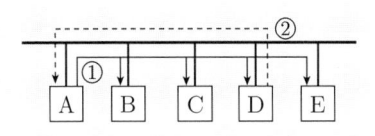

図8.8 ARPによるイーサネットアドレス(MACアドレス)の取得

は，最近 ARP によって求めた対応関係はキャッシュに保存しておく．そして，通信要求が生じたとき，まずキャッシュを探し，そこに対応関係がない場合は ARP メッセージを送信する．

また，ARP とは逆に，MAC アドレスから IP アドレスを求めるプロトコル **RARP** (Reverse Address Resolution Protocol) もある．これは，自分自身の IP アドレスを問い合わせるときなどに用いられる．

8.1.11 DHCP

上述の RARP を用いれば，サーバによる IP アドレスの動的割り当てが可能であるようにみえる．しかし，イーサネット (第 2 層) でのブロードキャストメッセージは，ルータ (第 3 層) を越えては配送されない．そのため，イーサネット毎にサーバを設置しなければ，この方法は使えない．

DHCP (Dynamic Host Configuration Protocol) は，第 3 層でのブロードキャストにより，IP アドレスの動的割り当てを可能にする (RFC 2131)．これは，**クライアント-サーバプロトコル** (client–server protocol) である．DHCP サーバが，IP アドレスを持たないホスト (クライアント) に，通常，IP アドレスの一定期間の**貸し出し** (動的割り当て) と，サーバが所属するネットワークに加わるための情報を与える．クライアントは，必要ならば貸し出し期間の延長を要請することができる．この方法は，例えば，家庭にあるパソコンの電源を入れて ISP に接続するときなどに (ISP には) 大変有用である．なお，DHCP は，IP アドレスの永久割り当て (自動割り当て) を行うこともできる．

DHCP における動的割り当ては，次の 4 種類のメッセージの送受で実施される．(1) DHCPDISCOVER (クライアントが IP ブロードキャスト)，(2) DHCPOFFER (DHCP サーバが，貸与予定の IP アドレス，ネットワークマスク，貸与時間の情報を IP ブロードキャストする．複数の DHCP サーバが応答する可能性がある)，(3) DHCPREQUEST (クライアントは，DHCPOFFER 応答をしたサーバから一つを選択し，貸与要請をする)，(4) DHCPACK (DHCPREQUEST を受けたサーバがクライアントに承認応答をする)．

IP アドレスの使用を終了したクライアントは，サーバに DHCPRELEASE メッセージを送って，その旨を通知する．

なお，IPv6 用の DHCP も，RFC 3315(2003 年) で定められている．

8.2 IPv6

IPv6導入の狙いは，まずアドレス数の増大であるが，パケット処理の高速化，マルチメディア通信への系統的対応，高セキュリティの提供などもある．

図8.9に，IPv6のデータグラムフォーマット(RFC 2460：1998年)を示す．拡張ヘッダフォーマットは，更新版RFC 6564(2012年)によっている．

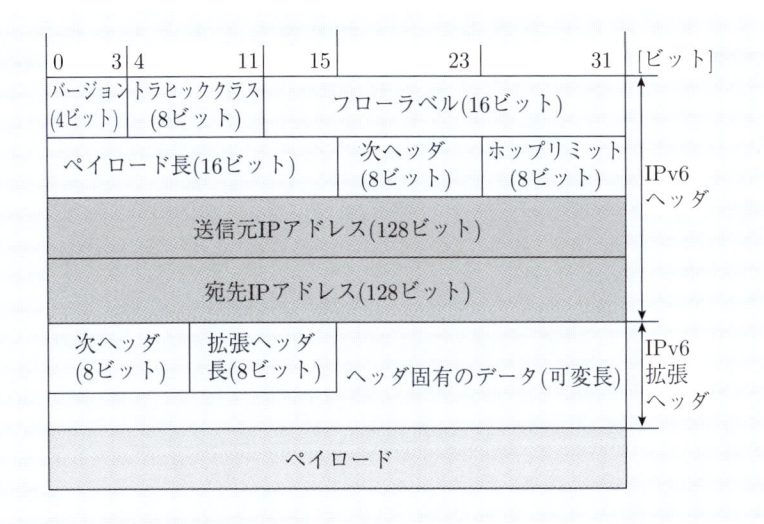

```
 0   3 4     11    15        23          31  [ビット]
┌──────┬───────────┬──────────────────────────┐  ┐
│バージョン│トラヒッククラス│   フローラベル(16ビット)      │  │
│(4ビット) │ (8ビット)  │                          │  │
├──────┴───────────┼──────────┬───────────┤  │
│  ペイロード長(16ビット)    │ 次ヘッダ  │ホップリミット │  │
│                      │ (8ビット) │ (8ビット)  │  │ IPv6
├──────────────────────┴──────────┴───────────┤  │ ヘッダ
│          送信元IPアドレス(128ビット)                │  │
├──────────────────────────────────────────────┤  │
│          宛先IPアドレス(128ビット)                  │  │
├──────┬───────────┬──────────────────────────┤  ┘
│次ヘッダ │拡張ヘッダ    │                          │  ┐ IPv6
│(8ビット)│長(8ビット)   │  ヘッダ固有のデータ(可変長)    │  │ 拡張
├──────┴───────────┴──────────────────────────┤  ┘ ヘッダ
│                    ペイロード                      │
└──────────────────────────────────────────────┘
```

図8.9 IPv6のデータグラムフォーマット

IPv6には，IPv4との互換性はない．しかし，双方ともIPヘッダの最初の4ビットがバージョン番号(それぞれ，6，4)であるので，それを見れば，以降の処理をどちらのバージョンで行えばよいかがわかる．

図8.9を図8.1と比較すると，IPv6の特徴が浮かび上がってくる．まず，IPv6では，送信元及び宛先IPアドレス長が各々128ビット(16オクテット)となり，IPv4(32ビット)の4倍に増加している．IPv6のアドレス数は，$2^{128} \cong 3 \times 10^{38}$であるので，実質的に枯渇の心配はなかろう．

パケット処理の高速化のためには，IPv4のようなヘッダオプションをなくして，ヘッダ長を40オクテットに固定している．この基本ヘッダ以外の機能が必要な場合は，第7オクテット**次ヘッダ**フィールドに拡張ヘッダの種類を指定する(拡張ヘッダがない場合はIPv4のプロトコルフィールドと同じ扱い：例えば

TCP の 6 を記入). さらに拡張ヘッダの "次ヘッダ" フィールドに別の拡張ヘッダタイプを記入することによって入れ子構造にできる. また, IPv4 のフラグメント機能とヘッダチェックサムを削除している. フラグメントと再構成は, 長い処理時間を要するので, IPv6 では, ルータは通過させることができない長いデータグラムに対しては, 送信元ホストにエラーメッセージを返し, 短くするよう指示する. ヘッダチェックサムは, 通信回線の高品質化のため不要とした.

トラヒッククラスは, IPv4 の TOS フィールドに対応している. ここで指定する優先度と, 次の**フローラベル**(送信者が特別な扱いを要請した特定のトラヒックフロー(例えば, 音声・ビデオ) に属するパケットのラベル付け) とを連係して使用することが予想される. **ペイロード長**は, 拡張ヘッダ＋ペイロードのオクテット数を表す. **ホップリミット**は, IPv4 の TTL と同じである.

IPv6 アドレスの表記法には, 2 進数表現と 16 進数表現とがある. 前者は, 128 ビットを 16 ビット毎に ":" で区切る. 後者は, 2 進数表現の各 16 ビットグループを, 4 個の 4 ビットに分けて 16 進数表現する.

さらに, 16 進数表現の省略表記法もある. これは, 連続した "0000" は, 一つの「::」で置き換え, 各 16 進数の先頭の "0" を省略するものである (例えば, "0AFF" は "AFF" と書く). 図 8.10 に, IPv6 アドレスの表記例を示す.

```
2進数による表現
1111111011011100:1011101010011000:0111011001010100:0011001000010000
1111111011011100:1011101010011000:0111011001010100:0011001000010000

16進数による表現
FEDC:BA98:7654:3210:FEDC:BA98:7654:3210
```

(a) 2進数表現と16進数表現の例

元の16進数表現　8000:0000:0000:0000:0123:4567:89AB:CDEF
省略表記　8000::123:4567:89AB:CDEF

【省略規則】1. 連続した "0000" は, 一つの「::」で置き換える.
　　　　　 2. 各16進数の先頭の "0" を省略(例　0AFF→AFF)

【参考】IPv6流のIPv4アドレスの表記例(32ビットアドレスの前に96ビットの"0"があるとみなす)
　　　::133.68.103.10

(b) 省略表記法の使用例

図 8.10　IPv6 アドレスの表記例

8.3 TCP

TCP (Transmission Control Protocol) は，トランスポート層プロトコルである (RFC 793)．したがって，IP での通信主体 (エンティティ) がホストであったのに対して，TCP ではホスト内のプロセスがエンティティとなる．これを識別するためのアドレスは，**ポート番号**と呼ばれる．TCP での転送単位は，**TCP セグメント** (TCP segment) または単に**セグメント**と呼ばれる．

8.3.1 TCP の特徴

最初に，TCP の特徴を要約しておく．

まず，TCP は，全二重のコネクション型プロトコルであり，ウィンドウフロー制御とピギィバック ACK が用いられる．基本的には GBN(go–back–N)ARQ によるタイムアウト再送が行われるが，選択的再送 (selective repeat)ARQ を利用できる TCP バージョンもある (RFC 2018, RFC 2883)．

次に，TCP では，転送されるデータは，オクテットに分割されたビットストリームとみなされる (ストリーム指向)．すなわち，HDLC のように複数オクテットをまとめたブロック単位 (フレーム単位) でシーケンス番号が付与されるのではなく，オクテット単位で付与されるのである．したがって，TCP で送信されるデータは，特別の構造を持たない単なるオクテット列である．このオクテット列がどのような意味を持つかの解釈は，上位プロトコルの役割である．

TCP の別の特徴として，バッファつき転送が挙げられる．これは，ストリーム指向に関係している．すなわち，送信に際しては，十分な量のオクテット列が集まるまで待つのである．このことによって，転送効率を高め，ネットワークのトラヒックを抑える．しかし，この方法だけでは，送信までに時間がかかり遅延が増加するという問題が生じる．そこで，少量のデータでも即時に送ることができる機構 (プッシュ機構) を提供している．

各 TCP セグメントは，一つの IP データグラムのペイロードに収容できる大きさでなければならない．また，一つの TCP セグメントは，通過するネットワークの **MTU** に収まらなければならない．宛先までのパス上で最短の MTU を調べる方法として，DF=1 の IP データグラムと ICMP メッセージを利用する**パス MTU 発見** (Path MTU Discovery) 法がある (RFC 1191, RFC 1981)．

8.3.2 セグメントフォーマット

TCP セグメントは，最小 20 オクテットのヘッダ部 (オプション部は可変) とペイロード部からなる．

図 8.11 に TCP ヘッダフォーマットを示す．図の上部に書いてある数字は，ビット番号であり，1 行は 32 ビット (4 オクテット) からなる．各フィールドの意味は，以下のとおりである．

(1) 送信元ポート番号 (Source Port)：16 ビット

送信元ホストにおけるポート番号である．

(2) 宛先ポート番号 (Destination Port)：16 ビット

宛先ホストにおけるポート番号である．

(3) シーケンス番号 (Sequence Number)：32 ビット

そのセグメントにおけるペイロードの最初のオクテットのシーケンス番号を表す．ただし，これは後述の SYN フラグの値が 0 のときであり，1 の場合は初期シーケンス番号を意味する．

(4) 送達確認番号 (Acknowledgment Number)：32 ビット

後述の ACK フラグの値が 1 のとき，次に受信を期待するオクテットのシーケンス番号を示す．コネクション確立後は，送達確認番号は常に送信される．

(5) データオフセット (Data Offset)：4 ビット

0	4	10	16	31
送信元ポート番号			宛先ポート番号	
シーケンス番号（オクテット単位）				
送達確認番号（オクテット単位）				
データオフセット	予約済み	フラグ URG ACK PSH RST SYN FIN	ウィンドウ（オクテット単位）	
チェックサム			緊急ポインタ	
オプション				パディング

図 8.11 TCP ヘッダフォーマット

TCP ヘッダ長を 4 オクテット単位で指定する.

(6) 予約済み (Reserved)：6 ビット

未定義で現在は使用されていない. 値を 0 にしておく.

(7) フラグ (Flag)：6 ビット

URG, ACK, PSH, RST, SYN, FIN の 6 個のフラグがある. まず, URG は, 後述の緊急ポインタを使用するときに, その値を 1 にする. ACK は, すでに述べたように, これが 1 にセットされているとき, 送達確認番号が意味を持つ. PSH は, TCP の特徴の箇所で述べたプッシュ機構を用いる場合に 1 にセットする. RST は, コネクションのリセット用である. SYN は, 値が 1 のとき, そのセグメントはコネクション確立用となり, 初期シーケンス番号を交換するのに使用される. FIN はコネクション切断用である.

(8) ウィンドウ (Window)：16 ビット

TCP のウィンドウフロー制御でのウィンドウサイズは可変であるので, それを相手側に通知する必要がある. この値は, **広告ウィンドウサイズ** (advertized window size) とも呼ばれ, オクテット単位で表される. 送達確認番号で指定されているオクテットからの受信可能なオクテット数を意味する.

(9) チェックサム (Checksum)：16 ビット

TCP セグメントの誤り検出に用いられる. その作成に際しては, TCP ヘッダとペイロードに加えて, 図 8.12 に示す **TCP 擬似ヘッダ** (IPv4 用) が TCP セグメントの前に存在すると仮定する (実際にこのヘッダをつけるわけではない). チェックサムの計算では, 上記のビット列を 16 ビット単位で, それぞれの 1 の補数を加算し, その結果の 1 の補数を取る (IPv6 用は, RFC 2460 で規定).

このような擬似ヘッダが用いられるのは, IP が信頼性の低い転送を行うので, 本当に自分宛のセグメントであることを受信側 TCP が確認できるようにするためである. 擬似ヘッダ内には送信元および宛先の IP アドレスが含まれてい

送信元 IP アドレス	宛先 IP アドレス	00000000	プロトコル番号 (6)	TCP セグメント長
オクテット数 4	4	1	1	2

図 8.12 TCP 擬似ヘッダのフォーマット (IPv4 用)

るため，このことが可能になる．しかし，これは階層化原理には従っていない．

(10) 緊急ポインタ (Urgent Pointer)：16 ビット

送信側が受信側に緊急に処理してもらいたいデータを送るとき，URG フラグを 1 にセットし，緊急ポインタでセグメント内でのそのデータの終了位置 (現在のシーケンス番号からのオクテット数) を示す．

(11) オプション (Option)：可変長 (ビット 0 のパディングを付けて 32 ビットの整数倍とする)

重要なオプションとして，**最大セグメントサイズ**(Maximum Segment Size：**MSS**) と**ウィンドウスケールオプション** (RFC 1323) を挙げておく．MSS は，ホストが受け入れ可能な最大ペイロード長である．コネクション確立時に，二つのホストがこの値を互いに通知する．デフォルト値は 536 オクテットである (RFC 1122)．後者は，ウィンドウフィールドの 16 ビットを，オプション内で指定される数値 $shift.cnt$(最大 14) ビットだけ 2 進数の桁上げをしたとみなして，フィールド長を等価的に $16 + shift.cnt$ とする．したがって，最大 2^{30} オクテットのウィンドウサイズを設定できる．

ここで，TCP セグメントと，ネットワーク層 (IP) およびデータリンク層における転送単位との関係を整理しておこう．図 8.13 は，この関係を示したも

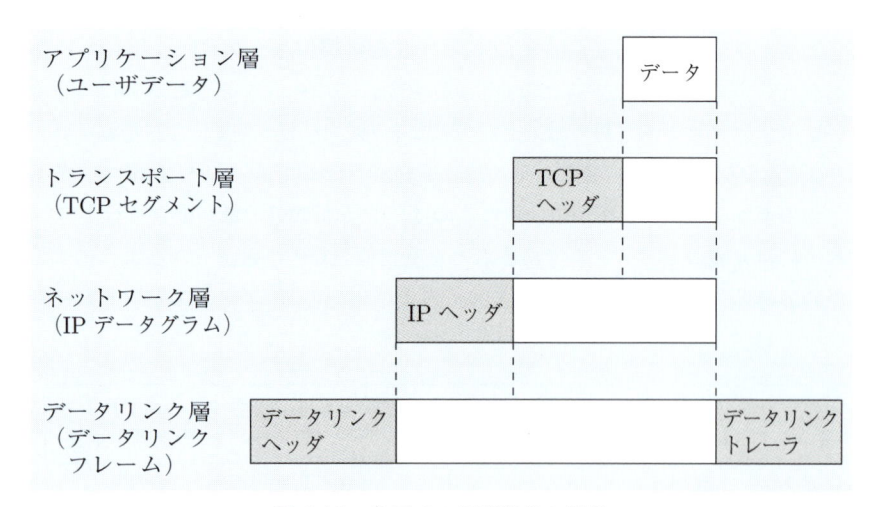

図 8.13 各層での転送単位の関係

のである．この図は，本質的には図2.17(p.43)と同じである．図8.13において，TCPセグメントはIPデータグラムのペイロードとなり，IPデータグラムはデータリンクフレームのペイロードとなっていることに注意されたい．なお，データリンクヘッダは，図5.13(p.99)のIEEE802.3 MACフレームでは宛先アドレス・送信元アドレス・長さ/タイプ部であり，図6.2(p.120)のHDLCフレームではフラグシーケンス・アドレス部・制御部である．一方，データリンクトレーラは，IEEE802.3 MACフレームではフレーム検査シーケンスに対応し，HDLCフレームではフレーム検査シーケンス・フラグシーケンスである．

8.3.3 ポート番号

TCPでは，ポート番号によって通信するプロセスを識別する．しかし，プロセスは各ホストが独立に作るものであるので，相手ホスト内のプロセスのポート番号を知るためには何らかの工夫が必要である．

まず考えられるのは，相手からポート番号を知らせてもらう方法である．これも使用可能ではある．しかし，実際には，よく利用される応用サービスでは，あらかじめポート番号を決めておく(登録しておく)という方法が採られている．例えば，FTPに対してはポート番号20と21，TELNETには23，SMTPには25，www–HTTPには80と定められている．これらのあらかじめ決められたポートは，**よく知られたポート** (well known port) と呼ばれている (最新の登録番号は，IANAのオンラインデータベース[44]に記載されている)．

8.3.4 NAPT

NAPTは，**IPマスカレード** (IP Masquerade) とも呼ばれる (マスカレードは，仮面舞踏会の意味である)．8.1.3項で述べたように，IPアドレスとポート番号の組み合わせで，プライベートIPアドレスとグローバルIPアドレスとの変換を行う手法である．階層化アーキテクチャの原理とは整合性がないが，インターネットではよく用いられる手段である．

図8.14に，ホームネットワークにおけるNAPTの使用例を示す．この例では，プライベートIPアドレス「192.168.0.2」のパソコン#1のポート番号「1234」からのパケットを，ISPからNAPTルータに付与されたグローバルIPアドレス「133.68.103.10」と，ポート番号「4567」との組み合わせのパケットに変換している．このグローバルIPアドレスは，ホームネットワーク内のほかの機器

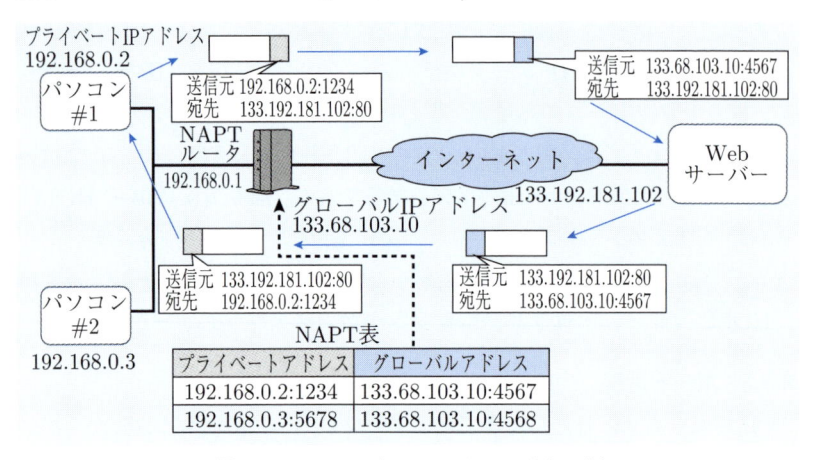

図 8.14 NAPT(IP マスカレード) の例

(例えば，パソコン#2) とも共用され，ポート番号を換えることによって各プライベート IP アドレスに振り分けられる．この対応関係は，ルータの NAPT 表に保存される．

8.3.5 コネクション制御
(1) コネクションの確立

TCP は，**三方向ハンドシェイク** (three way handshake) と呼ばれるコネクション確立方式を採用している．TCP はエンドツーエンドのコネクションを対象とするため，その通信路はデータリンク層の通信路に比べれば信頼性が低い．コネクション確立要求メッセージやそれに対する ACK が誤ったり失われたりする可能性が高くなる．そのため，コネクション確立要求メッセージと，それに対する ACK に加えて，ACK に対する応答も返すようにして，確実にコネクションの確立が行えるようにしている．合計 3 回のメッセージの交換を行うため，三方向ハンドシェイクと言われる．これに対して，HDLC では 2 回であるので，二方向ハンドシェイクと呼ばれる．三方向ハンドシェイクは 100%の成功を保証するわけではない．効率に配慮して 3 回で打ち切ったのである．

三方向ハンドシェイクは，二つの TCP エンティティがそれぞれの最初のシーケンス番号を交換することも可能にする．すなわち，新たにコネクションを確立するときには，そこで用いるシーケンス番号は以前のコネクションのものと

8.3 TCP

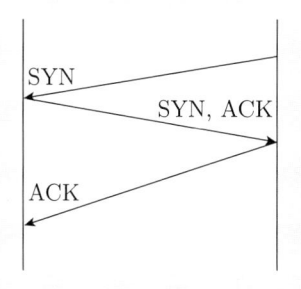

```
     SYN
     ────────────▶
          SYN, ACK
     ◀────────────
     ACK
     ────────────▶
```

図 8.15 三方向ハンドシェイク

は重ならないようにしなければならない．エンドツーエンドのコネクションでは，切断後も TCP セグメントがネットワーク内に滞留している可能性があるからである．したがって，シーケンス番号の初期値を常に 0 や 1 にするのではなく，シーケンス番号発生器 (カウンタ) によって決定するようにしている．

三方向ハンドシェイクの具体的な手順を，図 8.15 に示す．まず，送信側 TCP エンティティは，SYN フラグをセットし，初期シーケンス番号を記入したセグメントを送信する．受信側 TCP エンティティは，SYN および ACK フラグをセットして，送信側が示した初期シーケンス番号を確認する (送達確認番号 = 初期シーケンス番号 +1) とともに，自分の初期シーケンス番号を記入したセグメントを返送する．それを受け取った送信側 TCP エンティティは，ACK フラグをセットし，受信側 TCP エンティティが記入した初期シーケンス番号に 1 を加えた送達確認番号を持つセグメントを送信する．これによって，コネクション確立完了となる．

三方向ハンドシェイクを行うために実際にネットワークを流れた IPv4 データグラム (TCP セグメントは，そのペイロードとなっている) の例を，図 8.16 に示す．これは，TCP/IP プロトコルによってやり取りされるメッセージを捕捉しその内容を表示する測定器 (プロトコルアナライザ) を用いて得られた．

図において，左端の数字は，やり取りされた IP データグラムの順番を示している．各 IP データグラムにおける大括弧 [ ] 内の数字は，送信元および宛先の IPv4 アドレスである．TCP とあるのは，ペイロードが TCP セグメントであることを意味し，D と S は，それぞれ，宛先ポート番号と送信元ポート番

```
1  0.00000 [192.9.200.85] [192.9.200.99] TCP D=139 S=257
           SYN SEQ=172249 LEN=0 WIN=1024
2  0.00281 [192.9.200.99] [192.9.200.85] TCP D=257 S=139
           SYN ACK=172250 SEQ=257461 LEN=0 WIN=2152
3  0.01602 [192.9.200.85] [192.9.200.99] TCP D=139 S=257
           ACK=257462 WIN=1024
4  0.00464 [192.9.200.85] [192.9.200.99] TCP D=139 S=257
           ACK=257462 SEQ=172250 LEN=78 WIN=1024
5  0.00417 [192.9.200.99] [192.9.200.85] TCP D=257 S=139
           ACK=172328 SEQ=257462 LEN=4 WIN=2074
6  0.02045 [192.9.200.85] [192.9.200.99] TCP D=139 S=257
           ACK=257466 WIN=1020
```

図 8.16 三方向ハンドシェイクの例

号である．SYN は SYN フラグがセットされていることを示している．ACK=数字，SEQ=数字は，それぞれ，送達確認番号とシーケンス番号を表す．また，LEN は TCP のペイロードオクテット数，WIN は現時点で自分が受信可能なオクテット数 (広告ウィンドウサイズ) を示す．

この例では，第 1 の IP データグラムにおいて，送信側初期シーケンス番号が SEQ=172249 と指定されている．これに対して受信側は，第 2 の IP データグラムにおいて，ACK=172250 としてこれを確認するとともに，自分の初期シーケンス番号を SEQ=257461 と指定している．また，第 4 の IP データグラムでは，送信側が SEQ=172250 として 78 オクテットの TCP ペイロードを送信している．これに対して，第 5 の IP データグラムは，ACK=172328 (=172250+78) として応答している．

(2) コネクションの切断

コネクションの切断には，**緩やかな切断**と呼ばれる方式が用いられる．これは，徐々にコネクションを切断するという意味を持つ．

図 8.17 に，その手順を示す．まず，切断したい TCP エンティティは，FIN フラグをセットしたセグメントを送信する．それを受信した TCP エンティティは，ACK フラグをセットしたセグメントを返送し，送信すべき残りのデータがあればそれを送る．さらに，続けて FIN フラグをセットしたセグメントも送信する．残りデータがない場合は，これら二つのセグメントは，ACK および FIN の両フラグをセットした一つのセグメントで代用してもよい．切断したい

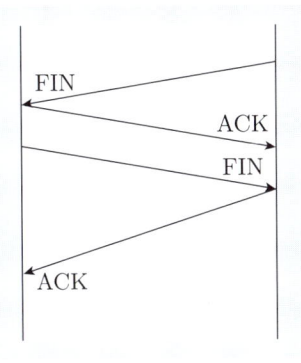

図 8.17　緩やかな切断

TCP エンティティは，このセグメントを受信すると，ACK フラグをセットしたセグメントを返送することによって，コネクションが切断される．

コネクション確立の場合と同様に，プロトコルアナライザによって取得したコネクション切断の様子を，図 8.18 に示す．図中の第 44, 45, 46 の IPv4 データグラムが，コネクション切断用となっている．

```
41 0.00591 [192.9.200.99] [192.9.200.85] TCP D=257 S=139
           ACK=172759 WIN=2113
42 0.00570 [192.9.200.99] [192.9.200.85] TCP D=257 S=139
           ACK=172759 SEQ=258243 LEN=39 WIN=2113
43 0.01734 [192.9.200.85] [192.9.200.99] TCP D=139 S=257
           ACK=258282 WIN=892
44 0.01466 [192.9.200.85] [192.9.200.99] TCP D=139 S=257
           FIN ACK=258282 SEQ=172759 LEN=0 WIN=892
45 0.00294 [192.9.200.99] [192.9.200.85] TCP D=257 S=139
           FIN ACK=172760 SEQ=258282 LEN=0 WIN=2113
46 0.01166 [192.9.200.85] [192.9.200.99] TCP D=139 S=257
           ACK=258283 WIN=892
```

図 8.18　緩やかな切断の例

8.3.6　再送タイムアウト値

すでに述べたように，TCP では，基本的には GBN(go–back–N) ARQ によるタイムアウト再送が行われる．タイムアウト再送では，いかにタイムアウト値を設定するかが重要である．この値は，原理的には，データを送信した時点から，それが宛先に届き，宛先が作成した ACK を受け取るまでの時間に設定

すればよい．この時間を，**往復遅延時間** (Round Trip Time：**RTT**) と呼ぶ．

この方法は，原理的には簡単であるが，実現は容易ではない．それは，TCPコネクションでは，往復遅延時間はネットワークの混み具合によって大きく変化するからである．したがって，この値を推定しなければならない．推定値が小さすぎれば，実際にはデータは宛先に正しく届いているにもかかわらずタイムアウトが起こり，不必要な再送が生じる．逆に，大きすぎれば，データが失われているにもかかわらず，再送が遅くなるため，遅延が増大する．

そこで，往復遅延時間の推定値 RTT を求めるアルゴリズムが提案されている．最もよく知られているのは，往復遅延時間の測定値 X を得るごとに，次式で表される平滑化を行って，RTT を更新するものである (RFC 793)．ただし，α は，定数 $(0 \leq \alpha \leq 1)$ である．

$$RTT \leftarrow \alpha RTT + (1-\alpha)X$$

RTT を用いてのタイムアウト値決定法には，RTT の定数倍とする古典的な方法や，RTT に加えて往復遅延時間の標準偏差を考慮する方法もある．

8.3.7 フロー制御

すでに何度も触れているように，TCP はウィンドウフロー制御を行う．この制御下では，送信 TCP エンティティは，送達確認 (ACK) を待つことなく，ある一定数のオクテットまでは連続して送信することができる．その最大オクテット数を，**ウィンドウサイズ**と呼ぶ．

図 8.19 に，一例を示す．簡単のため，セグメント i に対する送達確認を ACKi と略記する．この例では，セグメント 1，2，3 のペイロードの総オクテット数は，ウィンドウサイズより小さいが，セグメント 4 のペイロードを加えるとそれを超える．ACK1 を受信するとセグメント 1 のペイロード分だけウィンドウサイズが大きくなり，セグメント 4 が送信できるような状況を想定している．

TCP のウィンドウフロー制御は，**スライディングウィンドウ** (sliding window) 機構を採用している．ウィンドウサイズを固定とした場合のこの機構の一般的な動作を図 8.20 に示す．ウィンドウの幅がウィンドウサイズに相当する．送達確認を受け取ると，図のように，ウィンドウの下限値を ACK 番号に設定し，その増加分だけウィンドウは右に移動する．したがって，送信可能データ

8.3 TCP

範囲も広がる．このように，送達確認受信ごとにウィンドウがスライドしていくのが，この名の由来である．

　TCP のウィンドウサイズは可変である．基本的には，受信側から通知される TCP ヘッダ内のウィンドウフィールドの値 (広告ウィンドウサイズ) に設定される．図 8.16 において，広告ウィンドウサイズ (WIN) の変化の様子を見てみよう．例えば，コネクション受け入れ側 (S=139) は，第 2 の IP データグラムで WIN=2152 としているのに対して，コネクション起動側 (S=257) は，第 4

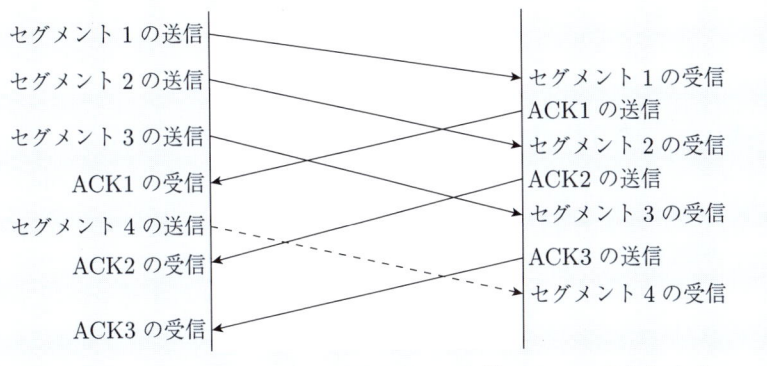

セグメント 1,2,3 のペイロードの総オクテット数 ≤ ウィンドウサイズ

図 8.19　ウィンドウフロー制御の例

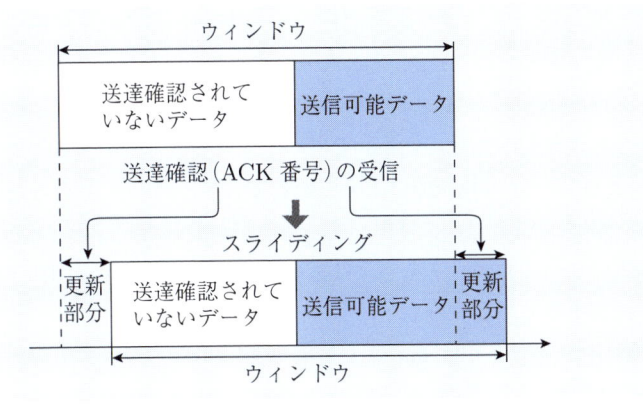

図 8.20　スライディングウィンドウ機構

の IP データグラムで 78 オクテットの TCP ペイロード (LEN=78) を送っている．そのため，コネクション受け入れ側 (S=139) は，第 5 の IP データグラムで WIN=2074 (= 2152 − 78) としている．

TCP では，輻輳制御のために，ウィンドウサイズを広告ウィンドウサイズの範囲内で動的に変更することもある．このためのウィンドウを**輻輳ウィンドウ** (congestion window) と呼び，そのサイズを $cwnd$ で表す．7.4 節で述べた**スロースタート** (slow start) は，その一例である．

スロースタートは，**輻輳回避** (congestion avoidance) 手法と一緒に用いられる (RFC 5681)．スロースタートでは，$cwnd$ の初期値を IW (7.4 節参照) とする．IW は，**SMSS** (送信側の MSS) の値に応じて，その 2 倍，3 倍，4 倍のいずれかに設定される．$cwnd$ は ACK を受信するごとに増やされる．その増加法はいくつかあるが，典型的には 2 倍にする．タイムアウトが生じると，$cwnd$ を IW にリセットして，再びスロースタートを開始する．しかし，$cwnd$ がある閾値 ($ssthresh$) を超えると緩やかな増加に切り替えるのが，輻輳回避である．

例題 8.4

二つのホスト A，B があり，ホスト A がホスト B へ TCP を用いて，7000 オクテットのデータを IPv4 によって送るものとする．通信中の誤りは発生しないものとし，二つのホストの中間地点で観測した TCP セグメントの流れを，コネクションの確立および切断まで含めて図示せよ．

ここで，TCP および IP ヘッダにおけるオプション部は用いないものとして，最大 IP データグラム長 (IP ヘッダ長 +IP ペイロード長) を 1040 オクテットとする．このとき，IP データグラムの分割は発生しないものとする．また，TCP のウィンドウサイズは 4000 オクテットとし，ホスト B は十分な処理能力があり，ウィンドウサイズは変化しないものとする．ホスト A とホスト B は地理的に大きく離れており，ホスト A からホスト B へ IP データグラムを送るにはやや長い時間がかかるため，ホスト A がウィンドウ内のすべてのデータを完全に送った後に，ホスト B に IP データグラムが到着するものとする．

TCP セグメントの記述では，SYN，FIN，ACK フラグの有無，シーケンス番号 (Seq) および送達確認番号 (Ack) を，以下の記述例に従って明記すること．

[記述例] A → B [SYN, ACK (Seq100, Ack200)]
ホスト A からホスト B へ，SYN, ACK フラグがセットされていて，データのシーケンス番号が 100，送達確認番号は 200 の TCP セグメントが送られる場合

[注意事項]

- シーケンス番号および送達確認番号は，オクテット単位で与えられる．例えば，シーケンス番号 10 から 100 オクテット分のデータを，50 オクテットずつ，2 回に分けて送る場合，次のようになる．

    A → B [(Seq10, AckXXX)]
    (10〜59 番が，データのオクテットごとに付与される)
    A → B [(Seq60, AckXXX)]
    (60〜109 番が，データのオクテットごとに付与される)

- 送達確認番号として，次に送信側から送られるものと期待されるシーケンス番号の値が返される．例えば，シーケンス番号 10 から 50 オクテット分のデータを送る場合，すなわち，

    A → B [(Seq10, AckXXX)]
    (10〜59 番が，データのオクテットごとに付与される)

  となる場合，その送達確認は，次のようになる．

    B → A [(SeqXXX, Ack60)]
    (59 番までのデータを受け取ったので次に期待されるデータは 60 番からである)

- SYN および FIN の情報にも一つずつシーケンス番号が割り当てられる．すなわち，1 オクテットとみなす．ACK のみの場合は，0 オクテットとみなす．
- コネクション確立後は，すべての TCP セグメントにおいて ACK フラグはセットされている．
- この問題の解答では，ホスト A のシーケンス番号の初期値は 100，ホスト B のシーケンス番号の初期値は 200 とする．

【解答】 まず,TCP のウィンドウサイズは 4000 オクテットであるので,7000 オクテットのデータは 4000 オクテットと 3000 オクテットの 2 回に分けて送信されることに注意されたい.

最大 IP データグラム長が 1040 オクテット,最大 IP ペイロード長は 1020 オクテットであるので,TCP セグメントペイロードは 1000 ($= 1020 - 20$) オクテットとなる.したがって,7000 オクテットのデータは 7 個の TCP セグメントに分割される.このとき,TCP セグメントの流れは次のようになる.

```
A → B [SYN (Seq100, Ack000)]      ※ Ack の値は,000 に限らず何でもよい.
B → A [SYN, ACK (Seq200, Ack101)]
A → B [ACK (Seq101, Ack201)]
------ ここまでがコネクションの確立 (三方向ハンドシェイク) ------
A → B [ACK (Seq101, Ack201)]
     (コネクション確立後は,必ず ACK を返す (RFC で規定されている))
A → B [ACK (Seq1101, Ack201)]
A → B [ACK (Seq2101, Ack201)]
A → B [ACK (Seq3101, Ack201)]
 (B → A [ACK(Seq201, Ack1101)]) ※なくても可
 (B → A [ACK(Seq201, Ack2101)]) ※なくても可
 (B → A [ACK(Seq201, Ack3101)]) ※なくても可
B → A [ACK (Seq201, Ack4101)]       ※ ACK のみで 0 オクテット
A → B [ACK (Seq4101, Ack201)]
A → B [ACK (Seq5101, Ack201)]
A → B [ACK (Seq6101, Ack201)]
 (B → A [ACK(Seq201, Ack5101)]) ※なくても可
 (B → A [ACK(Seq201, Ack6101)]) ※なくても可
B → A [ACK (Seq201, Ack7101)]
------ ここまでがデータの送信 ----------------------------
A → B [FIN, ACK (Seq7101, Ack201)]
 (B → A [ACK (Seq201, Ack7102)]) ※なくても可
B → A [FIN, ACK (Seq201, Ack7102)] ※ FIN があると 1 オクテット
A → B [ACK (Seq7102, Ack202)]
------ ここまでがコネクションの終了 (緩やかな切断) ------
```

8.3.8 輻輳制御

前項で述べた輻輳制御機構 (RFC 5681) は，TCP のバージョンの進化に伴って逐次導入されてきた．最初に TCP/IP が組み込まれたのは，UNIX 4.2BSD(Berkeley Software Distribution) である．これには，輻輳制御機構はなかった．

1988 年に開発された 4.3BSD–Tahoe では，TCP にスロースタート，輻輳回避，**高速再送** (**Fast Retransmit**) の各アルゴリズムが導入された (図 8.21)．これを TCP Tahoe と呼ぶ．高速再送は，パケット欠落などの原因で，タイムアウトの前に同一 ACK を 3 回受信すると，$cwnd$ を初期値にリセットし，タイムアウト前にスロースタートを開始するものである．しかし，これでは $cwnd$ が小さくなりすぎてスループットが低下するという問題が生じた．

1990 年に発表された 4.3BSD–Reno の TCP (TCP Reno) では，TCP Tahoe のスループット低下を改善するために，輻輳ウィンドウサイズ $cwnd$ の減少方法を変えた**高速回復** (**Fast Recovery**) が取り入れられた．これは，同一 ACK を 3 回受信すると，$cwnd$ を 1/2 にして輻輳回避手順を使用するものである．

さらに，往復遅延時間を輻輳の指標として $cwnd$ を制御する TCP Vegas が 1994 年に提案されている他，TCP Reno の高速回復アルゴリズムを修正した TCP NewReno (1996 年) もある．

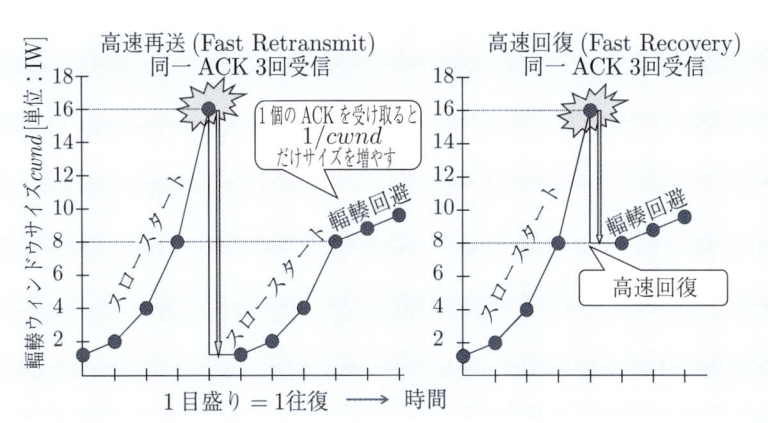

【注】・議論の簡単のため，$cwnd$ は IW の整数倍になることを仮定している．
・$ssthresh$ は，同一 ACK 3 回受信時の $cwnd$ の半分としている．

図 8.21 TCP 輻輳制御のアルゴリズム

8.4 UDP

UDP (User Datagram Protocol) は，コネクションレス型のトランスポートプロトコルである．したがって，誤り制御，フロー制御，順序制御などの通信における信頼性を保証する機能を持たない．データの誤りや欠落の回復などは，上位層のプロトコルに任される．

UDP で用いられるアドレスは，TCP と同じくポート番号である．転送単位は，**ユーザデータグラム** (user datagram) と呼ばれる．

UDP ヘッダ	ペイロード

図 8.22 ユーザデータグラムフォーマット

0	16	31
送信元ポート番号	宛先ポート番号	
データグラムの長さ	チェックサム	

図 8.23 UDP ヘッダフォーマット

ユーザデータグラムのフォーマットを図 8.22 に，ヘッダフォーマットを図 8.23 に示す．UDP は，コネクションレス型プロトコルであるため，そのヘッダ長は，わずか 8 オクテットである．その構造は，TCP ヘッダ (図 8.11) と比べると，随分簡単である．送信元および宛先のポート番号は，TCP の場合と同じである．データグラムの長さフィールドは，ヘッダとペイロードを合わせたユーザデータグラム全体の長さを，オクテット単位で表す．チェックサム部はオプションであり，TCP の場合と同じ方法で計算される．すなわち，ヘッダとペイロードに加えて，擬似ヘッダが使われる．IPv4 用擬似ヘッダのフォーマットは，図 8.12 の TCP のものと同じであるが，プロトコル番号は UDP 用に 17 とし，TCP セグメント長の代わりに UDP データグラム長とする．

UDP は，信頼性の低い通信しか提供できないため，TCP と比べると，利用

しづらいように見える．しかし，アプリケーションによっては，再送制御やフロー制御は，むしろ邪魔になる場合がある．例えば，音声やビデオのような連続メディア (ストリームメディア) を伝送する場合に，TCP のように，プロトコルが勝手にフロー制御したり際限なく再送を繰り返すことが迷惑になることは容易に想像できよう．したがって，この種のアプリケーションには，UDP の方が適している．ただし，連続メディアの場合には時間構造を保持することが必要になるので，そのための仕組み (例えば，タイムスタンプの付与やプレイアウトバッファリング制御) は上位プロトコルで用意する必要がある．

RTP (Real–time Transport Protocol)[46] は，UDP 上でタイムスタンプ付与やマルチキャストのサポートなどをするプロトコルである．種々の情報圧縮符号化方式で符号化された音声やビデオがペイロードとして取り扱い可能となっている．RTP は，単にアプリケーションデータを送信するだけであり，それに対する応答や状態の通知などの機能を持っていない．これらの機能の実現のために，別のプロトコル **RTCP** (RTP Control Protocol) が定められている．RTP は，RTCP と一緒に用いられることが多い．

▣ 情報ネットワーク技術の関係学会

情報ネットワークは通信と計算機が融合した技術によって構築されるので，その技術関係学会は通信サイドのものと計算機サイドのものとがある．日本では，まず，電子情報通信学会があり，その中に通信ソサイエティと情報・システムソサイエティが設置されている．前者が通信からの，後者が計算機からの情報ネットワーク技術を取り扱っている．また，我が国では計算機サイドの情報処理学会も情報ネットワークの重要な活動拠点である．

一方，世界的な学会としては，米国に本部を置く IEEE (1.5 節で述べた) と ACM (Association for Computing Machinery：計算機学会) がある．IEEE には，通信ソサイエティとコンピュータソサイエティ(IEEE802 委員会を設置) がある．これらのソサイエティは，情報ネットワークに関係する国際会議を毎年開催している．INFOCOM, ICC (International Conference on Communications), GLOBECOM (Global Telecommunications Conference) などがある．ACM にも SIGCOMM などのネットワーク関係国際会議がある．これらの国際会議で発表される論文は，情報ネットワークの新技術に関する有効な情報源となる．

8.5 ソケットシステムコール

TCP と UDP は，現在では多くのオペレーティングシステムにおいて，システムコールの形で利用できるようになっている．UNIX BSD が最初にこれを可能にし，**ソケット** (socket) システムコールの形で取り入れた．

ソケットは，ユーザプロセスから見たデータ送受信のための通信の口である．ソケットシステムコールは，TCP/IP だけでなく，OSI, IBM SNA, DECnet, Apple Talk などの多くのプロトコルを取り扱えるようになっており，次の形式を取る．

```
s = socket(af, type, protocol)
```

s は，システムが返す整数値である．引数は 3 個あるが，このうち重要なのは最初の二つである．それらの代表的な値を表 8.3 に示す．af は，プロトコルファミリ (アドレスファミリ) を意味し，上述のものを含め多くのものが定義されているが，普通使われるのは，AF_UNIX と AF_INET である．前者は，ローカルな UNIX 環境でのファイルシステムへの入出力用であり，後者がインターネットでの通信用である．type は，ソケットのタイプを表し，代表的なのは，コネクション型の SOCK_STREAM と，コネクションレス型の SOCK_DGRAM である．protocol は，使用するプロトコルを指定する．これは，プロトコルファミリによっては，例えばコネクション型プロトコルでも複数個存在するからである．選択をシステムに任せる場合には，この値は 0 とする．

表 8.3 socket システムコールの代表的な引数値

af	UNIX	AF_UNIX
	インターネット	AF_INET
type	ストリーム	SOCK_STREAM
	データグラム	SOCK_DGRAM

こうして作られたソケットが TCP や UDP を利用するためには，その通信で使われるポート番号および IP アドレスとの対応づけを行わなければならない．そのために，次の bind システムコールが用意されている．

```
bind(s, localaddr, addrlen)
```

s は，socket を作ったときにシステムから返された整数値である．localaddr は，s が対応づけられるローカルアドレスを指定する構造体である．addrlen は，アドレスの長さをオクテット数で表す．インターネットプロトコルファミリ用のアドレス構造体は，sockaddr_in と表され，2 オクテットのプロトコルファミリ値 (AF_INET) と，ポート番号，IP アドレスを含んだ 14 オクテットのデータ部から構成されている [45]．

ソケットを用いたプロセス間通信のさらに詳細は，文献 [45] などを参照されたい．

■ 標準文書の入手法

本書では，第 1 章から第 9 章において，多くの標準 (国際規格/勧告/RFC など) を取り上げている．教科書としての性格上，それらの説明は限定的にならざるを得ない．より厳密な情報が欲しい場合は，オリジナルを読むに限る．オリジナル文書は，各標準化組織のホームページからダウンロードできる．URL を次に記す．

IETF http://www.ietf.org/rfc.html
IEEE http://standards.ieee.org/
ITU–T http://www.itu.int/ITU-T/publications/Pages/recs.aspx
ISO http://www.iso.org/iso/home/standards.htm

IETF RFC はすべて無料で，IEEE 標準と ITU–T 勧告は標準として有効なものは無料でダウンロードできる．ISO 規格は，概要以外はすべて有料である．

RFC は，IETF のホームページの検索ボックスに RFC 番号を入力すれば簡単に見つけられる．その際，RFC の種類に注意されたい．次の 6 種類がある．(1) Proposed Standards, (2) Internet Standards, (3) Best Current Practices (BCP) documents, (4) Informational documents, (5) Experimental documents, (6) Historic document．これらの中で，(1) と (2) が IETF 内では標準とされている．

RFC の種類も含めて，IETF 全般についての入門的解説 "The Tao of IETF：A Novice's Guide to the Internet Engineering Task Force" を，http://www.ietf.org/tao.html で読むことができる．http://www.ietf.org/tao-translated-ja.html には日本語訳も掲載されている．

8.6 QoS 保証技術

インターネットが広範囲に普及し，利用形態が多様化するにつれて，そのサービス品質 (QoS) に対する要求も高度化多様化してきた．ところが，インターネットは IP を用いているため，基本的にはベストエフォート型サービスしか提供できない．8.1 節でも述べたように，コネクションレス型の IP の採用がインターネットの成功の原因でもあるから，インターネット QoS に対する過度の要求は，原理的に矛盾するものがある．とは言っても，現実に増大する QoS 保証の要求は無視できないので，種々の工夫が試みられている．ここでは，それらのうちのいくつかを簡単に紹介する．

インターネットは階層構造を持っているので，各階層において QoS が考えられる (2.5.3 項参照)．そして，その各々に対して，QoS 保証技術が研究されている．最も多く研究が行われているのは，データリンクレベルとネットワークレベルである．以下に，これら二つのレベルでの技術を見てみよう．

(1) データリンクレベル

データリンクレベルの QoS 保証は，主として，ルータでの**パケットスケジューリング**によって行われる．

例として，図 8.24 に示すように，周期 T でパケットが発生するストリーム型

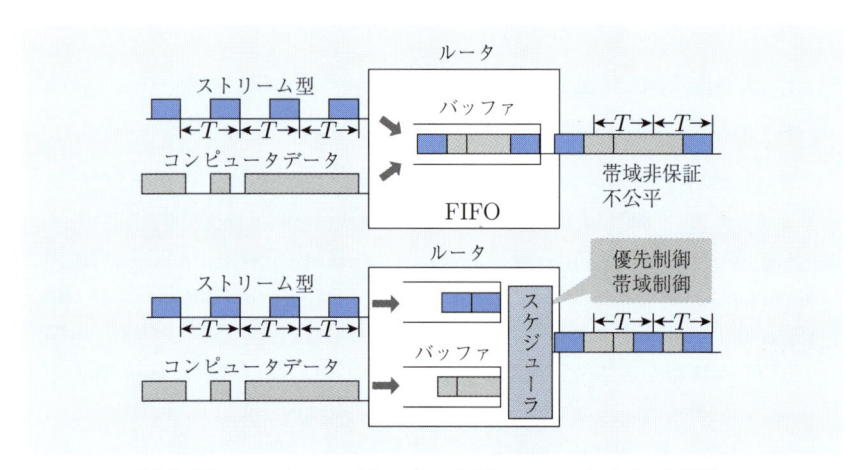

図 8.24 ルータでのパケットスケジュールによる QoS 制御

メディアと，ランダムに発生するコンピュータデータとを同一のルータで扱う場合を考える．現在のインターネットでの普通のルータは，図の上部に示すように，2種類のメディアを同じバッファに収容し，**先着順** (First In First Out：**FIFO**) に出力回線に送出している．この方法では，ストリーム型メディアは，周期 T で出力回線を使用できる保証はない．コンピュータデータの発生が多量で頻繁ならば，ストリーム型メディアが使用できる出力回線容量の割合(帯域)は，要求するものより大幅に少なくなる可能性がある．このように，先着順では，利用できる帯域の保証はなく，メディア間で不公平が生じる．

図 8.24 の下部に示すのは，帯域保証法の一例である．メディアごとに別のバッファを用意し，あるアルゴリズムに従って，スケジューラが各バッファから送出するパケットを取り出す．そのアルゴリズムには，バッファ間に優先順位を定め，高優先度パケットがなくなるまで低優先度パケットの転送を行わない **PQ** (Priority Queueing) や，何らかの形で各メディアに対して帯域保証を行う帯域制御方式がある．これには，**RR** (Round Robin)，**WRR** (Weighted Round Robin)[47]，**WFQ** (Weighted Fair Queueing)[48] などが挙げられる．

(2) ネットワークレベル

このタイプの QoS 制御には，**IntServ** (Integrated Services) (RFC 1633) と **DiffServ** (Differentiated Services) (RFC 2475)[49] がある．

実用性の観点からは，DiffServ が用いやすい．**NGN** でも採用されているので，これに簡単に触れておく．

DiffServ では，ネットワークを流れるトラヒックを何種類かの束 (**BA**：Behavior Aggregate) に分類し，BA 毎に異なる転送品質を提供する．パケットと BA の対応は，IPv4 ヘッダ内の TOS (Type of Service) フィールドを利用した識別子 **DSCP** (DiffServ Code Point) によって指定される．どの BA のパケットをどのように転送するかは，**PHB** (Per Hop Behavior) に記述されている．

個々のトラヒックフローを国際線航空機の乗客にたとえると，BA はエコノミー，ビジネス，ファーストの各クラスの客であり，DSCP は航空券である．また，PHB は，各クラスの接客マニュアルに相当する．

代表的な PHB には，高品質順に，**EF** (Expedited Forwarding) (仮想専用線)，**AF** (Assured Forwarding) (最低帯域保証)，**Default** (ベストエフォート型サービス) が挙げられる．それぞれが提供する QoS 保証の特徴は異なる．

8.7 DNS

8.7.1 ドメイン名

インターネット上で通信したいホストを指定するには，IP アドレスを用いればよい．しかし，IP アドレスは数字の羅列であるので，我々人間には覚えにくい．そこで，www.ietf.org や，example.co.jp など，人間が覚えやすい文字列にして指定する方法が用いられる．このようにインターネット上のホストを一意に指定できる文字列名を，**FQDN** (Fully Qualified Domain Name) と呼んでいる．単に**ドメイン名**ということもある．

FQDN は，世界中で一意になるように，**トップレベルドメイン** (Top Level Domain：**TLD**)，**第 2 レベルドメイン** (Second Level Domain：**SLD**)，**第 3 レベルドメイン** (Third Level Domain) などから成る階層構造を持っている．例えば，example.com の場合，com が TLD，example は SLD である．また，example.co.jp の場合は，jp が TLD，co が SLD，example は第 3 レベルドメインである．TLD には，**汎用トップレベルドメイン** (generic TLD：**gTLD**) と**国別トップレベルドメイン** (country code TLD：**ccTLD**) とがある．com は gTLD，jp は ccTLD である．

このように，ドメイン名はツリー状の階層構造を持つ．その構造を**ドメイン名前空間** (Domain Name Space) と呼ぶ．図 8.25 に，その大枠の例を示す．

各レベルでのドメイン名の一意性を保証するために，ドメイン名は各レベルの登録機関 (例えば，gTLD の下にドメイン名登録を希望する場合は，ICANN

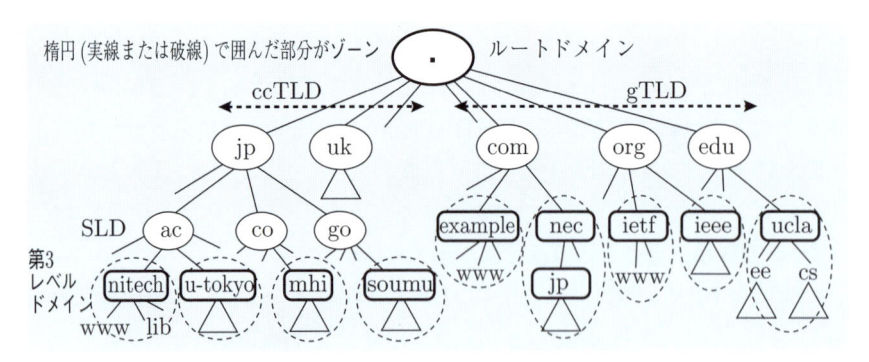

図 8.25　ドメイン名前空間の大枠の例

認定レジストラ)に登録申請しなければならない.

さて,ユーザがドメイン名を使ってインターネットにアクセスする場合には,実際に通信を開始するときに,対応する IP アドレスを知る必要がある.これは,第 2 章で設定した基本的問題 (3) の一つであり,ドメイン名を IP アドレスに変換する**アドレス解決** (この場合は**名前解決**ともいう) である.

ドメインネームシステム (Domain Name System:**DNS**) は,RFC 1034 と RFC 1035 で定められた,名前解決のためのシステムである.**ネームサーバ** (Name Server:NS) による階層的分散データベースである.ネームサーバは,各レベルの**ゾーン** (zone) 毎に複数個設置されている.ゾーンとは,ドメイン名前空間をオーバラップがないように分割したドメイン名の集合である (図 8.25 参照).ネームサーバも,図 8.25 に示すようなドメインツリーに対応して,階層構造を持っている.ただし,ルート (root) ドメインは 1 個であるが,**ルートネームサーバ**は全世界に 13 台あり,同一の情報を保持している.SLD では**セカンドネームサーバ**があり,第 3 レベルドメインも同様にサードネームサーバとなる.日本では,セカンド/サードネームサーバは同一のものとしている.

ルートネームサーバは,すべてのセカンドネームサーバの IP アドレスを知っている.第 2 レベル以下のネームサーバは,下位 (子) のネームサーバの IP アドレスとルートネームサーバの IP アドレスを知っている.そのため,世界中のネームサーバは,ルートネームサーバからたどることで世界中すべてのネームサーバに問い合わせをすることができる.

8.7.2 DNS 資源レコード

各ネームサーバは,担当ゾーン内の各ドメインを表現する情報として,次の様式の**資源レコード** (Resource Record:RR) のデータベースを持っている.

資源レコード= (名前, TTL, クラス, タイプ, 値)

TTL は,その RR の有効期限 (Time_To_Live) を表す.クラス (Class) は,インターネットでは IN となる.名前 (Domain_Name) と値 (Value) は,タイプ (Type) によって異なる.

資源レコードにおける主なタイプに対する名前と値を表 8.4 に示す.SOA(Start Of Authority) タイプにおける値「ゾーンの管理情報」には,このゾーン用ネームサーバ名,管理者の電子メールアドレス,シリアル番号,種々

表 8.4　DNS 資源レコードにおける主なタイプに対する名前と値

タイプ	名前	値
SOA	ゾーンのドメイン名	ゾーンの管理情報
A	ホスト名	IPv4 アドレス (32 ビット)
AAAA	ホスト名	IPv6 アドレス (128 ビット)
MX	メールサーバのエイリアス	メールサーバの正規名
NS	ゾーンのドメイン名	ゾーン用ネームサーバ名
CNAME	ホストのエイリアス	ホストの正規名
PTR(Pointer)	IP アドレス	IP アドレスに対応するホスト名

のタイムアウト値が含まれている．**CNAME** (Canonical Name) は，**エイリアス** (alias：別名) に対応する正規名である．例えば，一つの Web サーバに正規名のほかに別名を付けるのに使う．MX(Mail eXchange) はメールサーバを意味する．この資源レコードにアクセスすれば，ホスト名から，その IP アドレスだけでなく，メールサーバなどの情報も得ることができる．

8.7.3　DNS による名前解決

DNS は，**問い合わせ** (query) メッセージをネームサーバに送り，**応答** (response) メッセージを受け取って名前解決を行う．メッセージの送受には，ポート番号 53 で UDP を用いる．図 8.26 に**再帰的問い合わせ**による名前解決の例を示す．応答結果は，ローカルネームサーバに一定期間キャッシュされる．

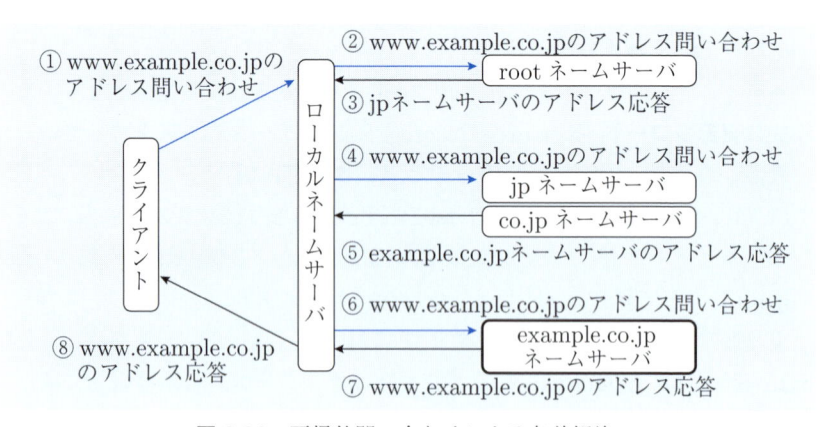

図 8.26　再帰的問い合わせによる名前解決

8.8　HTTP

WWW (World Wide Web) または **Web サービス**は，インターネット応用層サービスの代表例である．現在の Web サービスは，**HTTP** (HyperText Transfer Protocol), **HTML** (HyperText Markup Language), **URI** (Uniform Resource Identifier) の三つの要素技術の組み合わせによって提供される．

WWW で扱われる情報は，Web ページとして，記述用の標準言語 HTML で表現される．Web ページ内では，**ハイパーリンク**によって，ユーザは，別のページに自由に移動できる．これは，情報の所在地 (通信相手) をいかに見つけるかという第 2 章基本的問題 (3) の一つとも考えられる．情報の所在地/名前を表す方法が，URI である．これは，**URL** (Uniform Resource Locator) の拡張概念である (RFC 3986：2005 年)．ハイパーリンクは，URI を利用する．

HTTP は，HTML で記述されたデータを転送するプロトコルであり，URI で操作対象を指定する．ポート番号 80 の TCP を用いる**要求/応答型プロトコル**である (RFC 2616)．クライアントは，**HTTP 要求メッセージ**を TCP セグメントのペイロードとして，Web サーバに送信する．Web サーバは，同様にして，**HTTP 応答メッセージ**をクライアントに返信する．サーバは，返信の際に，クライアント情報を記録に残さない．この意味で，HTTP は，**ステイトレスプロトコル** (stateless protocol) であるという．HTTP は，WWW だけでなく，他のアプリケーションでも利用できる汎用的なプロトコルである．

HTTP では，2 種類の TCP コネクション確立方法が規定されている．現在の主要バージョン **HTTP/1.1** と古いバージョン **HTTP/1.0** の両方が対応する**非持続的コネクション** (non-persistent connection) と，HTTP/1.1 のみがサポートする**持続的コネクション** (persistent connection) がある．前者は 1 個の TCP コネクションで一つのファイルのみを転送できるのに対し，後者は複数のファイルを転送できる．HTTP/1.1 では，持続的コネクションがデフォルトである．持続的な場合には，パイプライン有り (デフォルト) と無しの 2 方式がある．非持続的コネクションでは，ファイル数が多くなると，TCP コネクション確立のための処理時間や交換されるパケット数が多くなり，低効率となる．

図 8.27 に要求メッセージ，図 8.28 に応答メッセージのフォーマットを示す．両タイプのメッセージとも，開始行 (要求行またはステータス行)，ヘッダ行，

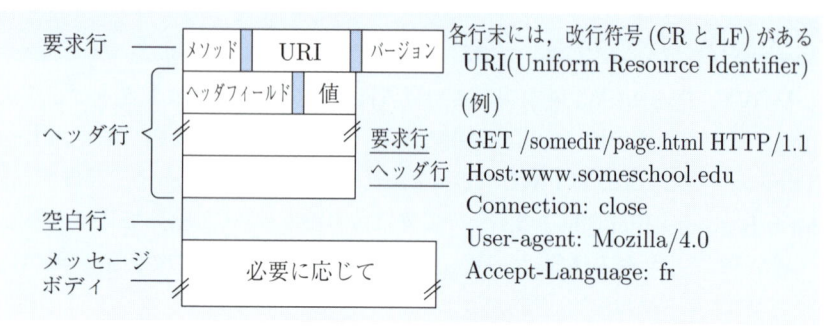

図 8.27 HTTP 要求メッセージフォーマット

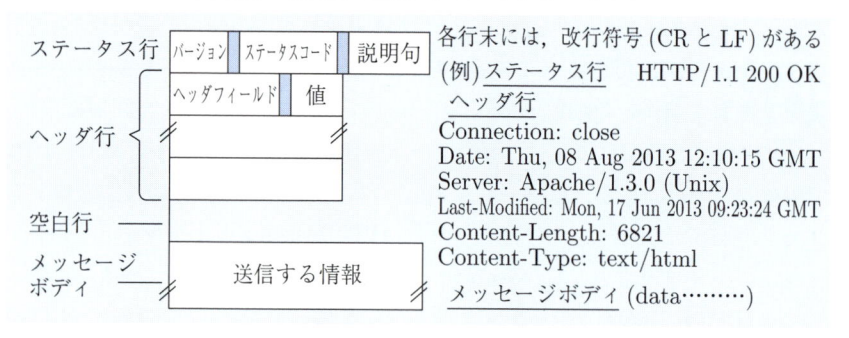

要求行 — メソッド URI バージョン
ヘッダ行 — ヘッダフィールド 値
空白行
メッセージボディ — 必要に応じて

各行末には，改行符号 (CR と LF) がある
URI(Uniform Resource Identifier)
(例)
要求行　　GET /somedir/page.html HTTP/1.1
ヘッダ行　Host:www.someschool.edu
　　　　　Connection: close
　　　　　User-agent: Mozilla/4.0
　　　　　Accept-Language: fr

図 8.28 HTTP 応答メッセージフォーマット

ステータス行 — バージョン ステータスコード 説明句
ヘッダ行 — ヘッダフィールド 値
空白行
メッセージボディ — 送信する情報

各行末には，改行符号 (CR と LF) がある
(例) ステータス行　　HTTP/1.1 200 OK
ヘッダ行
Connection: close
Date: Thu, 08 Aug 2013 12:10:15 GMT
Server: Apache/1.3.0 (Unix)
Last-Modified: Mon, 17 Jun 2013 09:23:24 GMT
Content-Length: 6821
Content-Type: text/html
メッセージボディ (data………)

空白行，メッセージボディから構成される．各行の意味は，図中の例の通りである．最大の特徴は，**すべての行は ASCII 符号，ボディはオクテット列で表現される**ことである．これは，**SMTP** (RFC 5321) や **SIP** (RFC 3261) などの他の応用層プロトコルにも共通する (RFC 5322)．この特徴は，p.118 で説明した基本形データ伝送制御手順と同じく，バイナリコードや画像情報の伝送ができないことを意味する．これには意外な感じがするかもしれないが，1969 年の ARPANET 運用開始時には，基本形データ伝送制御手順の拡張モードが用いられていたことを思えば頷ける．現在では，**MIME** (Multipurpose Internet Mail Extensions) (RFC 2045) によってほとんどの情報の伝送が可能である．

要求行の**メソッド**でサーバへの要求内容を表す．大多数は，情報取得のための **GET** となる．メッセージボディがある場合は，**POST** が使われる．ステータス行の**ステータスコード**は，要求の結果を表す 3 桁の 10 進数である．2xx は成功，4xx はクライアントの構文誤り，5xx はサーバエラーを意味する．

演習問題

1 イーサネット LAN (最大 IP データグラム長が 1500 オクテット) 上の送信ホストが生成した IP データグラム (IPv4) が，UDP によって別のネットワーク上にある受信ホストまで届けられるものとする．受信ホストが最大 IP データグラム長が 500 オクテットであるネットワーク上にある場合，このネットワーク上でもとの IP データグラムがどのように分割されるかを考える．ただし，いずれのネットワークにおいても IP ヘッダのオプション部は用いないものとする．また，UDP ヘッダ長は 8 オクテットであることに注意せよ．

今，送信ホストが，7840 オクテットのデータを受信ホストへ送信するものとする．送信ホストの UDP モジュールは，一つの UDP データグラムが一つの IP データグラムで送信されるようにデータの分割を行うものとしよう．ネットワーク上での伝送誤りやパケット欠落はないと仮定して，以下の問に答えよ．

(1) 送信ホストは，どのように IP データグラムを送信するか．その長さと個数を根拠とともに示せ．

(2) 受信ホストでは，どのような IP データグラムが受信されるか．その長さと個数を根拠とともに示せ．

(3) 受信ホストにおけるオーバヘッドの割合 (各種ヘッダの総オクテット数/受信オクテット数の合計) を求めよ．

2 二つのホスト A, B があり，ホスト A がホスト B へ TCP を用いて 7000 オクテットのデータを送るものとする．通信中の誤りとデータ欠落は発生しないものとし，このときの TCP セグメントの流れを考える．TCP および IP ヘッダ (IPv4) におけるオプション部は用いないものとして，最大 IP データグラム長 (IP ヘッダ長+IP ペイロード長) は 1500 オクテットとする．伝送の途中で，IP データグラムの分割は発生しないものとする．TCP のウィンドウサイズは 4096 オクテットとし，ホスト B は十分な処理能力があり，ウィンドウサイズは変化しないものとする．ホスト A とホスト B は地理的に大きく離れており，ホスト A からホスト B へパケットを送るにはやや長い時間がかかるため，ホスト A がウィンドウ内のすべてのデータを完全に送った後に，ホスト B にデータが到着するものとする．このとき，以下の問に答えよ．

(1) 7000 オクテットのデータは，どのような TCP セグメントとして送信されるか．その長さと個数を根拠とともに示せ．

(2) 二つのホストの中間地点で観測した TCP セグメントの流れを，次の三つの

フェーズに分けて図示せよ．
- (a) コネクションの確立
- (b) データの送信
- (c) コネクションの切断

ただし，TCP セグメントの記述では，SYN, FIN, ACK フラグの有無，シーケンス番号 (Seq) および送達確認番号 (Ack) を，以下の記述例に従って明記すること．

[記述例] A → B [SYN, ACK (Seq100, Ack200)]
ホスト A からホスト B へ TCP セグメントが送られ，SYN, ACK フラグがセットされていて，データのシーケンス番号が 100，送達確認番号は 200 の場合

なお，この問題の解答では，ホスト A のシーケンス番号の初期値は 100，ホスト B のそれは 200 とする．また，SYN および FIN の情報にも一つずつシーケンス番号が割り当てられる，すなわち，1 オクテットとみなす．ACK フラグがセットされていないセグメントには，ACK 番号を記入しないこと．

▣ 情報検索と SNS

本書の第 2 章で設定した基本的問題 (3) "相手端末をいかに見つけるか" については，ARP や DNS によるアドレス解決法やルーティングアルゴリズムとして，その答えを示した．また，移動端末へのルーティングについても簡単に触れた (7.3.7 項)．しかし，これら以外に関連技術は，いくつもある．

ネットワークユーザが最終的に見つけたいのは，端末自身ではなく，端末に格納されている情報や，端末を利用する人であることの方が多い．見つけたいのが情報である場合には，ユーザは，Google や Yahoo! などの**検索エンジン** (search engine) を利用するのが普通である．いまや URL を直接入力することは少なくなっている (そもそも URL を知らないことが多い)．クローラ (Crawler) またはロボットと呼ばれる自動データベース化プログラムを用いる**ロボット型検索エンジン**が，検索エンジンの代表例である．人を見つけたい場合は，Facebook などの **SNS** (Social Networking Service) が役に立つ．

これら検索エンジンや SNS の技術も，本書の問題設定の観点からは興味深い．しかし，これらの技術を，本書で扱った技術との関連において系統的に理解するためには，また別の枠組みが必要になるであろう．

9 ネットワークセキュリティ

　本書では，**ネットワークセキュリティ** (network security) の必要性を，第 2 章において**認証** (authentication) の問題として提起した．しかし，ネットワークセキュリティには，認証だけでなく，他にも重要な課題がある．課題の分類方法はいくつかある．一例を挙げると，認証に加えて，**機密性** (confidentiality) と**完全性** (integrity) がある．機密性は，**守秘性**または**秘匿性** (secrecy) とも呼ばれ，正当な相手以外には情報が漏洩しないことである．完全性は，**一貫性**とも呼ばれ，情報の改ざんや偽造がないことを保証するものである．

　これらネットワークセキュリティの 3 大要素，**機密性，完全性，認証**は，2.1 節で提示した**基本的問題**の**人為要因**由来とみなせる．機密性と完全性は "基本的問題 (2) 伝送劣化" の拡大問題であり，認証は "基本的問題 (4) 認証" そのものである．これからの情報ネットワークでは，通信ネットワークや端末といった人工物の構築だけでは不十分であり，人為要因にいかに配慮するかが重要になる．これは，QoE の評価にも関係する．

　セキュリティ技術は，**暗号学**に基礎を置いている．本書は入門書という性格上，その基本的な考え方のみを紹介する．まず，**共通鍵暗号**と**公開鍵暗号**を取り上げ，**公開鍵基盤** (**PKI**) の実例を紹介する．続いて，**メッセージ認証**と**エンティティ認証**の方法の概略を述べる．最後に，**通信セキュリティ技術**の例 (SSL, IPsec, ファイアウォール，VPN) に簡単に触れる．

キーワード

共通鍵暗号　　公開鍵暗号　　PKI
メッセージ認証　　エンティティ認証
SSL　　IPsec　　ファイアウォール　　VPN

9.1　暗　号

暗号の主要要素技術は，図 9.1 に示すように，**鍵** (key) を用いた**暗号化** (encryption) と**復号** (decryption) である．前者は，元の文字列である**平文**（ひらぶん）P を，**暗号鍵** K_E を用いて，容易には解読できない**暗号文** C に変換する操作である．この操作を，$C = E(K_E, P)$ で表す．後者は，**復号鍵** K_D を用いて，暗号文 C を平文 P に戻す．これを，$P = D(K_D, C)$ と表すと，次式が成立する．

$$P = D(K_D, E(K_E, P))$$

各ユーザが，暗号化と復号に共通の 1 種類の鍵 $K_E = K_D$ のみを所有するとき，その鍵を**共通鍵**または**対称鍵** (symmetric key) と呼び，それによる暗号を**共通鍵暗号**または**対称鍵暗号** (symmetric–key cryptography) という．

一方，各ユーザが 2 種類の鍵を所有する場合 ($K_E \neq K_D$) は，**公開鍵暗号** (public–key cryptography) または**非対称暗号** (asymmetric–key cryptography) という．一つの鍵は自分だけが知っている**秘密鍵** (private key) であるが，もう一つは他人に公開する**公開鍵** (public key) である．

現代暗号の基本設計思想は，**暗号化・復号アルゴリズムは完全に公開するが，鍵は秘密にすることによって機密性を実現する**というものである．加えて，暗号技術は，情報の完全性確保の手段にもなる．この手段を認証にも利用できる．

なお，暗号の分野では，通信する二人のユーザ名を，**アリス (Alice)**，**ボブ (Bob)** とすることが多い．本書でもこの慣例に従う．**攻撃者** (intruder) は，ト

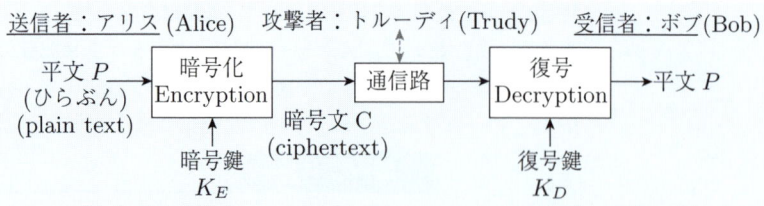

図 9.1　暗号化・復号と鍵の関係

ルーディ (**Trudy**) と呼ぶことがある．

　現代暗号理論の初期の頃，1976 年までは，暗号鍵といえば共通鍵を意味していた．しかし，共通鍵には**鍵配送問題**という大きな弱点があった．すなわち，暗号化通信を行うためには，自分の鍵を通信相手に確実に知らせなければならない．一方では，当事者以外には絶対に知られてはならない．現実的には，鍵自身もネットワークを介して相手に知らせることになるので，相反する要求である．この問題への解決策を示したのが，デフィー (Diffie) とヘルマン (Hellman)(スタンフォード大学) であった．1976 年に，公開鍵暗号の概念 (実現法はなし) を提案したのである．以下に，共通鍵暗号と公開鍵暗号の概要を説明する．

9.1.1　共通鍵暗号

(1)　DES

　最初に標準化されたのが，**DES** (データ暗号化規格：Data Encryption Standard) である．1976 年に，米国商務省の国立標準技術研究所 (**NIST**：National Institute of Standards and Technology) は，DES を連邦政府情報処理標準規格 (FIPS 46) として採用した．その後の暗号技術の進歩により，DES は脆弱となったので，2005 年に DES 単独使用は廃止された．しかし，DES を 3 回繰り返して使用する **TDEA** (Triple Data Encryption Algorithm) の基本構成要素として現在でも使われている[50]．TDEA は，**トリプル DES** とも呼ばれる．

　DES は，**ブロック暗号** (block cipher) の一種である．n ビットのブロック暗号とは，鍵を用いて n ビットの平文ブロックを n ビットの暗号文ブロックに変換するものである．DES では，$n = 64$ で，鍵長は 56 ビットである (本来の鍵長は 64 ビットであるが，暗号化で使用されるのは 56 ビットである)．

　DES は最初の標準暗号であるとはいえ，その暗号化過程の詳細は複雑である．ここでは，暗号化の雰囲気だけでも感じて頂くために，手順の概略を簡単に紹介しておこう．

　図 9.2 に，DES 暗号化手順を示す[50]．平文は，64 ビットのブロック単位で入力される．ビットの順序は左から右で，左端が第 1 ビットである．まず，64 ビットの入力ブロックは，一定の規則に従って**ビットの順序が入れ替えられる** (初期置換)．"置換された入力" の，例えば，第 1 ビットは元の入力の第 58 ビット，第 64 ビットは元の第 7 ビットである．この "置換された入力"64 ビットは，

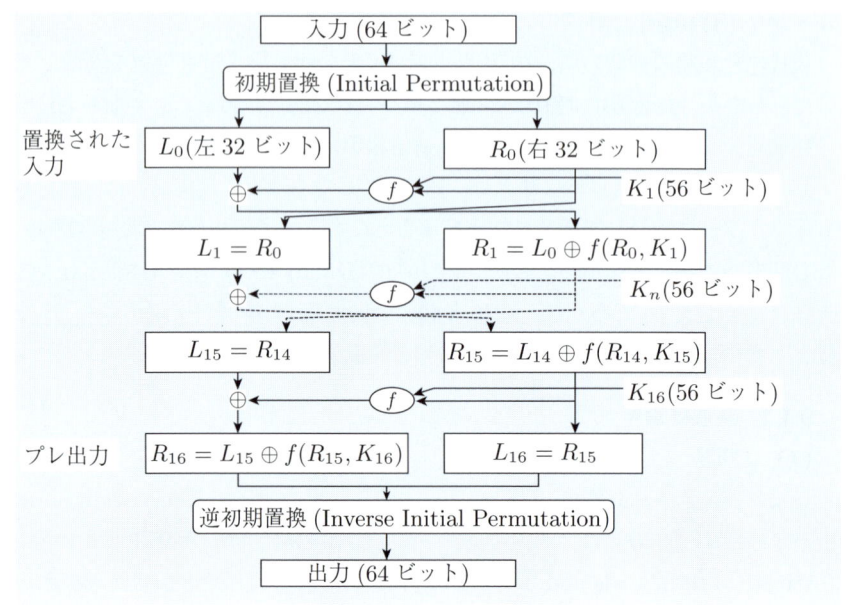

```
                    入力 (64 ビット)
                          │
                  初期置換 (Initial Permutation)
置換された        ┌─────────────┬─────────────┐
入力              │ L₀(左 32 ビット) │ R₀(右 32 ビット) │
                  └──⊕──────────f──┴─────────────┘  K₁(56 ビット)
                     │             │
                  ┌──┴──────────┬──┴──────────────┐
                  │ L₁ = R₀     │ R₁ = L₀ ⊕ f(R₀,K₁)│
                  └──⊕──────────f──┴──────────────┘  Kₙ(56 ビット)
                     │             │
                  ┌──┴──────────┬──┴──────────────────┐
                  │ L₁₅ = R₁₄   │ R₁₅ = L₁₄ ⊕ f(R₁₄,K₁₅) │
                  └──⊕──────────f──┴──────────────────┘  K₁₆(56 ビット)
プレ出力          ┌─────────────────────┬─────────────┐
                  │ R₁₆ = L₁₅ ⊕ f(R₁₅,K₁₆) │ L₁₆ = R₁₅   │
                  └─────────────────────┴─────────────┘
                          │
                  逆初期置換 (Inverse Initial Permutation)
                          │
                    出力 (64 ビット)
```

図 9.2 DES 暗号化手順

左右 32 ビット (L_0, R_0) に分割され，以後図に示すような演算 (モジュロ 2) が 16 回繰り返される．関数 f は，別に表で定められている．第 $n(1 \leq n \leq 15)$ 回目の演算では，元の鍵から導出された鍵 K_n が使用されて，第 $n+1$ 回目の演算の入力となる L_n (32 ビット) と R_n (32 ビット) が計算される．このように繰り返される各回の演算構造を**フェイステル構造** (Feistel structure) と呼ぶ (フェイステルは，DES 暗号の原型である IBM の Lucifer 暗号の設計者である)．最後に，$R_{16}L_{16}$ に逆初期置換が施され，64 ビットの暗号文ブロックが得られる．復号は，鍵の使用順まで含めて暗号化と逆に行えばよい．

　TDEA(トリプル DES) は，現在でもよく用いられている暗号である．これは，3 種類の鍵 K_1, K_2, K_3 を用いて 3 重の DES 暗号化を行う．このとき，鍵長は実質的に 168 ビットとなる．暗号化は，$C = E(K_3, D(K_2, E(K_1, P)))$ と書くことができる．まず，K_1 を用いて暗号化し，次に K_2 で**復号**し，さらに K_3 で暗号化していることに注意されたい．復号は，$P = D(K_1, E(K_2, D(K_3, C)))$ で行う．TDEA は，ISO/IEC 18033-3 で，64 ビットブロック暗号の標準規格の一つとなっている．同規格には，日本提案の **MISTY1** もある．

(2) AES

1997年，米国 NIST は，DES の後継となる新暗号 **AES** (先進暗号化規格：Advanced Encryption Standard) の公募コンテストを開始した．提案されたアルゴリズムは，公開会議の場で徹底的に議論された．その結果，2000年10月に，NIST は，ベルギーの暗号研究者ライメン (Rijmen) とダーメン (Daemen) が提案した暗号**ラインドール** (**Rijindael**) を選択し，2001年11月に，連邦政府情報処理標準規格 FIPS 197 とした[51]．

AES は，128ビットブロック暗号であり，鍵長は128, 192, 256ビットの3種類から選ぶ．AES アルゴリズムにおいても，DES のように置換と演算を一定回数繰り返して暗号化を行う．繰り返し回数は，鍵長(ビット数)128のとき10回，192のとき12回，256のとき14回である．ただし，AES での暗号化処理の多くは，有限体，具体的には $GF(2^8)$ 上での演算で行われる[51]．第4章で取り上げた巡回符号と同種の理論を利用する．

AES は，現在よく用いられている共通鍵暗号であり，ISO/IEC 18033-3 で，128ビットブロック暗号の標準規格の一つとなっている．同規格には，日本提案の **Camellia** も入っている．AES と Camellia は，IPsec(9.3.2項参照) 用の暗号として，それぞれ，RFC 3602 と RFC 4312 になっている．

(3) 暗号利用モード

DES は64ビットの，AES は128ビットのブロック暗号である．これは，同じ平文ブロックに対する暗号文ブロックは同じになることを意味する．

送りたい平文の長さが，丁度指定されたブロック長に等しいことはほとんどない．多くの場合，元の平文を指定ビット数のブロックに分割した後に，各ブロックを暗号化することになる．各ブロックを独立に同じ手順で暗号化する方法を，**ECB モード** (Electronic Code Book mode) と呼ぶ．しかし，ECB モードでは，元の平文の統計的性質が暗号文にもそのまま現れるので，安全性が低くなる．この欠点を改善するために，前の暗号文が次の暗号化に何らかの形で影響を及ぼすような工夫がなされている．**CBC** (Cipher Block Chaining)(直前の暗号文と現在の平文の排他的論理和を暗号化)，**CFB** (Cipher Feedback)，**CTR** (Counter) などのモードがある．CTR モードは，IEEE802.11無線 LAN の AES 暗号化 (p.114参照) で用いられている．

9.1.2 公開鍵暗号

前述のように,公開鍵暗号の概念は,1976年にデフィーとヘルマンによって提案された.その後,多くの研究者が具体的な実現方法を研究している.その最初のものは,1978年にマサチューセッツ工科大学 (MIT) のリベスト (Rivest),シャミア (Shamir),アデルマン (Adleman) によって考案された.3人の研究者の頭文字を取って **RSA暗号**[52] と呼ばれており,現在,広く用いられている.これは,ISO/IEC 18033-2 で,非対称暗号 (公開鍵暗号) の標準規格の一つとなっている.本書では,公開鍵暗号の代表として,RSA 暗号を紹介する.

まず,公開鍵暗号の基本的な考え方を説明しておこう.ユーザを X で表し,X はアリス (A) またはボブ (B) であるとする.X は,自分の**公開鍵** (public key)K_X^+ と**秘密鍵** (private key)K_X^- を作成する.公開鍵は,誰からの要求にも応じて配布する.

送信者をアリス (A),受信者をボブ (B) とすると,暗号文 C と平文 P は,$C = E(K_B^+, P)$,$P = D(K_B^-, C)$ で表される.

また,$P = D(K_X^-, E(K_X^+, P))$ のみならず,$P = D(K_X^+, E(K_X^-, P))$ が,RSA 暗号では成立する.この性質は,次節で述べる認証で利用される.

RSA 暗号は,大きな整数 n を,素因数分解することの困難性 (膨大な時間がかかる) に基礎を置いている.高い機密性を得るためには,鍵長は少なくとも 1024 ビットは必要とされている.

RSA 暗号における公開鍵・秘密鍵の作成法と暗号化・復号の方法は,次の通りである.

---

(1) 二つの大きな素数 p と q とを選び,$n = p \times q$ を計算する.
(2) $z = (p-1) \times (q-1)$ を計算し,z と互いに素となる e をランダムに選択する.公開鍵を $K_X^+ = (e, n)$ とする.
(3) $e \times d = 1 \bmod z$ となる d を求めて,秘密鍵を $K_X^- = (d, n)$ とする.ただし,$\bmod z$ の演算では,z で割って余りを結果とする.
(4) 平文 P に対する暗号化は,$C = P^e \bmod n$ で行う.
(5) 暗号文 C からの復号は,$P = C^d \bmod n$ で行う.

> **例題 9.1　RSA 暗号の公開鍵・秘密鍵の作成と暗号化・復号**
>
> 簡単のために，$p=3$，$q=11$ としたときの公開鍵 K_X^+ と秘密鍵 K_X^- とを計算せよ．また，平文 $P=14$ に対する暗号文 C を求めよ．さらに，C を復号すると P になることを確認せよ．

【解答】　まず，$n=3\times 11=33$，$z=2\times 10=20$ となる．また，20 に対して素となる正整数 e として，3 を選ぶ (他の数でもよい)．$3\times d=1 \bmod 20$ となる d は，7 となる．したがって，$K_X^+=(3,33)$，$K_X^-=(7,33)$ が得られる．

次に，$14^3=2744$ となるので，33 で割って余りを取ると，5 となる．すなわち，$C=14^3 \bmod 33=5$ となる．また，$5^7=78125$ であるので，$78125 \bmod 33=14$ となって，P に等しいことが分かる．　■

RSA 暗号の安全性を高めるためには，n を大きくする必要がある．そのため，暗号化・復号に多数回のべき乗演算を伴い，長い処理時間を要する．

そこで，RSA 暗号の現実的な使われ方は，そのセッションでしか使わない使い捨ての共通鍵，すなわち，**セッション鍵**の配送に利用することである．データの送受信にはセッション鍵を使用する (9.3.1 項参照)．

なお，RSA 暗号をそのまま使用すると安全性が高くないので，メッセージへのパディングを工夫して安全性を高めた **RSAES-OAEP** (RSA Encryption System-Optimal Asymmetric Encryption Padding) などが実際には使われる．

9.1.3　PKI

公開鍵暗号では，公開鍵をいかに管理するかが本質的に重要な課題である．例えば，自己申告制にすれば，他人になりすまして公開鍵を公開することもありうる．これではセキュリティの確保などできない．

公開鍵の管理方法の基本的な考え方は，既に 2.1.13 項で説明した．本人の公開鍵であることを証明する機関 **CA** (Certification Authority) を設け，CA が **公開鍵証明書** (**電子証明書**) を発行する．複数の CA が **信用の連鎖** をなしており，上位の CA は下位の CA に **CA 証明書** を発行する．**皆が無条件で信用することにする** 大本が **ルート CA** (複数ある：本章演習問題 3 参照) である．このような CA の階層的システムを，**PKI** (Public Key Infrastructure) と呼ぶ．

証明書 (公開鍵/CA) の書式は，統一しておく必要がある．これには，ITU–T 勧告 X.509 (ISO/IEC 9594-8, RFC 5280) の標準書式 **X.509 証明書** が使われる．

X.509 証明書には，バージョン，シリアル番号，発行者識別情報 (CN(Common Name), OU(Organizational Unit), O(Organization), C(Country))，公開鍵の所有者 (Subject) 識別情報，公開鍵のアルゴリズムと値，有効期限などのフィールドとともに，発行者 (CA) の**ディジタル署名** (digital signature) アルゴリズムと署名そのものもある．署名は，発行 CA の秘密鍵で暗号化される．ディジタル署名の概要は，次節で述べる．

PKI の実例として，まず，我が国の**公的個人認証サービス (JPKI**) を挙げておこう (http://www.jpki.go.jp/)．これは，市区町村窓口で，住民基本台帳カード (IC カード) を取得し，それに本人確認の電子証明書 (公開鍵証明書) を記録してもらい，各種行政手続きに利用するものである．国税電子申告 (e-Tax) が代表例である．CA は都道府県知事となっている．

我が国における他の例として，**学術認証フェデレーション (学認 (GakuNin**)：https://www.gakunin.jp/ja/) が挙げられる．これは，国立情報学研究所 (NII) が中心になって，我が国の大学・研究機関の構成員が，自分の所属機関で与えられた ID とパスワードによって外部サービスも利用可能とする認証統合 (シングルサインオン) である．**UPKI** (University Public Key Infrastructure) と名付けられている (https://upki-portal.nii.ac.jp/)．GakuNin は，技術的には米国 Internet2 が開発した**シボレス (Shibboleth**) を使用しており，シボレスコンソーシアム (http://shibboleth.net/consortium/) のメンバーになっている．したがって，ユーザの所属機関が GakuNin に加入していれば，所属機関で与えられた ID とパスワードで，シボレスコンソーシアムメンバーにおける加入機関 (米国，カナダ，欧州主要国，オーストラリアなどの機関) のリソース (電子ジャーナルなど) を利用できる．シボレスは，Web 応用技術であり，インターネット上で ID やパスワードなどを交換するための拡張可能なマーク付け言語 (XML) である SAML(Security Assertion Markup Language) を用いている．SAML のプロファイルを送信するために，HTTP 要求メッセージで，POST メソッドを利用する．

"shibboleth" という単語は，英語の一般名詞であり，合言葉，(政治団体の) 標語などの意味がある．シボレスによって，インターネット創設当時のようなアカデミックコミュニティのネットワークが実現できるということであろうか．

9.2 認 証

認証は，**メッセージ認証** (message authentication) (**文書認証**) と**エンティティ認証** (entity authentication) (**個人認証**) に分類される．前者は，受信したメッセージ (文書) は，想定している送信者が作成した正当なものであることを確認できることである．後者は，想定している送信者が本物である (なりすましでない) ことを保証するものであり，**相手認証**とも呼ばれる．

9.2.1 メッセージ認証

暗号鍵と復号鍵を用いることによって，原理的には，メッセージ認証は可能である．守秘性のある鍵を所有しており，暗号文の復号が可能であること自身がメッセージ (文書) の正当性の証明になる．

この方法には，共通鍵暗号を用いる方式と公開鍵暗号を用いる方式とがある．前者を **MAC (Message Authentication Code)** 方式，後者を**ディジタル署名** (digital signature) と呼ぶ．

MAC 方式は，第 3 者への正当性の証明には有効であるが，当事者同士の紛争解決は困難という問題がある．この名称は，Medium Access Control と混同されやすい．p.114 で触れた IEEE802.11 無線 LAN の **CBC-MAC** は，メッセージ認証コード (MAC) を CBC モード (p.213) で生成する意味である．

一方，ディジタル署名では，2 種類の鍵を使うので，当事者同士の主張の違いは起こらない．すなわち，使用する公開鍵暗号は，$P = D(K_X^-, E(K_X^+, P))$ のみならず，$P = D(K_X^+, E(K_X^-, P))$ が成立するものとする．RSA 暗号は，この性質を持っている．

アリスは，平文 P と署名 $S = E(K_B^+, E(K_A^-, P))$，及び自分の公開鍵証明書とをボブに送信する．ボブは，受信した公開鍵証明書からアリスの公開鍵 K_A^+ を得る．そして，受信した署名 $\hat{S}$ が S に等しければ，$D(K_B^-, \hat{S}) = E(K_A^-, P)$ となるので，$D(K_A^+, E(K_A^-, P)) = P$ が計算できて，これが送られてきた P と一致することを確認できる．すなわち，送信者がアリスであると認められる．このような S が作成できるのは，K_A^- の保有者だけであるためである．

送付文書は平文でもよく，文書の認証さえできればよい場合も多い．その場合，不定長の文書全体を暗号化して署名を作るのは，効率がよくないだけでな

く安全性も低くなる．そこで，元の任意長の(長い)文書から一定長の(短い)記号列**メッセージダイジェスト**(Message Digest：**MD**)を作成する．CRCのパリティチェックビットやTCP/IPのチェックサムは，MDの例である．

送信者は，元の平文，署名(自分の秘密鍵でMDを暗号化)，公開鍵証明書を一緒に送る．受信者は，公開鍵証明書から得られた送信者の公開鍵で署名を復号し，送られてきた平文から作成したMDと比較することによって認証を行う．

MDの作成に用いるのが，**ハッシュ関数** (hash function) である．この関数は，**一方向性**と**衝突困難性**を持たなければならない [18]．前者はMDから平文を求める，後者は同じMD値を与える異なる平文を求める困難性を指す．ハッシュ関数の代表的なものに，**MD5**，**SHA-1** (Secure Hash Algorithm 1)，**SHA-2** がある．MD5は，リベストが提案したアルゴリズムの第5版(1992年)である．メッセージを512ビット長ブロックに分割し，MD長は128ビットである．2008年に安全性の問題が指摘されたが，現在でも使用されることがある．SHA-1は，NISTが1995年に定めた規格FIPS 180-1(Secure Hash Standard)である．メッセージを512ビット長ブロックに分割して，MD長は160ビットとなる．しかし，2005年に脆弱性が指摘されたため，その改良版として，SHA-2が定められている (FIPS 180-2)．SHA-2のMD長には，224, 256, 384, 512ビットの4種類がある．これらは，ISO/IEC 10118にもなっている．

9.2.2 エンティティ認証

平文のパスワードを送る**パスワード認証**はよく見るが，盗聴の危険性がある．

より安全なのは，**チャレンジ-レスポンス** (challenge-response) プロトコルである．これは，被認証者(アリス)と認証者(ボブ)が共有する共通鍵 K_{AB} と，各自が生成する乱数(1回しか使わないもので**ナンス** (nonce) と呼ぶ)を使う．まず，アリスは自分のID(A)をボブに送ると，それへの返答としてボブが生成したナンス R_B を受け取る．アリスは，ボブに，$E(K_{AB}, R_B)$ を送信した後，続いて自分のナンス R_A も送信する．ボブは，暗号文を解読して R_B を確認できれば，$E(K_{AB}, R_A)$ でアリスに返答する．アリスは，これを復号し R_A であることを確認する．これで，両者の相互認証ができたことになる．

また，ディジタル署名を用いたメッセージ認証による個人認証も可能である．公開鍵証明書(ユーザID，公開鍵を含む)が利用できれば実現は容易である．

9.3 通信セキュリティ

本章では，これまで，暗号による機密性・完全性・認証の実現機構を概説した．本節では，これらの機構がインターネットにおけるセキュリティの確保にいかに利用されるかを述べる．**SSL** (Secure Socket Layer)，**IPsec** (IP security)，**VPN** (Virtual Private Network) を取り上げる．また，暗号とは直接の関係はないが，重要なセキュリティ技術**ファイアウォール** (Firewall) にも触れる．

9.3.1 SSL/TLS

SSL は，TCP コネクションのセキュリティを向上させるために，1995 年に，ネットスケープコミュニケーションズ (Netscape Communications) 社が提案したものである．図 9.3 に示すように，トランスポート層と応用層の間に，SSL 副層が設けられて，**SSL ソケット**として利用できる．現在では，Web ブラウザで普通に用いられている．SSL を用いた HTTP は，**HTTPS** (Secure HTTP) と呼ばれ，ポート番号 443 が使用される．SSL version 3 が広く使われている．

1996 年，ネットスケープコミュニケーションズ社は，SSL を IETF に委任した．IETF では，これを **TLS** (Transport Layer Security) Version1.0 と呼び，RFC2246, RFC2712 を定めている．これは，SSL version3.1 に対応する．2008 年には，TLS Version1.2 (RFC 5246) となっている．ここでは，TLS Version1.2 に沿って，SSL/TLS の概要を述べる．

TLS は，**TLS レコードプロトコル** (TLS Record Protocol) と，**TLS ハンドシェイクプロトコル** (TLS Handshake Protocol) ほか 3 プロトコルとの 2 層構成である．TCP の直ぐ上に，前者は位置し，後者の各々をカプセル化する．

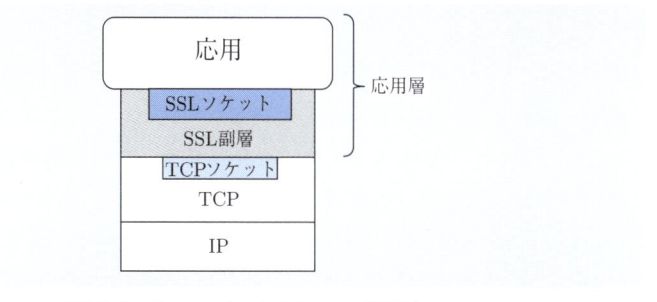

図 9.3 Secure Socket Layer (SSL)

まず最初に，TLS ハンドシェイクプロトコルによって，クライアントとサーバは，暗号アルゴリズムの合意と乱数(**ナンス**)の送信のために，hello メッセージを交換する．サーバは，公開鍵証明書も送る．

次に，クライアントは，サーバの公開鍵証明書の正当性を確認して，プリマスタシークレット (Pre-Master Secret：PMS) を生成する．PMS をサーバの公開鍵で暗号化してサーバに送る．必要ならば，サーバは，クライアントの認証を行う．これで hello メッセージのフェーズが終わる．

クライアントとサーバは，交換した乱数と PMS とを使って，同じ方法で独立に，48 オクテットのマスタシークレット (Master Secret (MS)：鍵生成の素材) を作成する．そして，MS から，4 個の**セッション鍵**，すなわち，暗号化鍵 2 個と MAC 鍵 2 個が生成される．2 種類の鍵は共通鍵ではあるが，各種類でクライアントとサーバは別の鍵を使用する．この後，**暗号仕様切替** (ChangeCipherSpec) メッセージと終了メッセージが相互に送られて，ハンドシェイクは終了する．

データの送受信は，**アプリケーションデータプロトコル**を TLS レコードプロトコルによってカプセル化する形で行われる．データ送信では，まず，アプリケーションデータを，必要ならば，一定サイズのフラグメントに分割し，各フラグメントを圧縮する．さらに，SHA-2(256 ビット) などのハッシュ関数と MAC 鍵によって，各フラグメントのメッセージ認証コード (MAC) を計算し，フラグメントに付加する．そして，"フラグメント+MAC"は，ハンドシェイクによって決まった暗号化鍵を用いて，暗号化される．この暗号文が送信される．

9.3.2 IPsec

IPsec (IP security) (RFC 4301) は，ネットワーク層 (IP) において，強力な機密性，完全性，認証を実現するように設計されている．IPv4 と IPv6 の両方に対応している．

IPsec は，セッション鍵管理を行う **IKE** (Internet Key Exchange) プロトコルと，IKE における交渉によって決まった鍵とアルゴリズムによって保護されたユーザデータを転送するための**セキュリティプロトコル**という二つの構成要素からなる．後者には，**AH** (Authentication Header) プロトコルと **ESP** (Encapsulating Security Payload) プロトコルの 2 種類が用意されている．AH と ESP は，ともに完全性と認証の機能を持つ．しかし，機密性 (ペイロードの

9.3 通信セキュリティ　　221

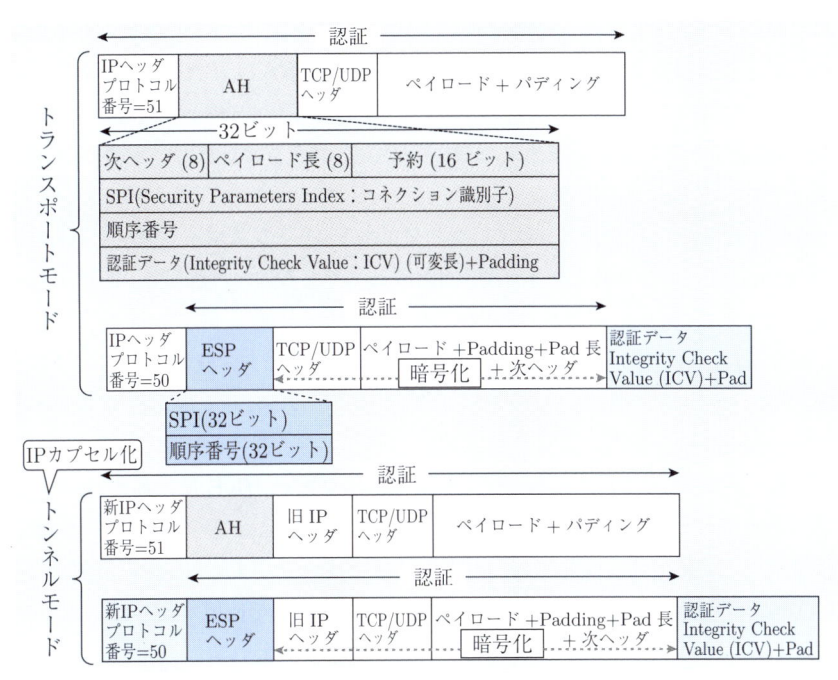

図 9.4 IPsec パケットフォーマットの概略 (IPv4 の場合)

暗号化) を提供するのは ESP のみである．

上記のプロトコルには複数のバージョンがある．以下の説明は，RFC 4301 (IPsec-v3：2005 年)，RFC 4302 (AH：2005 年)，RFC4303 (ESP：2005 年)，RFC 5996 (IKEv2：2010 年) に基づく．IPsec-v3 では，ESP の実装は必須，AH はオプションである．これは，ESP は機密性機能なしで利用することも可能であり，AH のほとんどの機能を包含するためである．なお，これらのプロトコルで用いられる暗号アルゴリズムは，別の RFC(4307：IKEv2, 4835：AH と ESP) で定められている．

IPsec における最も基本となる概念が，**SA** (Security Association) である．これは，セキュリティサービスを提供する単方向コネクションである．したがって，一つの全二重コネクションは，一対 (2 個) の SA を必要とする．また，同一のホスト対の間で，複数の QoS レベルのトラヒックフロー (例えば，8.6 節で触れた DiffServ) をサポートするために，フロー毎に別々の SA を確立する

ことができる．SAごとに，暗号アルゴリズム，暗号鍵，セキュリティプロトコルなどを指定する．SAを管理するデータベースを**SAD** (SA Database) と呼ぶ．SAの識別子が，32ビットの**SPI** (Security Parameters Index) であり，AH/ESPヘッダに書き込まれる．IPsecはこのようなSAを用いるので，コネクション型プロトコルとなる．

AHとESPの各々に，二つの使用モードがある．**トランスポートモード** (transport mode) と**トンネルモード** (tunnel mode) である．したがって，一つのSAは，これら二つのモードのいずれかになる．

図9.4に，IPv4の場合のIPsecパケットフォーマットの概略を示す．パケットフォーマットの詳細は，AH, ESP, 使用モードの組合せで異なる場合があるので，図9.4は，場合によっては正確でないことをお断りしておく．

次に，鍵管理プロトコル**IKE**に簡単に触れておく．IKEは，通信対の相互認証を行うとともに，ESPまたはAH用SAを効率よく確立するための共有秘密情報と，使用する暗号アルゴリズムのセットを含む**IKE SA**を確立する．UDPポート番号500(フォーマットによっては4500)を使用する．IKE SAでは，4つの暗号関係アルゴリズムについての交渉が行われる．暗号化アルゴリズム，完全性保護アルゴリズム，**デフィー-ヘルマングループ** (DH group)，及び擬似ランダム関数 (PRF)(鍵生成の素材となる) である．

DHグループは，鍵交換プロセスで使用される鍵の強度を表し，鍵生成情報として使用される基本素数の長さである．DHグループ1は768ビットであるが，強度が十分でないため使われていない．DHグループ2は1024ビット，DHグループ5が1536ビットである．さらに，RFC 3526(2003年)で，新しいDHグループ(2048, 3072, 4096, 6144, 8192ビット)が定められている．

9.3.3 ファイアウォール

ファイアウォールは，最も基本的なセキュリティ機能であり，アクセス制限の機構である．**パケットフィルタリング方式**と**アプリケーションゲートウェイ方式**に大別できる．前者はヘッダのみを，後者はペイロードも検査する．

よく用いられるのは，パケットフィルタリング方式であり，受信パケットのヘッダを検査してファイアウォールを通過させるかどうかを判断する．検査は，パケットごとに行う場合と，TCPコネクションごとに行う場合(**ステイトフル**

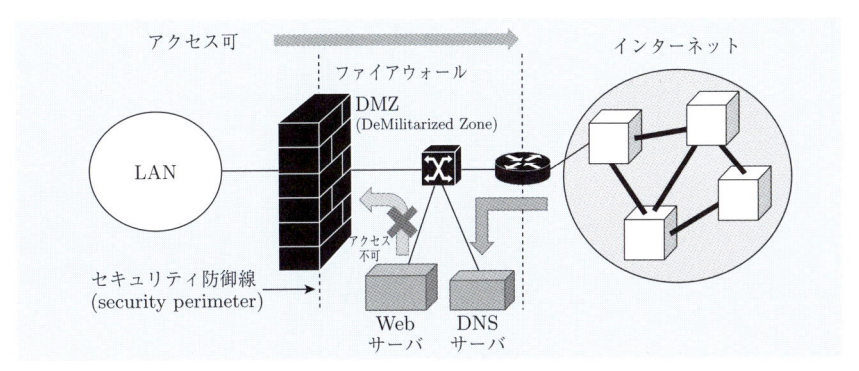

図 9.5　ファイアウォール

パケットフィルタリングと呼ぶ) がある.

　通常はパケット毎の検査であり，送信元 IP アドレス，宛先 IP アドレス，IP ヘッダ内のプロトコルタイプ (TCP，UDP，ICMP など)，送信元ポート番号，宛先ポート番号，TCP フラグ (SYN，ACK など)，ICMP メッセージタイプなどを調べる．予め定めた規則に適合していれば，そのパケットを通過させる.

　図 9.5 にファイアウォールの概念図を示す．ファイアウォールは，普通，ルータ内に実装されている．その組織のネットワークの一部ではあるがファイアウォールの外側の部分を**非武装地帯** (DeMilitarized Zone：**DMZ**) と呼ぶ．DMZ には，外部からのアクセスがある Web サーバや DNS サーバが配置される.

9.3.4　VPN

VPN (Virtual Private Network) は，IPsec や SSL を用いて，インターネット上に仮想的に，専用の通信回線・機器で構築された私的通信網を実現するものである．ルータ間 (ファイアウォール間) で IPsec-ESP トンネルモードを用いることが多い．これによる VPN 構成の概念図を，図 9.6 に示す.

図 9.6　VPN 構成の概念図 (IPsec-ESP トンネルモードを用いた場合)

演習問題

1 $p=7$, $q=5$ としたときの公開鍵 K_X^+ と秘密鍵 K_X^- とを計算せよ．また，平文 $P=5$ に対する暗号文 C を求めよ．さらに，C を復号すると P になることを確認せよ．

2 例題 9.1($K_X^+ = (3, 33)$, $K_X^- = (7, 33)$, $P = 14$) において，秘密鍵 K_X^- を用いて $P = 14$ を暗号化したときの暗号文 C を求めよ．さらに，公開鍵 K_X^+ を用いて C を復号すると P になることを確認せよ．

3 読者は，自分が使っているパソコンにおける CA 証明書について，以下の問いに答えよ．但し，パソコンは，Windows または Mac のいずれかとする．

(1) ApplicationCA 証明書の発行者はだれか．また，発行者は，中間証明機関 (中間認証局) かルート証明機関 (ルート認証局) のどちらであるか．

(2) 次の二つのいずれか一つに答えよ．指定の証明書が自分のパソコンにない場合には，そこにある証明書のどれかで同様のことを調べよ．

  (a) Windows を使用の場合は，Microsoft Code Signing PCA 証明書のルート証明機関はどこか．

  (b) Mac を使用の場合は，Apple Code Signing Certification Authority 証明書のルート証明機関はどこか．

［注］パソコンにおける CA 証明書の調べ方 (下記は，Windows 7+Internet Explorer (IE)9 と，OS X 10.8.3+Safari 6.0.3 の場合である．OS やブラウザのバージョンによっては，下記と異なる場合がある)．

1. **Windows 7**： まず，Internet Explorer を開く．「ツール (T)」→「インターネットオプション (O)」→「コンテンツ」と進み，「証明書 (C)」をクリックする．「目的 (N)」の中に，"中間証明機関" と "信頼されたルート証明機関" のタブがある．それぞれで証明書のリストが現れるので，目的とする証明書を選択して "表示" ボタンをクリックすれば内容が表示される．

2. **OS X 10.8.3**： Finder の状態で，「移動」→「ユーティリティ」と進み，"キーチェーンアクセス.app" をダブルクリックすると，「キーチェーンアクセス」が開く．そこで，「キーチェーン」欄で「システムルート」をクリックすると，ルート認証局の証明書リストが現れる．一方，「キーチェーン」欄で「システム」を，さらに「分類」欄で「証明書」をクリックすると，中間認証局の証明書リストが現れる．目的とする証明書をダブルクリックすれば詳細が表示される．

補遺： パソコンには，購入時に既に多数のルート CA 証明書が保管されている．しかし，ユーザの判断によって削除できる場合もある．

10 性能評価

　一つの技術が学術体系をなすためには，定量的扱いを可能にする理論の確立が不可欠である．情報ネットワークについても，この種の理論の対象はいくつかある．重要なものの一つが，2.5節で取り上げた QoS と QoE の定量的評価である．

　階層化ネットワークにおいては，QoS は階層ごとに定義される．中でも，データリンク層，ネットワーク層，トランスポート層では，QoS パラメータ (性能評価尺度) としては，スループットと遅延を使うことが多い (p.48 表 2.1 参照)．そして，これらの評価においては，**待ち行列** (queue) が重要な役割を演じる．このことは，2.5.4 項で説明した．また，例題 7.1 に関連して，**待ち行列理論** (queueing theory) の必要性に言及した (p.142)．

　本章では，待ち行列理論の基本事項を説明し，その性能評価への適用の入門的解説を行う．待ち行列理論は確率過程論の応用であるので，その理解には確率論が必須である．確率論の概要を付録にまとめてあるので，必要に応じて参照されたい．

　なお，アプリケーションレベル QoS と QoE の評価には，待ち行列理論とは別の方法論が要る．前者では，メディアの構造 (時間構造，空間構造，論理構造) をモデル化できる手法が必要である．また，後者では，QoS に加えてユーザの主観や属性も反映できる方法論を用いなければならず，今後の研究が待たれる．

キーワード

待ち行列理論　　　リトルの公式
M/G/1 待ち行列
ポラツェック-ヒンチンの式
ポアソン過程　　指数分布　　無記憶性

10.1 性能評価尺度

本章では，性能評価尺度 (QoS パラメータ) として，主として，**スループット** (throughput) と**遅延** (delay) を用いる．情報ネットワークにおけるこれらの定義は，すでに第 2 章で与えた．

スループットは，単位時間当たりにネットワークによって伝送されるデータ量を表す．一般には，システムの単位時間当たりの処理量を示す．単位は，ビット/秒やバイト/秒を用いる場合もあるが，対象とする層に応じて PDU/秒 (フレーム/秒やパケット/秒) とすることも多い．また，評価対象が計算機の場合には，ジョブ/秒などとすることもある．

遅延は，PDU が送信側から受信側まで届くのに要する時間を指す．一般には，システムが処理要求を受け取ってから，それを出力するまでの時間と定義される．

遅延については，"遅延 = 処理時間 + 待ち時間"の関係が成り立つ．処理時間は，PDU の伝送時間やジョブの処理時間など，要求が処理されるのにかかる正味の時間を意味する．待ち時間は，処理されるのを待っている時間である．処理時間については，要求の具体的な形態が与えられれば，基本的には計算が可能である．例えば，要求が PDU の伝送であるならば，通信回線速度と PDU サイズが指定されれば伝送時間を計算できる．一方，待ち時間は簡単には計算できない．それは，待ち時間は，その時点で存在する自分以外の要求の大きさに依存するからである．他の要求がなければ待ち時間はゼロになるが，多ければ長時間待たされることになる．

個々の要求は，それぞれが独立に自律的に動作している主体 (人間または，計算機内のプロセスやセンサであったりする) から発生するので，その発生タイミングは一般的には非同期であり且つ一つの要求の大きさには何ら規則性はない (第 2 章基本的問題 (1) の一種)．したがって，システムに加えられる要求の大きさは，一般に時間的に変動する．ほとんどの場合，それを正確に評価することは実質的に不可能である．このため，処理要求の定量的表現には確率的なアプローチが用いられる．次節で取り上げる待ち行列モデルが，それである．

平均遅延とスループットは，一般に，図 10.1 に示す関係を持つ．スループットが大きくなるということは，システムに加えられる要求が大きくなることを

10.1 性能評価尺度

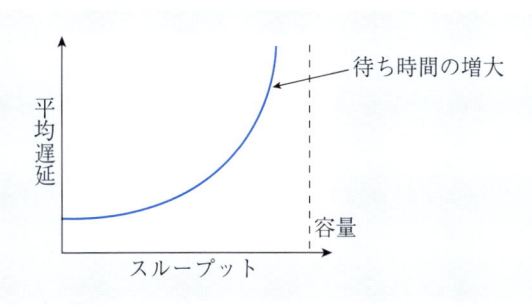

図 10.1 平均遅延とスループットとの関係

意味する．要求の大きさが待ち行列が生じない範囲内ならば，待ち時間はゼロであるため，スループットが増加しても平均遅延は大きくならない．しかし，待ち行列が生じるようになると，スループットの増加は待ち時間の増加を伴い，平均遅延も増大する．スループットがシステムの容量 (処理能力の限界) に近くなると，待ち行列長は増加を続け，新たに加えられた要求は処理されなくなる．したがって，満足すべき平均遅延要件が与えられている場合には，スループットはそれに対応する範囲内に抑えられなければならない．

遅延に関連してよく用いられる評価尺度に，**応答時間** (response time) がある．これは，トランスポート層以上での評価尺度である．送信側がPDUをネットワークに送出してから，受信側からの応答を受け取るまでの時間である．一般には，システムが入力を受け取り，それを処理し，結果を出力するまでの時間と定義される．応答時間と遅延には次式の関係がある．

> 応答時間 = 往路の遅延 + 受信側処理時間 + 復路の遅延

容易に想像できるように，平均応答時間とスループットの間にも，図 10.1 と同様の関係が成り立つ．

以上の議論から明らかなように，ネットワーク性能評価に際しては，次の2点に留意することが肝要である．

(1) どこに待ち行列が発生するか．
(2) **ボトルネック** (bottleneck) はないか．

第1点は，待ち行列がネットワーク性能に大きく影響するのであるから，待

ち行列の存在を特定しておくことが重要であることを言っている．第 2 点におけるボトルネックは，性能を大きく劣化させる支配的要因を意味している．本来は，びんの首のことである．これは，狭い通路であり，物事の進行を妨げる要因となるので，転じてこのような使い方がされる．ネットワークの中で極端に性能の悪い箇所があると，残りの部分がいかに高性能であっても，ネットワーク全体の性能は実質的に悪いところで決まってしまうのである．このようなボトルネックが発生しないようにネットワークを設計・運用しなければならない．

なお，通信ネットワークに与えられる要求は，情報の伝送である．これは，1.1.2 項で述べたように，**トラヒック** (traffic) または**負荷**と呼ばれることもある．本章でも，状況によっては，これらの用語を用いる．

■ シャノン情報理論と QoS/QoE

シャノン情報理論 (p.70) は，1948 年にベル電話研究所技術論文誌 (Bell System Technical Journal) に掲載されたシャノンの論文，"コミュニケーションの数学的一理論 (A Mathematical Theory of Communication)" から始まっている．この論文の重要性にいち早く着目したワレン ウィーバ (Warren Weaver) は，シャノン理論の意義の解説文を執筆し，翌 1949 年に，シャノンの論文と併せて一冊の共著書 *The Mathematical Theory of Communication* (書名の冠詞 *The* と論文名の冠詞 *A* の違いに注目) として，イリノイ大学出版局から出版した．

同書で，ウィーバは，"コミュニケーション" の問題には，三つのレベル A，B，C があるとしている．レベル A は技術的 (technical) 問題「通信のための記号をいかに正確に伝送するか」，レベル B は語義的 (semantic) 問題「送信された記号がいかに正確に意図した意味を伝えるか」，レベル C は効果 (effectiveness) の問題「受信した情報がいかに効果的に受信者の行動に影響を与えるか」である．ウィーバは，シャノン理論はレベル A であるとしている．

レベル B の定量化には，階層化ネットワークの観点からすれば，アプリケーションレベル QoS 評価法に相当する手法が必要になる．また，レベル C は，QoE に対応する概念である．ウィーバの "コミュニケーション理論" 展開のロードマップの終点には，QoE があったのである．

10.2 待ち行列のモデル

10.2.1 基本モデル

待ち行列は，伝送路・交換機・端末などのネットワーク資源の容量 (最大処理能力) が有限であることから発生する．これらの資源は，データの伝送・交換・処理などのサービスを提供するため，**サービス設備** (service facility) とみなすことができる．これらのサービス設備に対して，PDU，ジョブ，プロセスなどがサービスを求めてやって来る．待ち行列理論では，サービス設備を**窓口** (server)，サービスを求める主体を**客** (customer) と呼ぶ．やって来る可能性のある客の集まりを**母集団** (customer population) という．これらの用語は，もともとは我々人間が日常生活において出会う待ち行列を想定して選択されている．しかし，それらが，本来のものよりずっと広義に使われるのは，これまでの説明で明らかであろう．

待ち行列の基本モデルを，図 10.2 に示す．このモデルを用いて定量的な議論を行うためには，いくつかのパラメータを指定しなければならない．そのうち特に重要なのが，客の**到着間隔分布** (interarrival time distribution)，一人の客の**サービス時間分布** (service time distribution)，**窓口数**である．

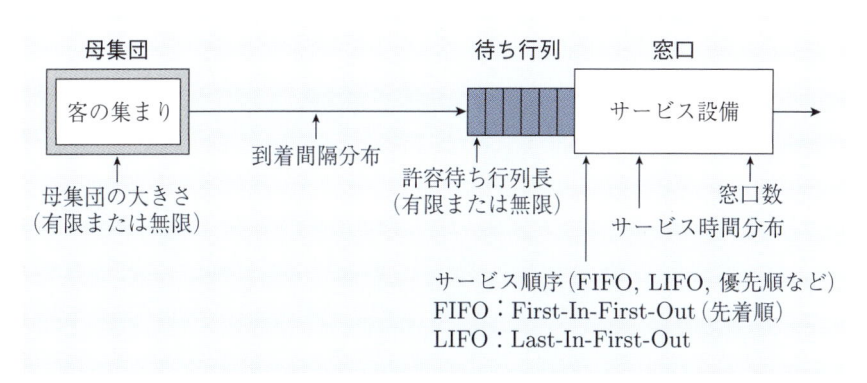

図 10.2 待ち行列の基本モデル

前節で説明したように，客の到着間隔とサービス時間は，確率的に記述する必要がある．もしこれらが一定値で記述できるような状況ならば，一人の客のサービス時間が客の到着間隔より短くなるような容量の窓口を設置すれば，待

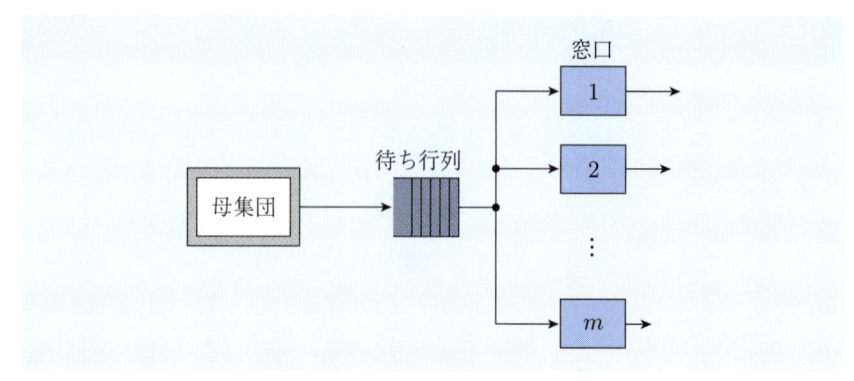

図 10.3 複数窓口待ち行列モデル

ち行列は発生しない．客からサービス要求が与えられたとき，窓口の容量 (最大処理速度) を大きくすれば，同じサービス要求でもそれを処理するのに要する時間は短くなることに注意されたい．客 (互いに非同期である) の到着間隔とサービス時間のランダム性が問題を難しくしているのである．また，窓口が複数個あれば並列処理が可能となるため，全体としての窓口容量は増加する．窓口が複数個ある場合の待ち行列モデルは，図 10.3 のように描くことができる．

上記の三つのパラメータを用いて待ち行列のタイプを指定するために，次の**ケンドール記号** (Kendall's symbol) が用いられる．

> 到着間隔分布 / サービス時間分布 / 窓口数

さらに，到着間隔分布とサービス時間分布を簡潔に表現するために，いくつかの記号が定められている．これらは，待ち行列理論においてよく使用される基本的な確率分布を表すもので，次の記号はよく使われる．

> M　指数分布
> E_r　r ステージ・アーラン分布
> D　一定値
> G　一般分布

M は，**マルコフ過程** (Markov process) を意味する．指数分布の確率変数は，

10.2 待ち行列のモデル

マルコフ過程となるためである．M が到着間隔分布を表すときは，**ランダム到着**または**ポアソン到着**ともいう．これは，互いに非同期である端末群からのメッセージ発生の数学的モデルになるので，10.5 節と 10.6 節で詳しく説明する．

E は Erlang (アーラン)，D は Deterministic，G は General を表している．これらの記号を用いて，例えば，次のように表記する．

$$M/M/1,\ M/D/1,\ M/E_r/1,\ M/G/1,\ G/G/1,\ M/M/m,\ G/G/m$$

到着間隔分布，サービス時間分布，窓口数の他に，図 10.2 に示すように，**許容待ち行列長**，**母集団の大きさ**，**サービス順序** (service discipline) を指定することもある．

許容待ち行列長は，待つことができる最大の客数であり，有限または無限とする．これは，端末や交換機ではバッファメモリサイズに相当するので，現実の状況では有限となる．この大きさは，重要な設計パラメータの一つになる．

母集団の大きさは，有限または無限である．有限の場合には，サービスを受けているか待っている客の人数が到着間隔分布に影響する．例えば，すべての客がサービス中か待ち行列中ならば，客が到着することはありえない．待ち行列理論では，無限母集団を想定することが多い．

サービス順序は，客をどの順番でサービスするかを規定する．最も多いのは，**先着順サービス**である．これは，**FIFO** (First In First Out) または **FCFS** (First Come First Serve) と呼ばれる．逆に，後で到着した客を先にサービスする**後着順サービス**もあり，**LIFO** (Last In First Out) または **LCFS** (Last Come First Serve) と呼ばれる．さらに，客に優先順位を設定し，それに従ってサービスする**優先順サービス** (priority service) もある．8.6 節で触れたルータでのパケットスケジューリングアルゴリズム (RR，WRR，WFQ) は，さらに複雑な例である．

なお，許容待ち行列長 K と母集団の大きさ P も，ケンドール記号で表現されることがある．すなわち，これらの値を，窓口数の後に "/" で区切って，G/G/1/K/P のように書く．K と P の省略時には，ともに無限を意味する．また，サービス順序は，特に指定がなければ先着順である．

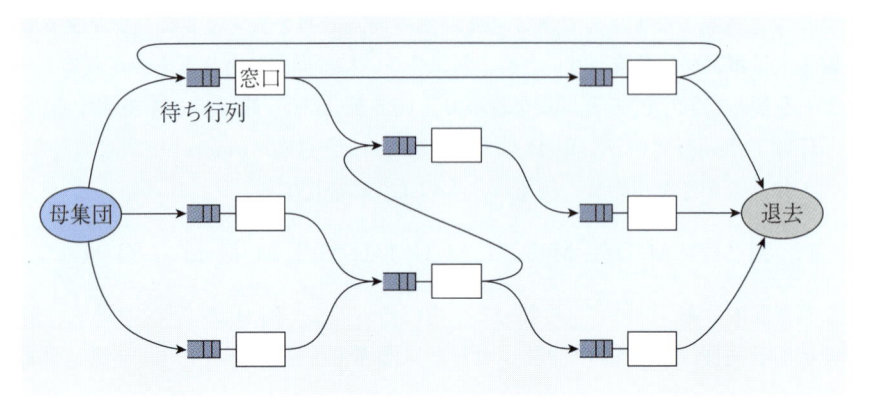

図 10.4 開放型待ち行列網モデル

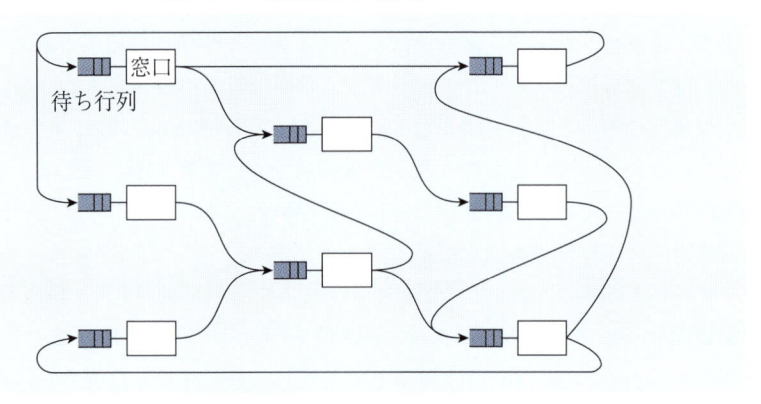

図 10.5 閉鎖型待ち行列網モデル

10.2.2 待ち行列網モデル

情報ネットワークにおいて，図 10.2 や図 10.3 のように，待ち行列が 1 個しか存在しない状況は，むしろ稀である．第 2 章の図 2.18，図 2.21，図 2.22 に示したように，待ち行列が相互に接続されネットワーク状になっているのが普通である．待ち行列理論では，このような状況を扱う**待ち行列網モデル** (queueing network model) もある．

これには，**開放型待ち行列網** (open queueing network) と**閉鎖型待ち行列網** (closed queueing network) とがあり，それぞれ，図 10.4 と図 10.5 にそのモデルの例を示す．開放型待ち行列網では，客がネットワーク外から到着して，必要

なサービスを終了するとネットワークから退去する．したがって，ネットワーク内の客数は，時間とともに変化する．一方，閉鎖型待ち行列網では，ネットワーク内の客数は一定であり，外からの到着も退去もなく，ただ窓口間を移動するだけである．このような待ち行列網モデルは，基本モデルと比べれば，実際の状況をモデルに反映できるので，より有用である [54]．しかしながら，それを学習するためには，多くの数学的準備を必要とするので，ここでは扱わない．

本章は性能評価への入門であるので，単一窓口の基本モデルに議論を限定する．

10.2.3 待ち行列理論と通信トラヒック理論

通信ネットワークの分野における待ち行列理論は，**通信トラヒック理論** (tele-traffic theory) とも呼ばれる．これは，通信ネットワークの問題に焦点を合わせているため，一般的な待ち行列理論とは異なる固有の概念や手法も用いる．歴史的には，むしろ通信トラヒック理論の誕生の方が待ち行列理論よりも早い．1909 年に，デンマークの電話会社の技師アーラン (A. K. Erlang) が電話交換トラヒックの数学的理論の論文 (The Theory of Probabilities and Telephone Conversations) を発表したのを嚆矢 (始まり) とする．その後，オペレーションズリサーチ (OR)，計算機性能，交通トラヒックなどに研究対象が拡大し，現在のような待ち行列理論となった．

■ 技術における完全性

人は完全ということに憧れる．完全の保証があれば，どれだけ心安らかになるであろうか．しかし，技術の世界では (おそらくこの世のほとんどのことで)，完全 (100%) というのは叶えられぬ夢であろう．情報ネットワークの分野でも，100%の誤り検出・訂正は不可能であるし，TCP の三方向ハンドシェイク (8.3.5 項) はコネクションの絶対確立を保証するものではない．認証技術 (9.2 節) も必ずしも完璧に機能するわけではなく，ルート CA も 100%信用できる保証はない．

これらの不完全性は，主として，物理法則や経済原則に起因する．しかし，最終的には，人が技術を使用するということが根底にある．使用のみならず設計・構築におけるヒューマンエラーを可能な限り 0%に近づけるために，技術者は，技術面のみならずマンマシンインタラクションを重視しなければならない．情報ネットワークでいえば，QoS だけでなく QoE も考慮すべきということである．

完全という不動の基盤の上に築かれた技術は，心すべき努力目標であろう．

10.3 リトルの公式

待ち行列理論において大変役に立つ結果の一つが，**リトルの公式** (Little's formula) である．これは，平均遅延や平均応答時間とシステム内に存在する平均客数との関係を与えるものである．待ち行列理論においては，遅延や応答時間を直接計算するよりも，システム内の客数の確率分布やモーメントを求める方が容易であることが多い．その場合には，リトルの公式を用いれば，平均客数から平均遅延や平均応答時間を計算することができる．

以下の議論では，待ち行列システムが稼動し始めてから十分な時間が経過し，システムは**平衡状態** (equilibrium state) にあるものと仮定する．平衡状態とは，システムに到着する客の割合とシステムから退去する客の割合が等しい状態である．したがって，平衡状態で長時間観測すると，到着客数と退去客数とがほぼ等しくなる．このことが成立するためには，システムに加えられる仕事の割合が，システム容量よりも小さくなければならない．図10.1でいえば，スループットが容量よりも小さい状態である．

リトルの公式を説明するために，図10.6に記載してある記号を，次のように定義する．

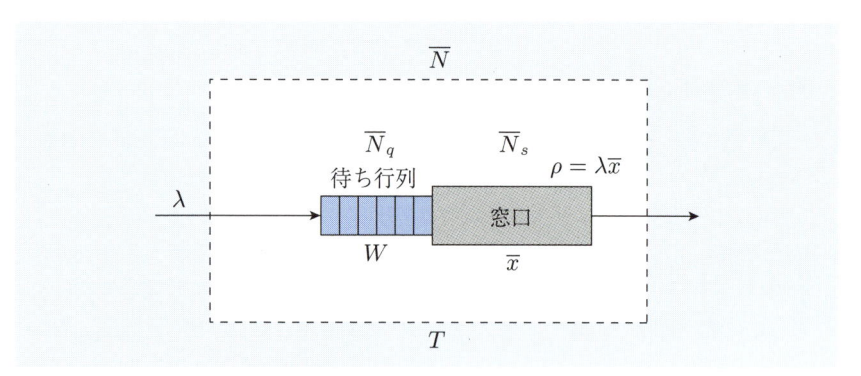

図10.6 待ち行列モデルにおける記号

- λ : **平均到着率** (average arrival rate). 単位時間当たりに到着する客の平均数.
- $\bar{x}$: **平均サービス時間** (average service time). 一人の客が要求するサービス時間の平均値.
- $\mu \triangleq 1/\bar{x}$: **平均サービス率** (average service rate). 単位時間当たりにサービス終了する客の平均人数 ($\triangleq$ は, 定義を表す).
- $\bar{N}$: **システム内平均客数** (システム内にいる客の平均人数).
- $\bar{N}_q$: **平均待ち行列長** (待ち行列内にいる客の平均人数).
- $\bar{N}_s$: 窓口内にいる客の平均人数.
- W : **平均待ち時間** (average waiting time). 客がシステムに到着してから, サービスを受け始めるまでの時間の平均値.
- T : **平均システム滞在時間**. 客がシステムに到着してから, サービスを受け終えてシステムを去るまでの時間の平均値.
- $\rho \triangleq \lambda \bar{x}$: **窓口利用率** (utilization factor). 単位時間当たりに窓口に与えられる仕事の時間量を表す. 窓口数が m の場合には, 窓口利用率は, 窓口1個当たりの仕事量に換算され, $\rho \triangleq \lambda \bar{x}/m$ と定義される. 与えられた仕事が処理され, システムが安定に動作するためには, $0 \leq \rho < 1$ でなければならない.

平均システム滞在時間 T は, 窓口の解釈の仕方によって, 平均遅延や平均応答時間に対応する. 平均待ち時間 W, 平均サービス時間 $\bar{x}$ と次の関係があることは明らかであろう.

$$T = W + \bar{x} \tag{10.1}$$

また, 許容待ち行列長が無限大の場合には, 客が待ち行列に加われず立ち去らなければならない (バッファオーバフローに対応) ことはない. そのため, $\rho < 1$ であるときには, ρ はスループットに相当する.

以上定義した記号を用いると, リトルの公式は, 次のように表される.

$$\bar{N} = \lambda T \tag{10.2}$$

$$\bar{N}_q = \lambda W \tag{10.3}$$

$$\bar{N}_s = \lambda \bar{x} \tag{10.4}$$

これらの式は，到着間隔分布，サービス時間分布，窓口数，サービス順序にかかわらず，一般の G/G/m で成立する．これらの式が成立することは，待ち行列の分野では古くから知られていたが，リトル (J. D. C. Little) が 1961 年に初めて数学的に証明したのである．

上式のいずれも，意味しているのは入出力フローのバランスである．この観点から，リトルの公式が成立する理由は直感的に理解できる．例えば，$\bar{N} = \lambda T$ を取り上げよう．今，一人の客がシステムに到着した場合を考える．その客は，到着時に，他の客が平均して $\bar{N}$ 人自分の前に並んでいるのを見る．そして，その客がサービスを受け終えてシステムを立ち去るとき，後ろを振り返ると，平均して λT 人がシステム内にいるのを見る．立ち去ろうとしている客は，平均的して時間 T だけシステムに滞在したのであるから，その間に到着する客の平均数は λT となる．システムが平衡状態にある場合には，この λT 人の客は，新たに到着する客にとっては，自分の前に並んでいる $\bar{N}$ 人に見えることになる．したがって，$\bar{N} = \lambda T$ が成立する．他の 2 式についても，待ち行列または窓口でフローバランスを考えれば，その意味を理解できる．

上記の議論から明らかなように，リトルの公式が成立する要件は，平衡状態におけるフローバランスだけである．このため，リトルの公式は，極めて一般的な条件の下で成立するのである．

以上で待ち行列のモデル化の方法と基礎概念については，一通りの説明をした．それでは，どのようにして待ち行列理論をネットワーク性能評価に適用するのであろうか．本章の残りの部分では，簡単ではあるが有用な一つの公式 (ポラツェック-ヒンチンの式) を紹介し，その性能評価への応用例を示す．さらに，その公式の数学的証明を学習することによって，待ち行列理論における数学的定式化の方法と，得られた結果の基本的性質を理解しよう．

どのような数学的公式や結果にも，それを導出するために用いた仮定や前提がある．その意味を十分に理解しておかないと，適用を誤り，間違った判断を下す可能性がある．

10.4 ポラツェック-ヒンチンの式

M/G/1 待ち行列は，ランダム到着・一般分布サービス時間を持つ単一窓口待ち行列である．そのため，実際のネットワークの中で，これに近い状況に遭遇することは多い．この待ち行列モデルにおける平均待ち時間は，次式で与えられ，**ポラツェック-ヒンチンの式** (Pollaczek–Khinchin formula) と呼ばれる．

$$W = \frac{\rho \bar{x}(1+C^2)}{2(1-\rho)} \tag{10.5}$$

ただし，C は，サービス時間の**変動係数** (coefficient of variation) である．サービス時間の標準偏差を σ で表すと，$C \triangleq \sigma/\bar{x}$ と定義される．

式 (10.5) を式 (10.1) に代入すると平均システム滞在時間 T が得られ，T にリトルの公式を適用するとシステム内平均客数 $\bar{N}$ を求めることができる．これらの式も，ポラツェック-ヒンチンの式と呼ばれる．W, T, $\bar{N}$ の3式とも平均値を表すので，**ポラツェック-ヒンチンの平均値公式**と呼ばれることもある．

式 (10.5) は，平均到着率，平均サービス時間が同じであっても，サービス時間の変動係数 (したがって標準偏差) が大きいほうが，平均待ち時間は大きくなることを示している．このことを，M/M/1 と M/D/1 の待ち行列で調べてみよう．

M/M/1 の場合 指数分布サービス時間であるので，$\bar{x} = \sigma = 1/\mu$ となる (証明は，10.6 節で行う)．したがって，$C = 1$ となり，次式が得られる．

$$W = \frac{\rho(1/\mu)}{1-\rho} \tag{10.6}$$

M/D/1 の場合 $\bar{x} = 1/\mu$, $\sigma = 0$ であるので，$C = 0$ となり，W は次式で与えられる．

$$W = \frac{\rho(1/\mu)}{2(1-\rho)} \tag{10.7}$$

すなわち，M/D/1 の平均待ち時間は，M/M/1 のそれの半分になる．
このことから，可能ならば，平均サービス時間の標準偏差が小さくなるよう

にシステム設計することが望ましいといえる．

次にポラツェック-ヒンチンの式の適用例を紹介する．

例題 10.1

インターネット内のルータにおける遅延を考える．ここでの遅延とは，パケットがルータに入力されて（パケットの最後のビットまでルータに入力されて）から出力される（パケットの最初のビットが出力インタフェースに現れる）までの時間である．

インターネットを流れるトラヒックでは，図 10.7 に示すように，特定の長さのパケットが大部分を占めている（1 バイト = 1 オクテット）．そこで，図 10.7 にもとづき，パケット長分布を図 10.8 のようにモデル化する．

いま，1 ワードが 8 バイトで 100MIPS (Million Instruction Per Second: 1 秒間に 10^6 個の命令を処理) の処理能力を持つ CPU と，入力および出力インタフェースを一つずつ持つルータを考える．パケットは必ず入力インタフェースに入り，出力インタフェースから出ていくものとする．

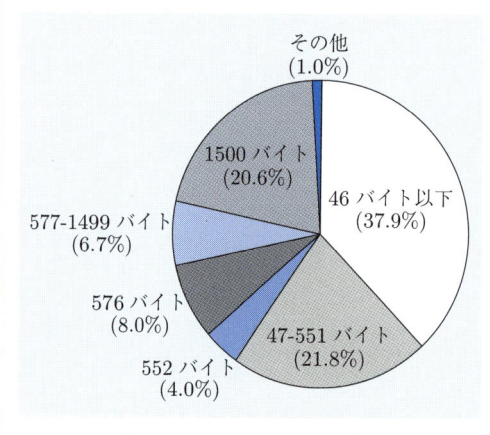

図 10.7 パケット長分布

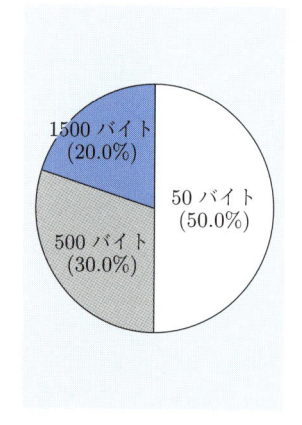

- その他 (1.0%)
- 1500 バイト (20.6%)
- 577-1499 バイト (6.7%)
- 576 バイト (8.0%)
- 552 バイト (4.0%)
- 47-551 バイト (21.8%)
- 46 バイト以下 (37.9%)

図 10.8 モデル化されたパケット長分布

- 1500 バイト (20.0%)
- 500 バイト (30.0%)
- 50 バイト (50.0%)

1 秒当たり平均 50000 個のパケットがランダムにルータに到着し，パケット長分布は図 10.8 に示すものとする．また，ルータ内では，各パケットに対して以下の処理が行われる．

> (1) パケットをメモリ上で1回コピー
> (2) ルーティング表を参照し転送先を決定
> (3) パケットをメモリ上で再度コピー
>
> パケットのコピーは1ワード単位で行われ，1回のコピーに6命令を必要とする．また (2) の処理はパケット長にかかわらず20命令を要する．ルータでのメモリの読み書き時間は十分小さく無視できるものとして，平均遅延を求めよ．

【解答】 ここでは，待ち行列モデルにおいて，

- 窓口→ルータのCPU
- 客→パケット
- サービス時間→ルータ内でのパケット処理時間
- 平均システム滞在時間→平均遅延

と考える．このとき，待ち行列モデルは M/G/1 となる．

パケットの平均到着率は，$\lambda = 50000$ [パケット/秒] である．ルータ内で l バイト長のパケットを処理するために必要な命令数 N_l は，次のようになる．

$$N_l = \left(\left\lceil \frac{l}{8} \right\rceil \times 6\right) \times 2 + 20 = \left\lceil \frac{l}{8} \right\rceil \times 12 + 20 \tag{10.8}$$

ただし，$\lceil x \rceil$ は x 以上の最小の整数を表す．1命令当たりの処理時間は $1/10^8 = 1.00 \times 10^{-8}$ 秒であるので，l バイト長のパケットの処理時間 x_l [秒] は，次式で与えられる．

$$x_l = \left(\left\lceil \frac{l}{8} \right\rceil \times 12 + 20\right) \times 10^{-8} \tag{10.9}$$

これより，平均パケット処理時間 $\bar{x}$ [秒] は次のように計算できる．

$$\begin{aligned}
\bar{x} &= x_{50} \times 0.5 + x_{500} \times 0.3 + x_{1500} \times 0.2 \\
&= \left(\left\lceil \frac{50}{8} \right\rceil \times 12 + 20\right) \times 10^{-8} \times 0.5 \\
&\quad + \left(\left\lceil \frac{500}{8} \right\rceil \times 12 + 20\right) \times 10^{-8} \times 0.3 \\
&\quad + \left(\left\lceil \frac{1500}{8} \right\rceil \times 12 + 20\right) \times 10^{-8} \times 0.2
\end{aligned}$$

$$= 7.400 \times 10^{-6} \tag{10.10}$$

したがって，窓口利用率 ρ は，

$$\rho = \lambda \bar{x} = 50000 \times 7.400 \times 10^{-6} = 0.370 \tag{10.11}$$

となる．

また，パケット処理時間の分散 $Var[x]$ は，次のように計算できる．

$$\begin{aligned}
Var[x] &= (x_{50} - \bar{x})^2 \times 0.5 + (x_{500} - \bar{x})^2 \times 0.3 \\
&\quad + (x_{1500} - \bar{x})^2 \times 0.2 \\
&= \left\{(104 - 740) \times 10^{-8}\right\}^2 \times 0.5 \\
&\quad + \left\{(776 - 740) \times 10^{-8}\right\}^2 \times 0.3 \\
&\quad + \left\{(2276 - 740) \times 10^{-8}\right\}^2 \times 0.2 \\
&= 6.74496 \times 10^{-11} \\
&\cong 6.745 \times 10^{-11}
\end{aligned} \tag{10.12}$$

これより，サービス時間の変動係数 C の二乗は，

$$C^2 = \frac{Var[x]}{(\bar{x})^2} = \frac{6.745 \times 10^{-11}}{(7.400 \times 10^{-6})^2} \cong 1.232 \tag{10.13}$$

となる．

以上より，平均待ち時間 W は，ポラツェック-ヒンチンの式を用いて，次のようになる．

$$\begin{aligned}
W &= \frac{\rho \bar{x}(1 + C^2)}{2(1 - \rho)} = \frac{0.370 \times 7.400 \times 10^{-6} \times (1 + 1.232)}{2 \times (1 - 0.370)} \\
&\cong 4.850 \times 10^{-6}
\end{aligned} \tag{10.14}$$

したがって，平均遅延 (平均システム滞在時間) T は，次式で与えられる．

$$\begin{aligned}
T &= W + \bar{x} = 4.850 \times 10^{-6} + 7.400 \times 10^{-6} \\
&\cong 12.250 \times 10^{-6} \,[秒] = 12.250 [マイクロ秒]
\end{aligned} \tag{10.15}$$

本章の以降の議論は，式 (10.5) のポラツェック-ヒンチンの式を証明することを最終目的とする．そのために，まず，次節において，ランダム到着を数学的に定式化する．続いて 10.6 節で，ランダム到着においては，到着間隔分布が指数分布となることを示す．そして，それらの結果を利用して，10.7 節でポラツェック-ヒンチンの式を証明する．

10.5 ポアソン過程

10.5.1 ランダム到着

本節ではランダム到着の数学的定式化を考える．それでは，ランダムとは一体何なのだろうか？辞書を引くと，"手当たり次第"とか"無作為"と書いてある．しかし，これだけでは数学的な論理展開の条件としては不十分である．

そこで，図 10.9 に示すように，時間軸を長さ Δt の微小間隔に分割する．そして，区間 $(t, t+\Delta t)$ における客の到着に関して，次の仮定をおく．

(A1)　$P[(t, t+\Delta t)\text{ での到着客は 1 人}] = \lambda \Delta t + o(\Delta t)$
(A2)　$P[(t, t+\Delta t)\text{ での到着客は 0 人}] = 1 - \lambda \Delta t + o(\Delta t)$
(A3)　$P[(t, t+\Delta t)\text{ での到着客は 2 人以上}] = o(\Delta t)$

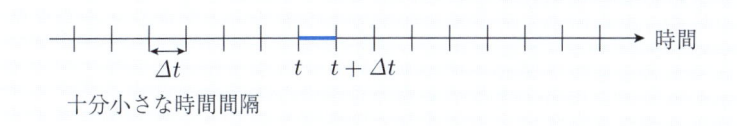

十分小さな時間間隔

図 10.9　ランダム到着

ここで，λ は定数であり，$o(\Delta t)$ は $\displaystyle\lim_{\Delta t \to 0} \frac{o(\Delta t)}{\Delta t} = 0$ となるような小さな値である．

仮定 (A1)～(A3) は，微小区間 $(t, t+\Delta t)$ では客の到着は高々一人であることをいっている．また，それらの確率の値は，過去の到着客数や現在時刻 t とは独立であり，間隔 Δt にのみ依存していることに注意されたい．すなわち，現在までに多くの客が到着済みであるからこれからの到着客が少なくなるとか，特定の時刻になるとたくさんの客が来る (例えば昼食時の客) といった場合は，考えない．ランダム到着をこのように定義するのである．

ここで，時刻 t までの累積の到着客数を N^t で表すことにし，$P_n(t) \triangleq P(N^t = n)$ を計算しよう．

時刻 $t + \Delta t$ までの到着客数が $N^{t+\Delta t} = n$ となる場合を考えよう．このことが成立するためには，仮定 (A1)～(A3) より，図 10.10 に示すように，$N^t = n$ または $N^t = n-1$ のいずれかでなければならない．したがって，$n \geq 1$ の場合には，全確率の定理より，次式が得られる．

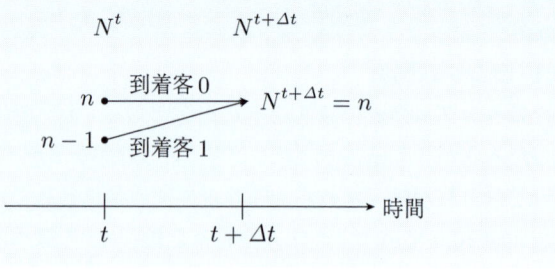

図 10.10 時刻 $t + \Delta t$ までの到着客数

$$P(N^{t+\Delta t} = n) = P(N^{t+\Delta t} = n | N^t = n)P(N^t = n)$$
$$+ P(N^{t+\Delta t} = n | N^t = n - 1)P(N^t = n - 1) \quad (10.16)$$

仮定 (A2) より

$$P(N^{t+\Delta t} = n | N^t = n) = 1 - \lambda \Delta t + o(\Delta t)$$

仮定 (A1) より

$$P(N^{t+\Delta t} = n | N^t = n - 1) = \lambda \Delta t + o(\Delta t)$$

となるので,上式は次のように書くことができる.

$$P_n(t + \Delta t) = \{1 - \lambda \Delta t + o(\Delta t)\} P_n(t)$$
$$+ \{\lambda \Delta t + o(\Delta t)\} P_{n-1}(t) \quad (n \geq 1 \text{ のとき}) \quad (10.17)$$

同様にして,$n = 0$ のときは,次式が得られる.

$$P_0(t + \Delta t) = \{1 - \lambda \Delta t + o(\Delta t)\} P_0(t) \quad (10.18)$$

式 (10.17) を変形すると,

$$P_n(t + \Delta t) = P_n(t) - \lambda P_n(t) \cdot \Delta t + \lambda P_{n-1} \cdot \Delta t$$
$$+ o(\Delta t) \cdot \{P_n(t) + P_{n-1}(t)\} \quad (10.19)$$

となる.$\{P_n(t) + P_{n-1}(t)\} < \infty$ であるので,ここで,改めて

$$o(\Delta t) \cdot \{P_n(t) + P_{n-1}(t)\}$$

を $o(\Delta t)$ と書いても,$\lim_{\Delta t \to 0} \dfrac{o(\Delta t)}{\Delta t} = 0$ を満足するので問題はない.したがって,式 (10.19) は

$$\frac{P_n(t + \Delta t) - P_n(t)}{\Delta t} = -\lambda P_n(t) + \lambda P_{n-1}(t) + \frac{o(\Delta t)}{\Delta t} \quad (10.20)$$

と書くことができる.$\Delta t \to 0$ とすると,次式が得られる.

10.5 ポアソン過程

$$\frac{dP_n(t)}{dt} = -\lambda P_n(t) + \lambda P_{n-1}(t) \quad (n \geq 1 \text{ のとき}) \tag{10.21}$$

同様にして，$n=0$ の場合は

$$\frac{dP_0(t)}{dt} = -\lambda P_0(t) \quad (n=0 \text{ のとき}) \tag{10.22}$$

となる．確率の和は 1 でなければならないので，$P_n(t)$ は次式を満足しなければならない．

$$\sum_{n=0}^{\infty} P_n(t) = 1 \tag{10.23}$$

式 (10.21)，(10.22) は，$P_n(t)$ の微分差分方程式であり，これを解かなければならない．初期条件が与えられれば，まず，式 (10.22) を $P_0(t)$ について解くことができる．次に，その解を $n=1$ と置いた式 (10.21) に代入して，これを $P_1(t)$ について解く．以下同様な手順を繰り返せば，すべての n に対する解を得ることができる．

上記の方法で解は得られるが，ここでは別の方法，すなわち，**確率母関数** (probability generating function) による解法を次に紹介しよう．

10.5.2 確率母関数による解法

まず，初期条件を次のように定める．

$$P_n(0) = \begin{cases} 1 & (n=0 \text{ のとき}) \\ 0 & (n \neq 0 \text{ のとき}) \end{cases} \tag{10.24}$$

そして，$P_n(t)$ の確率母関数 $G(z,t)$ を，次式で定義する．

$$G(z,t) \triangleq \sum_{n=0}^{\infty} P_n(t) z^n \tag{10.25}$$

式 (10.21) の両辺に z^n をかけて，式 (10.22) と併せて $n=0$ から $n=\infty$ の場合を足し合わせると，次式が得られる．

$$\sum_{n=0}^{\infty} \frac{dP_n(t)}{dt} z^n = -\lambda \sum_{n=0}^{\infty} P_n(t) z^n + \lambda \sum_{n=1}^{\infty} P_{n-1}(t) z^n \tag{10.26}$$

ここで,
$$\sum_{n=0}^{\infty} \frac{dP_n(t)}{dt}z^n, \quad \sum_{n=0}^{\infty} P_n(t)z^n, \quad \sum_{n=1}^{\infty} P_{n-1}(t)z^n$$
は, それぞれ,
$$\frac{\partial G(z,t)}{\partial t}, \quad G(z,t), \quad zG(z,t)$$
となるので, 式 (10.26) は次のようになる.

$$\frac{\partial G(z,t)}{\partial t} = \lambda(z-1)G(z,t) \tag{10.27}$$

これより
$$\frac{1}{G(z,t)}\frac{\partial G(z,t)}{\partial t} = \lambda(z-1) \tag{10.28}$$
となるので, 両辺を積分すると
$$\ln G(z,t) = \lambda(z-1)t + C \tag{10.29}$$
が得られる. ただし, ln は自然対数, C は積分定数である. 上式において $t=0$ とおくと, 式 (10.24) より
$$G(z,0) = \sum_{n=0}^{\infty} P_n(0)z^n = 1 \tag{10.30}$$
となるので,
$$C = 0 \tag{10.31}$$
となる. したがって, 式 (10.29) は次のようになる.

$$G(z,t) = e^{\lambda t(z-1)} \tag{10.32}$$

上式は次のように書きなおすことができる.
$$\begin{aligned} G(z,t) &= e^{-\lambda t} \cdot e^{\lambda tz} \\ &= \sum_{n=0}^{\infty} e^{-\lambda t}\frac{(\lambda t)^n}{n!}z^n \end{aligned} \tag{10.33}$$

上式と式 (10.25) とを比較すると, 最終的に次式が得られる.

$$P_n(t) = \frac{(\lambda t)^n}{n!}e^{-\lambda t} \quad (n=0,1,2,\cdots) \tag{10.34}$$

10.5 ポアソン過程

これは，**ポアソン分布** (Poisson distribution) と呼ばれる．このため，ランダム到着は，ポアソン到着とも呼ばれるのである．

続いて，ポアソン分布の平均 $E[N^t]$ と分散 $Var[N^t]$ を求めよう．まず，$E[N^t]$ は次のようになる．

$$E[N^t] = \sum_{n=0}^{\infty} n \frac{(\lambda t)^n}{n!} e^{-\lambda t} = \lambda t e^{-\lambda t} \sum_{n=1}^{\infty} \frac{(\lambda t)^{n-1}}{(n-1)!} = \lambda t e^{-\lambda t} \cdot e^{\lambda t}$$

$$E[N^t] = \lambda t \tag{10.35}$$

$E[(N^t)^2]$ を計算すると

$$E[(N^t)^2] = \sum_{n=0}^{\infty} n^2 \frac{(\lambda t)^n}{n!} e^{-\lambda t} = \lambda t e^{-\lambda t} \sum_{n=1}^{\infty} n \frac{(\lambda t)^{n-1}}{(n-1)!} \tag{10.36}$$

となるので，$n-1 = k$ とおくと，

$$\begin{aligned} E[(N^t)^2] &= \lambda t \left\{ \sum_{k=0}^{\infty} k \frac{(\lambda t)^k}{k!} e^{-\lambda t} + e^{-\lambda t} \sum_{k=0}^{\infty} \frac{(\lambda t)^k}{k!} \right\} \\ &= \lambda t (\lambda t + e^{-\lambda t} e^{\lambda t}) \\ &= \lambda t (\lambda t + 1) \end{aligned} \tag{10.37}$$

$Var[N^t] = E[(N^t)^2] - \{E[N^t]\}^2$ であるので，次式が得られる．

$$Var[N^t] = \lambda t(\lambda + 1) - (\lambda t)^2 = \lambda t \tag{10.38}$$

$E[N^t]$ と $Var[N^t]$ は，確率母関数から計算することもできる．式 (10.25) を z で微分すると

$$\frac{\partial G(z,t)}{\partial z} = \sum_{n=0}^{\infty} n P_n(t) z^{n-1} \tag{10.39}$$

となる．したがって，式 (10.32) を z で微分することによって，$E[N^t]$ は

$$E[N^t] = \left. \frac{\partial G(z,t)}{\partial z} \right|_{z=1} \tag{10.40}$$

$$\begin{aligned} E[N^t] &= \left. e^{\lambda t(z-1)} \cdot \lambda t \right|_{z=1} \\ &= \lambda t \end{aligned}$$

と求められる．式 (10.39) をさらに z で微分し $z=1$ とおくと，

$$\left.\frac{\partial^2 G(z,t)}{\partial z^2}\right|_{z=1} = E[(N^t)^2] - E[N^t] \tag{10.41}$$

が得られる．これより，次式が成立する．

$$E[(N^t)^2] = \left.\frac{\partial^2 G(z,t)}{\partial z^2}\right|_{z=1} + \left.\frac{\partial G(z,t)}{\partial z}\right|_{z=1} \tag{10.42}$$

式 (10.32) を上式に代入すると，

$$E[(N^t)^2] = (\lambda t)^2 + \lambda t \tag{10.43}$$

となるので，$Var[N^t] = \lambda t$ が求められる．

> **例題 10.2**
>
> 5.3.1 項で述べた純アロハと 5.3.2 項のスロット付アロハの最大スループット $S_{\max}$ を求めよ．ただし，ここでのスループット S は，1 フレーム伝送時間 T 当たりに正しく伝送されるフレームの平均数とする．導出に際しては，全局からのフレーム生起は，ランダムでポアソン分布に従うものとする．また，新規生起分と再送分とを合わせた全体のフレーム送信も，期間 T 当たり平均 G のポアソン分布に従うと仮定せよ．なお，G はチャネルトラヒックと呼ばれる．

【解答】 最初に純アロハのスループットを求める．このとき，図 5.3 から明らかなように，スループット S は，次式で表される．

$S = G \cdot P(\text{期間 } 2T \text{ でのフレーム送信なし})$

一方，ポアソン分布の仮定より

$P(\text{期間 } 2T \text{ でのフレーム送信数} = n) = \frac{(2G)^n}{n!} e^{-2G} \quad (n=0,1,2,\cdots)$

となるので，次式が成立する．

$S = G e^{-2G}$

上式は，$G=1/2$ のとき，最大値 $S_{\max} = 1/(2e)$ を取る．

同様にして，スロット付アロハの場合には，

$S = G \cdot P(\text{期間 } T \text{ でのフレーム送信なし})$

となるので，

$S = G e^{-G}$

が得られる．したがって，$G=1$ のとき，最大値 $S_{\max} = 1/e$ を取る． ∎

10.6 指数分布

10.6.1 ポアソン到着と指数分布到着間隔

本節では，ポアソン到着の場合には，指数分布の到着間隔となることを示す．図 10.11 に，区間 $(0,t)$ における到着客数と到着間隔との関係を示す．

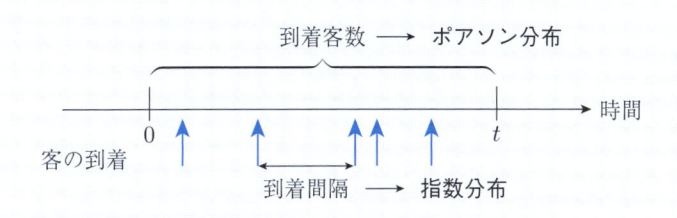

図 10.11 区間 $(0,t)$ における到着客数と到着間隔との関係

まず，区間 $(0,t)$ における到着客数 N^t を確率変数とすると，これは平均 λt のポアソン分布となる．一方，客の到着間隔 X を確率変数とすると，X の確率分布関数は次のようになる．

$$\begin{aligned}
F_X(x) &\triangleq P(X \leq x) \\
&= 1 - P(X > x) \\
&= 1 - P(\text{区間 }(0,x)\text{ での到着客数} = 0) \\
&= 1 - e^{-\lambda x}
\end{aligned} \tag{10.44}$$

したがって，X の確率密度関数は次のようになる．

$$f_X(x) \triangleq \frac{dF_X(x)}{dx} = \lambda e^{-\lambda x} \quad (x \geq 0) \tag{10.45}$$

式 (10.44)，(10.45) の確率分布を図 10.12 に示す．この分布は，**指数分布** (exponential distribution) と呼ばれる．

次に，指数分布確率変数 X の平均 $E[X]$ と分散 $Var[X]$ は，次のように求められる．

$$\begin{aligned}
E[X] &= \int_0^\infty x \lambda e^{-\lambda x}\, dx = \Big[-xe^{-\lambda x}\Big]_0^\infty + \int_0^\infty e^{-\lambda x}\, dx \\
&= 0 + \Big[-\frac{1}{\lambda} e^{-\lambda x}\Big]_0^\infty = \frac{1}{\lambda}
\end{aligned} \tag{10.46}$$

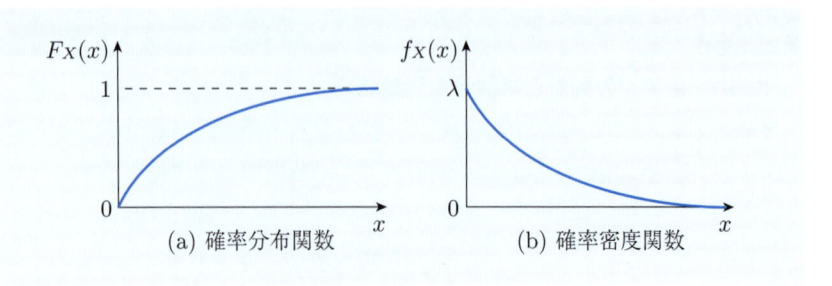

図 10.12　指数分布確率変数

$$E[X^2] = \int_0^\infty x^2 \lambda e^{-\lambda x}\, dx$$
$$= \left[-x^2 e^{-\lambda x}\right]_0^\infty + 2\int_0^\infty x e^{-\lambda x}\, dx$$
$$= 0 + 2\frac{1}{\lambda}E[X] = \frac{2}{\lambda^2} \tag{10.47}$$
$$Var[X] = E[X^2] - \{E[X]\}^2$$
$$= \frac{2}{\lambda^2} - \frac{1}{\lambda^2} = \frac{1}{\lambda^2} \tag{10.48}$$

したがって，X の変動係数 C_X は，次式のように 1 となる．
$$C_X = \frac{\sqrt{Var[X]}}{E[X]} = \frac{1/\lambda}{1/\lambda} = 1 \tag{10.49}$$

10.6.2　指数分布の無記憶性

　ここで，指数分布が持つ重要な性質，**無記憶性** (memoryless property) を説明しておこう．この場合の無記憶性とは，図 10.13 に示すように，着目している事象 (ここでは客の到着) が生起した直後から x の間に次の事象が生起する確率と，事象生起直後から x_0 だけ時間が経過したという条件の下で同じ時間間隔 x の間に次の事象が生じる確率が相等しいことを意味する．すなわち，一つの事象が生起する確率は，前の事象の生起からどれだけ時間が経過したかとは独立であることをいっている．

　我々は，通常，長い間事象が起こらなければ，そろそろ起こるはずだと考える場合が多い．これは，多くの場合，事象生起がない期間が生起確率に影響を及ぼすから，このように考えるのである．しかし，指数分布の場合はそうでな

10.6 指数分布

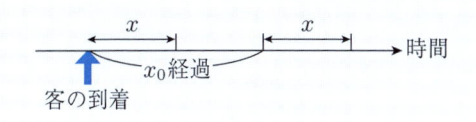

図 10.13 指数分布の無記憶性

い．指数分布確率変数の未来は，現在のみに依存し，過去の履歴とは独立となる．これは，マルコフ過程に他ならない．

事象の生起間隔を表す指数分布確率変数を $X(\text{平均} 1/\lambda)$ とし，次に，無記憶性の証明を行う．

$$\begin{aligned}
P(X \leq x + x_0 | X > x_0) &= \frac{P(x_0 < X \leq x + x_0)}{P(X > x_0)} \\
&= \frac{P(X \leq x + x_0) - P(X \leq x_0)}{1 - P(X \leq x_0)} \\
&= \frac{1 - e^{-\lambda(x+x_0)} - (1 - e^{\lambda x_0})}{1 - (1 - e^{\lambda x_0})} \\
&= \frac{e^{-\lambda x_0} - e^{-\lambda(x+x_0)}}{e^{-\lambda x_0}} \\
&= 1 - e^{-\lambda x} \\
&= P(X \leq x) \quad\quad (10.50)
\end{aligned}$$

客の到着や退去 (サービス終了) の事象生起に無記憶性があれば，以前の事象生起からの経過時間を考慮する必要がなくなる．そのため，待ち行列システムの振る舞いの記述が簡単になる．待ち行列理論において，ポアソン到着と指数分布サービス時間がよく用いられるのは，この理由による．

▣ 無記憶性を持つ離散時間確率分布

ランダム事象が離散的な時刻において生起する場合に，無記憶性のある確率分布は，幾何分布 $P[Y = k] = p(1-p)^{k-1} \ (k = 1, 2, 3, \cdots)$ である．これは，1時刻での事象の生起確率を一定値 p としたとき，事象が第 k 番目の時刻で生じる確率を示す．k が増加しても p の値は変化しないので，過去の履歴が現在に影響を及ぼさないことになり，無記憶となる．指数分布確率変数 X(平均 $1/\lambda$) を一定間隔 Δ で標本化する，すなわち，$(k-1)\Delta \leq X < k\Delta$ のとき，$Y = k, (k = 1, 2, \cdots)$ とおくと，$p = 1 - e^{-\lambda \Delta}$ の幾何分布となる．各自証明を試みられたい．

10.7 M/G/1 待ち行列

本節では，前節までの準備をもとに，ポラツェック-ヒンチンの式 (10.5) の証明を行う．

10.7.1 解析方法

待ち行列理論の標準的な解析方法では，まず，システム内の客数を確率変数とし，さらに必要ならばシステムの過去の履歴を集約できるような確率変数の組を定義して，それらを支配する関係式を定める．そして，その関係式から確率分布またはモーメント (特に平均と分散) を求める．例えば，平均客数が求まれば，リトルの公式から，平均システム滞在時間が計算できる．このとき，客数を表す確率変数の変化要因は，客の到着か退去のいずれかである．

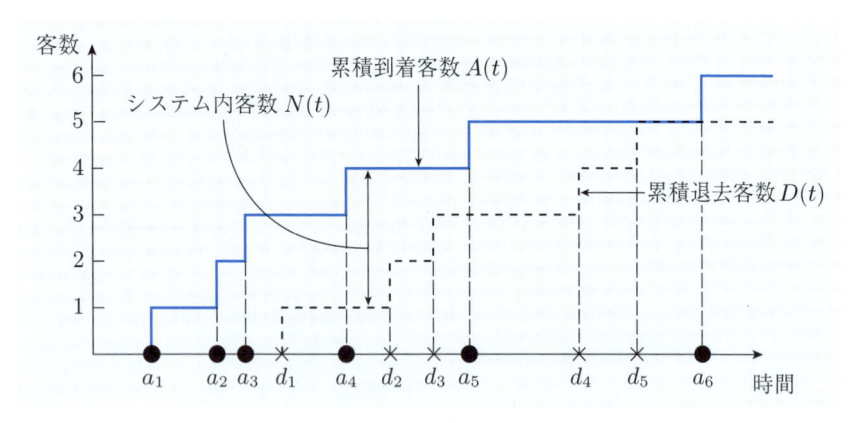

図 10.14　システム内客数の時間変化

図 10.14 は，時刻 t の関数として，システム内客数 $N(t)$，累積到着客数 $A(t)$，累積退去客数 $D(t)$ を示したものである．横軸上には，客の到着時刻 $a_n(n = 1, 2, \cdots)$ と退去時刻 $d_n(n = 1, 2, \cdots)$ も記してある．客はランダム到着であるので，無記憶性により，a_n は a_{n-1} の値の影響は受けない．すなわち，$N(t)$ の変化要因のうち，客の到着については，以前の到着時刻を考慮する必要はない．一方，客の退去については，サービス時間が一般分布であるため，状況は異なる．現在サービス中の客があれば，これまでに受けているサービス時間 $X_0(t)$ によって，サービスが終了する確率が変わってくる．例えば，サー

ビス時間が常に 1 秒と一定であるとき,$X_0(t)$ が 1 秒未満ならば,終了確率はゼロである. 1 秒ならば終了確率は 1 となる.

このように,M/G/1 待ち行列では,システム状態の履歴を集約するためには,ベクトル $(N(t), X_0(t))$ を用いなければならない.しかしながら,このベクトルは,$X_0(t)$ が連続変数であるため,解析が複雑になる.

そこで,$X_0(t)$ の値を指定できるような特定の時点 (サービス終了直後の時点では,$X_0(t) = 0$) にのみ着目し,単一の確率変数 $N(t)$ を解析するという方法が取られることもある.特定の時点は,そこでの $N(t)$ がマルコフ連鎖となるように選ばれる.そのため,このマルコフ連鎖を,**隠れマルコフ連鎖** (imbedded Markov chain) と呼ぶ.

ポラツェック-ヒンチンの式の導出には,隠れマルコフ連鎖法が用いられることが多いが,ここでは,もう少し直感的にわかりやすい別の方法による証明を紹介する.隠れマルコフ連鎖法による導出については,例えば,文献 [53] を参照されたい.

10.7.2 平均待ち時間

以下の議論では,先着順サービス (FIFO) による M/G/1 待ち行列を考える.図 10.15 は,一人の客 (n 番目の客 C_n とする) が到着したとき,サービス中の客があるという条件の下で,C_n の待ち時間 w の内訳を示したものである (サービス中の客がなければ $w = 0$).図において,x_r は,C_n が到着したときにサービス中の客の残りサービス時間を表す.x_t は,C_n が到着したときに待ち行列中にいるすべての客のサービス時間の総和を示すものとする.このとき,次式が成立する.

$$w = x_r + x_t \tag{10.51}$$

$E[w]$ が平均待ち時間 W となるので,上式の両辺の期待値を取ると,

$$W = E[x_r] + E[x_t] \tag{10.52}$$

となる.C_n が到着したときに待ち行列中にいる客の平均人数は,平均待ち行列長 $\bar{N}_q$ であり,一人の客が要求するサービス時間の平均は $\bar{x}$ であるので,$E[x_t] = \bar{x} \cdot \bar{N}_q$ となる.これは,リトルの公式 $\bar{N}_q = \lambda W$ を用いると,

$$E[x_t] = \bar{x} \cdot \lambda W = \rho W \tag{10.53}$$

と書けるので,これを式 (10.52) に代入すると,次式が得られる.

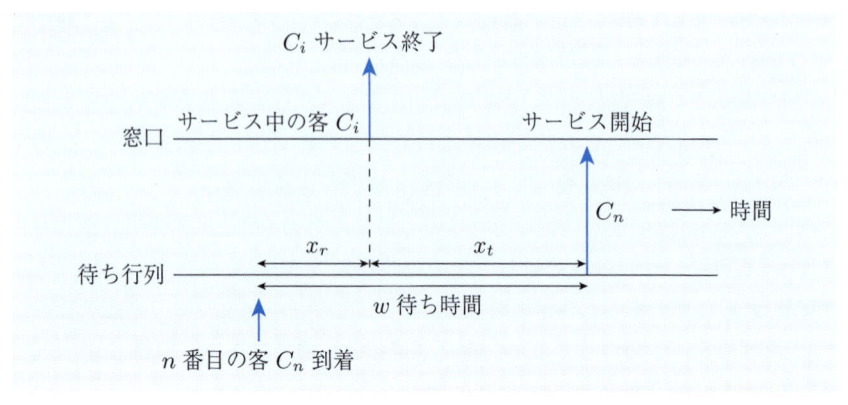

図 10.15 M/G/1 待ち行列における待ち時間

$$W = \frac{E[x_r]}{1-\rho} \tag{10.54}$$

後は，$E[x_r]$ を求めればよい．この問題をより良く理解するために，$E[x_r]$ の一般式を導出する前に，指数分布サービス時間の場合と一定サービス時間の場合とを考えてみよう．

(1) 指数分布サービス時間：M/M/1

指数分布サービス時間の平均を $1/\mu$ (確率密度関数 $\mu e^{-\mu x}$) とする．ここで，図 10.16 に示すように，サービス中の客があるときに一人の客が到着したとしよう．このとき，サービス中の客の全サービス時間を X，すでに受けたサービス時間を X_0，残りサービス時間を Y で表し，$E[Y]$ を求めよう．

$E[Y]$ の計算について，次の二通りの方法が考えられる．

(a) 客はランダム到着であるため，その到着時点はサービス時間内で一様分布する (証明は，例えば，文献 [53] を参照されたい)．平均サービス時間は $1/\mu$ であるので，$E[X] = 1/\mu$ である．到着時点は X 内で一様分布するので，平均的にはちょうど真ん中となり，$E[Y] = E[X]/2$ となる．したがって，$E[Y] = 1/(2\mu)$ が得られる．

(b) 指数分布の無記憶性より，$E[Y] = 1/\mu$ となる．

(a) と (b) では，結果が 2 倍も違っている．果たして，どちらが正しいので

10.7 M/G/1 待ち行列

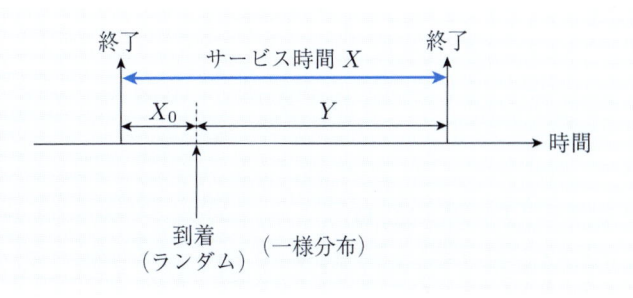

図 10.16 M/M/1 待ち行列のサービス時間

あろうか？

前節の内容を十分理解していれば，(b) が正しいことは予想できるであろう．そうならば，客の到着が平均的にサービス時間の真ん中であることにより $E[X_0] = 1/\mu$ となり，$E[X] = 2/\mu$ という結果が得られる．これは，平均サービス時間が $1/\mu$ であることと矛盾するように見える．しかし，ここに問題の重要なポイントがある．

すなわち，ここで考えている平均値と，平均サービス時間 $1/\mu$ とは，平均の意味が違うのである．ここでの平均値は，図 10.16 に示すように，ランダムに到着する客が**観測する**サービス時間の平均である．したがって，短いサービス時間は，観測されにくく，平均値の計算から除外されることが多い．**長いサービス時間ほど観測にかかりやすい**のである．一方，$1/\mu$ は，前者では除外されることもある短いサービス時間も含んだすべてのサービス時間の平均である．そのため，上記 (a) のように，この値を $E[Y]$ の計算に用いるのは誤りとなる．

以上の議論より，$E[Y]$ を次式のように書くことができる．

$$E[\text{残りサービス時間} \mid \text{サービス中の客あり}] = E[Y]$$
$$= \frac{1}{\mu} = \bar{x} \quad (10.55)$$

サービス中の客がある確率は，窓口利用率の定義より，$\rho(=\lambda\bar{x})$ となることは明らかである．サービス中の客がない場合の残りサービス時間はゼロであるので，

$$E[x_r] = E[\text{残りサービス時間} \mid \text{サービス中の客あり}]$$
$$\times P[\text{サービス中の客あり}]$$
$$= \rho \cdot E[Y]$$

$$= \rho \bar{x} \tag{10.56}$$

となる．したがって，式 (10.54) は次のようになる．

$$W = \frac{\rho \bar{x}}{1 - \rho} \tag{10.57}$$

(2) 一定サービス時間：M/D/1

サービス時間が一定の場合には，観測されるサービス時間の平均も，もとのサービス時間の平均も同じになるので，$E[Y] = \bar{x}/2$，$E[x_r] = \rho \bar{x}/2$ となる．したがって，次式が成立する．

$$W = \frac{\rho \bar{x}}{2(1 - \rho)} \tag{10.58}$$

(3) 一般分布サービス時間：M/G/1

図 10.17 を参照しながら，一般分布サービス時間に対する $E[x_r]$ を求めよう．図の前提と図中の X_0, Y, X の意味は，図 10.16 と同じである．また，d_n は，n 番目の客 C_n のサービス終了時刻を表す．

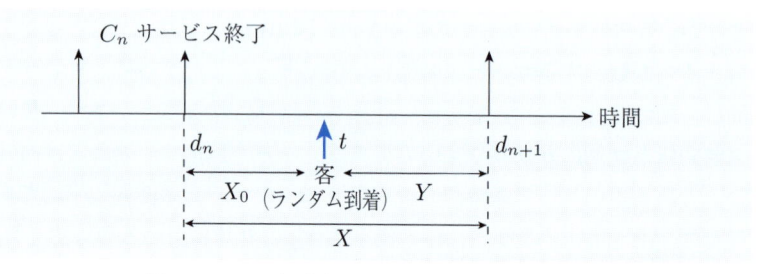

図 10.17 一般分布サービス時間の場合

まず，もとのサービス時間の確率分布関数を $F(x)$，確率密度関数を $f(x) \triangleq dF(x)/dx$ と表そう．

さらに，観測されたサービス時間の確率分布関数を

$$F_X(x) \triangleq P(X \leq x)$$

確率密度関数を

$$f_X(x) \triangleq \frac{dF_X(x)}{dx}$$

で表す．

10.7 M/G/1 待ち行列

長いサービス時間ほど観測にかかりやすいので,長さ x のサービス時間が観測される確率は,その長さに比例すると仮定する.これは,次式のように表現できる.

$$f_X(x)\,dx = Kxf(x)\,dx \tag{10.59}$$

ただし,K は比例定数であり,次のように定められる.

$$\int_0^\infty f_X(x)\,dx = K\int_0^\infty xf(x)\,dx = 1 \tag{10.60}$$

$\int_0^\infty xf(x)\,dx$ は $\bar{x}$ (もとのサービス時間の平均値)であるため,$K = 1/\bar{x}$ となる.これより,次式が得られる.

$$f_X(x) = \frac{xf(x)}{\bar{x}} \tag{10.61}$$

上式を用いて $E[X]$ を計算すると,

$$\begin{aligned}E[X] &= \int_0^\infty xf_X(x)dx = \frac{1}{\bar{x}}\int_0^\infty x^2 f(x)\,dx \\ &= \frac{\overline{x^2}}{\bar{x}}\end{aligned} \tag{10.62}$$

となる.ただし,

$$\overline{x^2} \triangleq \int_0^\infty x^2 f(x)\,dx$$

は,もとのサービス時間の二乗の平均値である.このとき,$E[Y]$ は,

$$E[Y] = \frac{1}{2}E[X] = \frac{\overline{x^2}}{2\bar{x}} \tag{10.63}$$

となる.したがって,$E[x_r]$ は,次式で計算できる.

$$E[x_r] = E[Y] \cdot \rho = \frac{\lambda \overline{x^2}}{2} \tag{10.64}$$

これを式 (10.54) に代入すると,次式が得られる.

$$W = \frac{\lambda \overline{x^2}}{2(1-\rho)} \tag{10.65}$$

上式は,式 (10.5) の形に書き換えることができる.もとのサービス時間の分散

を σ^2 で表すと，
$$\sigma^2 = \overline{x^2} - (\bar{x})^2$$
であるので，
$$\begin{aligned}\overline{x^2} &= (\bar{x})^2 + \sigma^2 \\ &= (\bar{x})^2\{1 + (\sigma/\bar{x})^2\} \\ &= (\bar{x})^2(1 + C^2)\end{aligned} \tag{10.66}$$
となる．ただし，C は，もとのサービス時間の変動係数であり，$C \triangleq \sigma/\bar{x}$ と定義される．上式より，式 (10.65) は最終的に次のように書くことができる．

$$W = \frac{\rho\bar{x}(1 + C^2)}{2(1 - \rho)} \tag{10.67}$$

▣ 情報ネットワークの理論

　本書は，情報ネットワークの入門書ということもあり，その内容は基礎的概念的なものを主体とした．本書で数学的に厳密に扱った理論は，待ち行列理論のみである．この理論は，確率論を用いて，情報ネットワークの性能を定量的に評価するための強力な道具となる．確率的なアプローチとは別の理論として，第 1 章でも述べたように，グラフ理論やネットワークフローの理論がある．これらは，ネットワークの適切なトポロジーを考えたり，フローの各ルートへの配分を検討する際の武器となる．確率論とグラフ理論の両方を利用する理論として，ネットワークの信頼性理論がある．情報ネットワークは，端末，伝送路，交換機などの多くの装置から構成されているので，各装置の信頼性からネットワーク全体の信頼性を予測したり，信頼性の高いネットワーク構成を決定することは重要である．

　この他に，プロトコルの形式的記述法も，重要な理論の一つである．本書では，プロトコルの規定は，自然言語 (日本語) で行ったが，これでは解釈に曖昧さが生じる可能性がある．プロトコルを正しく実装するためには，その仕様を曖昧さなく一意に解釈可能な形式的記述法が必要となる．この方法で代表的なのは，有限状態機械やペトリネットによるものである．また，規定されたプロトコルが正しいかどうかの検証や，実装したプロトコルが仕様に適合しているかどうかを調べる試験のための方法も重要である．

　これから重要となる理論の一つに QoE 理論があるが，未だ揺籃期にある．

演習問題

1 多くのネットワークでは，データリンク層は，誤りが生じたフレームの再送を要求することで伝送誤りを処理している．フレームで誤りが生じる確率を p とし，送達確認 (ACK) は決して失われないものとすれば，1 フレームを送信するのに必要な伝送回数の平均はいくつか．

2 図のような 1 回線・1 端末のデータ通信システムを考える．

```
端末 ──通信回線── 計算機システム
                  (ホスト)
```

端末からは，下表に示すように，3 種類のメッセージ A，B，C が入力され，ホストは一つの入力メッセージに対して必ず一つの出力メッセージを返すものとする．入力メッセージはランダムに発生する．通信回線は 12Mb/s の半二重回線であり，一つの入力に対する出力メッセージの伝送が完了するまで捕捉されるものとする．このときの平均応答時間をミリ秒 (ms) の単位で求めよ．ただし，計算機システムでの処理時間，端末での事前処理 (キーイン時間など) と事後処理 (出力メッセージの印刷時間など) の時間は無視せよ．

種類	入力メッセージ		出力メッセージ	
	長さ (オクテット)	頻度 (個/時)	長さ (オクテット)	頻度 (個/時)
A	5,000	30,000	10,000	30,000
B	8,000	50,000	15,000	50,000
C	10,000	100,000	20,000	100,000

[注] メッセージ長には，データの他，制御符号も含まれている．

3 インターネット内のルータにおけるパケットの遅延 D を考える．ここでは，D はパケットがルータに入力されて (パケットの最後のビットまでルータに入力されて) から出力される (パケットの最初のビットが出力インタフェースに現れる) までの時間と定義する．

インターネットでは，特定の長さのパケットが大部分を占めている．ここでは，パケット長分布を簡略にモデル化し，100，1500 バイト (オクテット) 長のパケットが，それぞれ，0.60，0.40 の確率で発生するものとする．1 ワードが 8 バイトで 50MIPS の処理能力を持つ CPU と，入力および出力インタフェースを一つずつ持つルータを用いる．パケットは必ず入力インタフェースに入り，出力インタフェー

スから出ていくものとする．1 秒当たり平均 1000 個のパケットが前述の頻度に従いランダムにルータに到着するものとしよう．

ルータ内では，各入力パケットに対して，パケット長とは独立に一定の確率で，以下のいずれかの処理が行われるものとする．

(1) パケットを他のルータもしくは端末 (ホスト) へ転送する (確率 0.80)
(2) パケットのデータがルーティング情報であり，処理結果を他のルータへ転送する (確率 0.20)

(1) の処理は，2 回のパケットコピーと，その他に 20 命令を必要とする．また，(2) の処理を行うためには，1 回のパケットコピーと，その他に 60 命令が必要であるものとする．パケットのコピーは 1 ワード単位で行われ，1 回のコピーに 6 命令を必要とする．ルータでのメモリの読み書き時間は十分小さく無視できるものとして，以下の問に答えよ．ただし，数値計算においては，小数点以下 3 桁までを示せ．

  (a) ルータがパケットを受信した場合，上記 (1), (2) のいずれかの処理が行われる．l バイト長のパケットを受信した場合，そのパケットを処理するために必要な平均命令数 $\bar{S}_l$ を，l を用いて表せ．
  (b) 平均パケット処理時間 $\bar{x}$[秒] を求めよ．
  (c) l バイトのパケットに対して上記 (i) ($i = 1, 2$) の処理を行うために必要な時間を $x_{l,i}$[秒] とする．各 l ($= 100, 1500$)，および i ($= 1, 2$) に対する $x_{l,i}$ を求めよ．
  (d) パケット処理時間の分散 $Var(x)$ を $x_{l,i}$ によって表せ．また，$Var(x)$ の数値を求めよ．一つのパケットに対する処理は，パケット長とは独立に発生することに注意せよ．
  (e) ルータの CPU の窓口利用率 ρ を求めよ．
  (f) ルータ内でのパケットの処理時間の変動係数の二乗 C^2 は 1.092 となることを示せ．
  (g) パケットの平均遅延 $\bar{D}$[秒] を求めよ．
  (h) パケットの処理待ちにより発生する行列の平均長 $\bar{N}_q$ を求めよ．

4 平均到着率 λ，平均サービス時間 $\bar{x}$ の M/M/1 待ち行列システムを考える．このシステムが平衡状態にあるとき，システム内に k 人の客がいる確率 p_k は，
$$p_k = (1-\rho)\rho^k, \quad k = 0, 1, 2, \cdots \quad (ただし，\rho \triangleq \lambda\bar{x})$$
で与えられる．これを用いて，以下の問に答えよ．
(1) 平均待ち時間 W は，$W = \dfrac{\rho\bar{x}}{1-\rho}$ で与えられることを示せ．
(2) システム内客数の分散 σ_N^2 を求めよ．

付録　確率論の概要

　この付録では，確率論について，第 10 章の内容を理解するのに必要な最小限の基本事項を説明する．さらに詳しくは，確率論の本を参照されたい．

キーワード

条件付確率
全確率の定理
確率変数
確率分布関数
確率密度関数
期待値
期待値の基本定理
分散
変動係数
マルコフ過程

1 基礎概念

確率論において最も基本的な概念は，**確率空間** (probability space) である．これは，**標本空間** (sample space) Ω，**事象** (event) の集合 B，**確率測度** (probability measure) P の 3 組によって，(Ω, B, P) と表記される．

標本空間 Ω は，すべての**標本点** (sample point) の集合である．標本点 ω は，サイコロを投げるといったような**試行** (trial) の結果で，もうこれ以上分解できないものである．試行は，**実験** (experiment) とも呼ばれる．n 個の標本点を仮定し，第 i 標本点を $\omega_i (1 \le i \le n)$ で表すと，$\Omega = (\omega_1, \omega_2, \cdots, \omega_n)$ となる．

事象は，試行によって得られる結果である．したがって，各事象は 1 個または複数個の標本点の集合となる．例えば $A = (\omega_1, \omega_2, \omega_3)$ を事象とすると，$A \in \Omega$ となる．なお，事象はボレル (Borel) 集合体 (無限積および無限和の演算で閉じている) となるので，記号 B で表している．

確率測度 P は，任意の事象 A に対して，次式が成立するように非負の実数値 $P(A)$ を割り当てるものである．

$$0 \le P(A) \le 1, \quad P(\Omega) = 1 \tag{1}$$

ここで，例として，サイコロを投げる試行を取り上げよう．このとき，$i\,(1 \le i \le 6)$ の目が出るという標本点を i で表すと，$\Omega = (1, 2, 3, 4, 5, 6)$ となる．各標本点が事象となる他，例えば，"偶数の目が出る" や "奇数の目が出る" も事象となる．これらを，それぞれ，A, B で表すと，$A = (2, 4, 6)$，$B = (1, 3, 5)$ となる．このとき，例えば，$P(A) = 1/2$ というように確率測度を割り当てる．

事象に対しては集合演算 (和集合，積集合，補集合) が適用できる．例えば，事象 A と B に対して，和事象 $A \cup B$，積事象 $A \cap B$ または AB，補事象 $\overline{A}$ が存在し，対応する確率測度 $P(A \cup B)$，$P(AB)$，$P(\overline{A})$ が計算できる．$AB = \emptyset$ (空集合) のとき，A と B は互いに**排反** (exclusive) であるという．

確率論では，次の公理を採用している．

公理（確率の加法性）

$AB = \emptyset$ のとき，$P(A \cup B) = P(A) + P(B)$

2　条件付確率

待ち行列理論においては，**条件付確率** (conditional probability) が重要な役割を演じる．これは，次のように定義される．

$$P(A|B) \triangleq \frac{P(AB)}{P(B)}$$

上式より，$P(AB) = P(A|B) \cdot P(B)$ が得られる．$P(AB) = P(A) \cdot P(B)$ となるとき，A と B とは**統計的に独立** (statistically independent) であるという．

種々の確率の計算において，次の**全確率の定理** (theorem of total probability) は，大変有用である．

定理1（全確率の定理）

$A_1, A_2, \cdots, A_n$ は互いに排反で，$\Omega = A_1 \cup A_2 \cup \cdots \cup A_n$ となるとき，次式が成り立つ．

$$P(B) = \sum_{i=1}^{n} P(A_i B) \tag{2}$$

$P(A_i B) = P(B|A_i) P(A_i)$ であるので，式 (2) は次のように書き直すことができる．

$$P(B) = \sum_{i=1}^{n} P(B|A_i) P(A_i) \tag{3}$$

式 (2) の意味は，図1を見れば直感的に明らかであるが，数学的に証明しておく．$A_i B$ $(1 \leq i \leq n)$ は互いに排反であるので，式 (2) の右辺に確率の加法

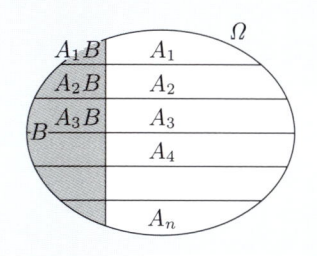

図1　全確率の定理の証明

性の公理を適用すると，$\sum_{i=1}^{n} P(A_i B) = P(A_1 B \cup A_2 B \cup \cdots \cup A_n B)$ となる．$A_1 B \cup A_2 B \cup \cdots \cup A_n B = (A_1 \cup A_2 \cup \cdots \cup A_n) B = \Omega B = B$ となるので，式 (2) が成立する．

条件付確率 $P(A_i|B) = P(A_i B)/P(B)$ に式 (2) を適用すると，$\sum_{i=1}^{n} P(A_i|B) = 1$ となり，条件付確率の和も 1 となることがわかる．

次に全確率の定理の応用例を示す．

例題 1

下図に示す通信路を用いての 2 値情報の伝送を考える．0 から 1，1 から 0 の誤り確率はともに p であるので，この通信路は，**二元対称通信路** (Binary Symmetric Channel：BSC) と呼ばれる．

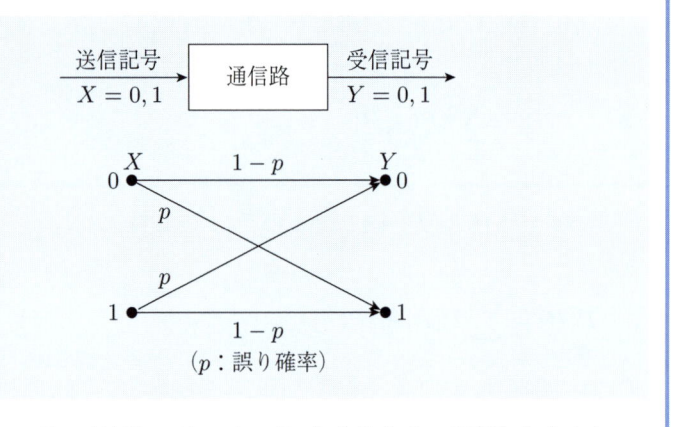

```
送信記号        受信記号
 X = 0,1  → 通信路 →  Y = 0,1
```

X $1-p$ Y
0 ●━━━━━━━━● 0
    p
    p
1 ●━━━━━━━━● 1
    $1-p$
(p：誤り確率)

$P(X=0) = P_0$, $P(X=1) = 1 - P_0$ とするとき，$P(Y)$ を求めよ．

【解答】 まず，誤り確率の定義から，$P(0|0) = P(1|1) = 1 - p$，$P(1|0) = P(0|1) = p$ となることに注意して，全確率の定理を $P(Y)$ に適用すると，次式が得られる．

$$P(Y=0) = P(X=0)P(0|0) + P(X=1)P(0|1)$$
$$= P_0(1-p) + (1-P_0)p$$
$$P(Y=1) = P(X=0)P(1|0) + P(X=1)P(1|1)$$
$$= P_0 p + (1-P_0)(1-p)$$

3 確率変数

以上の議論では，事象に対して確率を考えてきた．しかし，事象そのものは，定量的な表現をしたい場合には，必ずしも便利ではない．そのため，図2に示すように，事象の構成要素である標本点 ω に実数値 $X(\omega)$ を対応させることを考える．この $X(\omega)$ を**確率変数** (random variable) と呼ぶ．例えば，コインを投げて裏表を調べる試行においては，$X(コインの表) = 0$，$X(コインの裏) = 1$ というようにする．

確率変数を用いることにより，確率論の適用範囲が大きく広がる．そのための重要な概念が，**確率分布関数** (probability distribution function) と**確率密度関数** (probability density function) である．

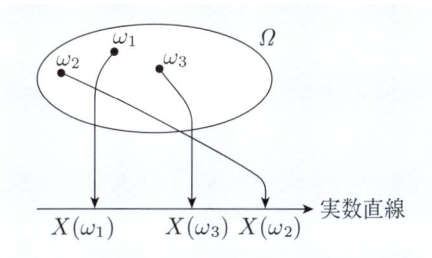

図2 確率変数

確率変数 X の確率分布関数は，次式で定義される．

$$F_X(x) \triangleq P(X \leq x) \tag{4}$$

このとき，$F_X(\infty) = 1$，$F_X(-\infty) = 0$ となることは明らかである．

また，$a < b$ とすると，

$$F_X(b) - F_X(a) = P(X \leq b) - P(X \leq a)$$
$$= P(\{a < X \leq b\} \cup \{X \leq a\}) - P(X \leq a)$$

となる．$\{a < X \leq b\}$ と $\{X \leq a\}$ は互いに排反であるので，確率の加法性の公理によって，

$$P(\{a < X \leq b\} \cup \{X \leq a\}) = P(a < X \leq b) + P(X \leq a)$$

となり，$F_X(b) - F_X(a) = P(a < X \leq b) \geq 0$ が得られる．したがって，

$F_X(b) \geq F_X(a)$ となり，確率分布関数は単調非減少関数であることがわかる．

確率密度関数は，確率分布関数の導関数であり，

$$f_X(x) \triangleq \frac{dF_X(x)}{dx} \geq 0 \tag{5}$$

と定義される．したがって，

$$F_X(x) = \int_{-\infty}^{x} f_X(\alpha) \, d\alpha \tag{6}$$

となる．また，$F_X(\infty) = 1$ より，次式が成立する．

$$\int_{-\infty}^{\infty} f_X(x) \, dx = 1 \tag{7}$$

さらに，$P(a < X \leq b)$ は，確率密度関数を積分することにより，次のように計算できる．

$$P(a < X \leq b) = \int_{-\infty}^{b} f_X(x) \, dx - \int_{-\infty}^{a} f_X(x) \, dx = \int_{a}^{b} f_X(x) \, dx \tag{8}$$

4　期　待　値

確率分布関数と確率密度関数はランダムに変化する現象を定量的に記述するが，その全体的な特徴を表現するには複雑すぎる場合も多い．特徴を簡潔に表現する尺度として，**期待値** (expectation) や**分散** (variance) が使用される．期待値は**平均値** (average, mean) とも呼ばれる．

X を確率変数とし，その取り得る値を $x_1, x_2, \cdots, x_n$ とすると，期待値は

$$E[X] \triangleq \sum_{k=1}^{n} x_k P(X = x_k) \tag{9}$$

と定義される．$E[X]$ は，$\bar{X}$ または m とも書かれる．X が連続変数のときには，$E[X]$ は次式で定義される．

$$E[X] \triangleq \int_{-\infty}^{\infty} x f_X(x) \, dx \tag{10}$$

期待値の計算に際しては，**期待値の基本定理**が大変便利である．いま，確率変数 $X = x_1, x_2, \cdots, x_n$ の確率分布が既知である場合に，X の関数と

して $Y = g(X)$ で与えられる確率変数 Y の期待値を求めることを考える．$y_k \triangleq g(x_k)$ $(1 \leq k \leq n)$ とすると，定義通りに計算すれば，

$$E[Y] = \sum_{k=1}^{n} y_k P(Y = y_k)$$

となり，$P(Y = y_k)$ が必要になる．原理的には，$P(Y = y_k)$ は $P(X = x_k)$ から計算できるが，計算は必ずしも簡単ではない．そこで，次の期待値の基本定理を利用すれば，$P(Y = y_k)$ を計算することなく，$E[Y]$ を求めることができる．

定理 2（期待値の基本定理）

$$E[g(X)] = \sum_{k=1}^{n} g(x_k) P(X = x_k) \tag{11}$$

X が連続変数の場合には，期待値の基本定理は次のように書くことができる．

$$E[g(X)] = \int_{-\infty}^{\infty} g(x) f_X(x)\, dx \tag{12}$$

この定理の証明は，例えば，文献 [55] を参照されたい．

$Y = aX$ (a は定数) とすると，期待値の基本定理より

$$E[aX] = \int_{-\infty}^{\infty} a x f_X(x)\, dx = a E[X] \tag{13}$$

となる．さらに，$a_1, a_2, \cdots, a_m$ を定数，$X_1, X_2, \cdots, X_m$ を確率変数とすると，次式が成立する．

$$E\left[\sum_{k=1}^{m} a_k X_k\right] = \sum_{k=1}^{m} a_k E[X_k] \tag{14}$$

確率変数 X の分散は，次式で定義される．

$$Var[X] \triangleq E[(X - E[X])^2] \tag{15}$$

$Var[X] = \sigma_X^2$ と書くこともある．このとき，σ_X は，**標準偏差** (standard deviation) と呼ばれる．上式は，次のように変形できる．

$$Var[X] = E[X^2] - \{E[X]\}^2 \tag{16}$$

分散は，期待値の周りでのばらつきの程度を表す指標となっている．しかし，

分散が同じであっても，期待値が大きいほど，相対的なばらつきの程度は小さくなる．これを表すのが，次式で定義される**変動係数** (coefficient of variation) である．

$$C_X \triangleq \frac{\sqrt{Var[X]}}{E[X]} = \frac{\sigma_X}{\bar{X}} \tag{17}$$

5　マルコフ過程

確率論はランダムに変化する現象を対象とするものであるが，特にその時間変化を明示的に取り上げるものを**確率過程** (stochastic process) 論と呼ぶ．すなわち，確率論では標本点 ω に実数値 $X(\omega)$ を対応させたが，確率過程論では時間関数 $X(t,\omega)$ を対応させる．この関数の集合が確率過程を構成する．$X(t,\omega)$ は，簡単に $X(t)$ と書かれることもある．

関数集合において，特定の標本点 ω_k が与えられると，時間 t のみに依存する特定の関数 $x(t,\omega_k)$ となる．この関数を**標本関数** (sample function) と呼ぶ．一方，特定の時刻 t_k が与えられると，関数集合は確率変数 $X(t_k,\omega)$ となる．$X(t_k,\omega)$ は，簡単に X_{t_k} と書かれることもある．

任意の有限な正整数 n と任意の $t_1, t_2, \cdots, t_n$ に対し，確率分布関数

$$F_{X_{t_1}, X_{t_2}, \cdots, X_{t_n}}(x_1, x_2, \cdots, x_n) \triangleq P(X_{t_1} \leq x_1, X_{t_2} \leq x_2, \cdots, X_{t_n} \leq x_n)$$

が与えられたとき，確率過程 $X(t)$ は指定されたという．

$$\begin{aligned}&F_{X_{t_n}|X_{t_{n-1}}, \cdots, X_{t_1}}(x_n|x_{n-1}, \cdots, x_1) \\ &\triangleq P(X_{t_n} \leq x_n | X_{t_{n-1}} \leq x_{n-1}, \cdots, X_{t_1} \leq x_1)\end{aligned} \tag{18}$$

と定義すると，次式が成立するならば，$X(t)$ は**マルコフ過程** (Markov process) と呼ばれる．

$$F_{X_{t_n}|X_{t_{n-1}}, \cdots, X_{t_1}}(x_n|x_{n-1}, \cdots, x_1) = F_{X_{t_n}|X_{t_{n-1}}}(x_n|x_{n-1}) \tag{19}$$

上式は，時刻 t_{n-1} を現在であるとすると，次の時点 t_n の確率分布は現在の値にのみ依存することを意味している．

$X(t)$ の取り得る値が離散的であるとき，マルコフ過程は，**マルコフ連鎖** (Markov chain) とも呼ばれる．

さらに勉強するために

　個別の技術項目については，対応する本文中で参考文献を挙げている．ここでは，情報ネットワーク全般と技術項目の詳細を勉強するための文献を紹介する．

　まず，情報ネットワーク全般についてさらに詳しく勉強するには，文献 [12] と [13] が薦められる．これらは，世界中で読まれているコンピュータネットワークの名著である．文献 [12] は，本書と同じく，ネットワークの階層を下から上に解説している．文献 [13] は，逆に上から下への説明である．それぞれの方法に学習上の利点があるので，本書読了後に取り組む書物として好適である．

　また，インターネットについて詳しい説明がある書籍は数多い．中でも，文献 [14] と [15] は，著者それぞれの視点でインターネットを解説した好著である．

　第3章の信号伝送については，文献 [16], [17] の丁寧な解説が参考になろう．

　本書の第1〜9章では，多くの標準 (国際規格/勧告/RFC など) を取り上げた．これら標準の全文は，本書 p.199 "標準文書の入手法" で紹介した標準化組織のホームページからダウンロードできる．必要に応じて参照されたい．

　第9章の暗号についての理論的側面の勉強には，文献 [18] と [19] が薦められる．文献 [18] は，情報理論・符号理論・暗号理論の分野で世界的に著名な研究者の著書である．入門書ではあるが，示唆に富んだ記述が多い．文献 [19] も，暗号理論の分野で優れた実績のある一流の研究者の著作である．

　第10章の性能評価は，本書で取り上げた唯一の定量的な議論であり，QoS 評価の基本的手段である．これについても，多くの本がある．文献 [53] は，基本的な M/M/m 待ち行列から高度な G/G/1 待ち行列までをカバーした待ち行列理論の名著である．文献 [54] は，文献 [53] の続編で，待ち行列理論のコンピュータやネットワーク性能評価への応用を題材としている．インターネットの前身 ARPANET の性能の実測データも掲載されており，歴史的にも興味深い著作である．文献 [28] は，普通の待ち行列理論では解析が困難な MAC プロトコルの性能を，平衡点解析と呼ばれる手法で統一的に解析した専門書である．

参考文献

[1] 映像情報メディア学会編，"総合マルチメディア選書 MPEG"，オーム社，1996.

[2] 酒井善則，植松友彦，"情報通信ネットワーク"，昭晃堂，1999.

[3] 菅原真司，"基本を学ぶ コンピュータネットワーク"，オーム社，2012.

[4] J. Reynolds and J. Postel, "Assigned Numbers" RFC 1700, Oct. 1994.

[5] D. Cohen, "On Holly Wars and a Plea for Peace," *IEEE Computer Magazine*, Oct. 1981.

[6] ITU-T Rec. X.25, "Interface between Data Terminal Equipment (DTE) and Data Circuit-terminating Equipment (DCE) for terminals operating in the packet mode and connected to public data networks by dedicated circuit", Oct. 1996.

[7] ISO/IEC 13239:2002, "Information technology—Telecommunications and information exchange between sysytems—High-level data link control (HDLC) procedures", Dec. 2007.

[8] ITU-T Rec. G.7041/Y.1303, "Generic framing procedure", Apr. 2011.

[9] IEEE Std. 802-2001 (R2007), "IEEE Standard for Local and Metropolitan Area Networks: Overview and Architecture", Feb. 2002.

[10] 森川博之，鈴木誠，"M2M が未来を創る"，特集 M2M サービスを支える情報通信技術，電子情報通信学会誌，Vol. 96, No. 5, pp.292–298, 2013 年 5 月．

[11] ISO/IEC 7498-1:1994, "Information technology—Open Systems Interconnection —Basic Reference Model: The Basic Model", June 1998.

[12] Andrew S. Tanenbaum and David J. Wetherall, *Computer Networks, 5th Edition*, Prentice Hall, 2011. 邦訳 水野忠則，相田仁，東野輝夫，太田賢，西垣正勝，渡辺尚訳，"コンピュータネットワーク 第 5 版"，日経 BP 社，2013．

[13] James F. Kurose and Keith W. Ross, *Computer Networking: A top-down approach, 6th Edition*, Pearson, 2013. 第 2 版邦訳 岡田博美 [監訳], "インターネット技術のすべて", ピアソン・エデュケーション, 2004．

参考文献

[14] 江崎浩,"ネットワーク工学",数理工学社,2007.
[15] 加藤聡彦,"インターネット",コロナ社,2012.
[16] 岩波保則,"ディジタル通信",コロナ社,2007.
[17] 生岩量久,"ディジタル通信・放送の変復調技術",コロナ社,2008.
[18] 今井秀樹,"情報・符号・暗号の理論",電子情報通信レクチャーシリーズ C-1,コロナ社,2004.
[19] 黒澤馨,尾形わかは,"現代暗号の基礎数理",電子情報通信レクチャーシリーズ D-8,コロナ社,2004.
[20] 間瀬憲一編著,"マルチメディアネットワークとコミュニケーション品質",電子情報通信学会,1998.
[21] ITU-T Rec. P.10/G.100, "Amendment 2: New definitions for inclusion in Recommendation ITU-T P.10/G.100", July 2008.
[22] P. Brooks and B. Hestness, "User measures of quality of experience: Why being objective and quantitative is important," *IEEE Network*, vol. 24, no. 2, pp. 8–13, Mar./Apr. 2010.
[23] 田中良久,"心理学的測定法,第2版",東京大学出版会,1977.
[24] 田坂修二,"ネットワーク環境におけるメディア同期",電子情報通信学会誌,Vol. 84, No. 3, pp. 177–183, 2001年3月.
[25] John M. Wozencraft and Irwin Mark Jacobs, *Principles of Communication Engineering*, John Wiley & Sons, Inc., 1965.
[26] W. Wesley Peterson and E. J. Weldon, Jr., *Error-Correcting Codes, Second Edition*, MIT Press, 1972.
[27] 宮川洋,岩垂好裕,今井秀樹,"符号理論",昭晃堂,1973. 復刻版,電子情報通信学会,2001.
[28] Shuji Tasaka, *Performance Analysis of Multiple Access Protocols*, MIT Press, 1986.
[29] 鹿倉義一,"LTEの主要無線アクセス技術",電子情報通信学会誌,Vol. 96, No. 3, pp. 150–155, 2013年3月.
[30] 北添正人,"LTEの無線制御プロトコル",電子情報通信学会誌,Vol. 96, No. 3, pp. 156–163, 2013年3月.
[31] "JISハンドブック 2007 67-2 電子商取引・ネットワーク",日本規格協会,2007.
[32] WiMAX Forum, http://www.wimaxforum.org.
[33] IEEE Std. 802.16-2004, "Local and metropolitan area networks, part 16:

air interface for fixed broadband wireless access systems", Oct. 2004.

[34] IEEE Std. 802.3-2008, "IEEE Standard for Information Technology—Telecommunications and information exchange between systems—Local and metropolitan area networks—Specific requirements, Part 3: Carrier Sense Multiple Access with Collision Detection (CSMA/CD) Access Method and Physical Layer Specifications: SECTIONS ONE–FOUR", Dec. 2008.

[35] IEEE Std. 802a-2003, "IEEE Standard for Local and Metropolitan Networks: Overview and Architectures, Amendment 1: Ethertypes for Prototype and Vender-Specific Protocol Development", Sept. 2003.

[36] ISO/IEC 8802-2:1998, "Information technology—Telecommunications and information exchange between systems—Local and metropolitan area networks—Specific requirements, Part 2: Logical link control", June 1998.

[37] IEEE Std. 802.11-2012, "IEEE Standard for Information Technology—Telecommunications and information exchange between systems—Local and metropolitan area networks—Specific requirements, Part 11: Wireless LAN Medium Access Control (MAC) and Physical Layer (PHY) Specifications", March 2012.

[38] IEEE Std. 802.11ad-2012, "IEEE Standard for Information Technology—Telecommunications and information exchange between systems—Local and metropolitan area networks—Specific requirements, Part 11: Wireless LAN Medium Access Control (MAC) and Physical Layer (PHY) Specifications Amendment 3: Enhancements for Very High Throughput in the 60GHz Band", Dec. 2012.

[39] ITU-T Rec. Y.2001, "General overview of NGN", Dec. 2004.

[40] W. Simpson, Editor, "The Point-to-Point Protocol (PPP)," RFC 1661, July 1994.

[41] W. Simpson, Editor, "The PPP in HDLC-like Framing," RFC 1662, July 1994.

[42] G. McGregor, "The PPP Internet Protocol Control Protocol (IPCP)" RFC 1332, May 1992 .

[43] L. Mamakos, K. Lidl, J. Evarts, D. Carrel, D. Simone and R. Wheeler, "A Method for Transmitting PPP Over Ethernet (PPPoE)" RFC 2516, Feb. 1999.

参考文献

[44] IANA ホームページ, http://www.iana.org/assignments/service-names-port-numbers/

[45] Samuel J. Leffler, Marshall Kirk McKusick, Michael J. Karels and John S. Quarterman, *The Design and Implementation of the 4.3BSD UNIX Operating System*, Addison-Wesley Publishing Company, 1989.

[46] H. Schulzrinne, S. Casner, R. Frederick and V. Jacobson, "RTP: A transport protocol for real-time applications", RFC 3550, July 2003.

[47] M. Katevenis and C. Courcoubetis, "Weighted round-robin cell multiplexing in a general-purpose ATM switch chip," *IEEE J. Sel. Areas in Commun.*, vol. 9, no. 8, pp. 1265–1279, Oct. 1991.

[48] A. Demers and S. Shenker, "Analysis and simulation of a fair queueing algorithm," *Proc. ACM SIGCOMM'89*, vol. 19, no. 4, pp. 1–12, Sep. 1989.

[49] S. Blake, D. Blake, M. Carlson, E. Davies, Z. Wang and W. Weiss, "An architecture for differentiated services," RFC 2475, Dec. 1998.

[50] Federal Information Processing Standards Publicatin 46-3, "DATA ENCRYPTION STANDARD (DES)," U. S. DEPARTMENT OF COMMERCE/National Institute of Standards and Technology, Oct. 1999.

[51] Federal Information Processing Standards Publicatin 197, "Announcing the ADVANCED ENCRYPTION STANDARD (AES)," U. S. DEPARTMENT OF COMMERCE/National Institute of Standards and Technology, Nov. 2001.

[52] R. L. Rivest, A. Shamir, L. Adleman, "On a method for obtaining digital signatures and public key cryptosystems," *Commun. of the ACM*, vol. 21, pp. 120–126, Feb. 1978.

[53] Leonard Kleinrock, *Queueing Systems, Volume I: Theory*, John Wiley & Sons, Inc., 1975. 邦訳 手塚慶一，真田英彦，中西暉訳，"待ち行列システム理論 (上)，(下)"，マグロウヒル好学社，1979.

[54] Leonard Kleinrock, *Queueing Systems, Volume II: Computer Applications*, John Wiley & Sons, Inc., 1976.

[55] Wilbur B. Davenport, Jr. *Probability and Random Processes*, McGraw-Hill, Inc., 1970.

索　引

数字・欧字

1000BASE–T　　97
100BASE–TX　　97
10BASE–T　　97
10BASE5　　97
3G　　12, 58
3GPP　　84
8B1Q4　　98

AAL5　　135
ABM　　119
AC　　112
ACK　　22
ADSL　　12, 128, 135
AES　　213
AES 暗号　　114
AF　　201
AH　　220
AIFS　　109
ANSI　　14
AP　　107
APNIC　　164
ARM　　119
ARP　　30, 177
ARQ　　71
AS　　152, 170
ASCII　　118
ASK　　61
AS 番号　　152
ATM 交換　　30, 134

BA　　120, 201
BGP-4　　152

BSA　　107
BSC　　118
BSS　　106

CA　　33, 215
Camellia　　213
CAP　　113
CAT5　　57
CAT5e　　57
CAT6　　57
CAT7　　57
CATV　　12
CA 証明書　　215
CBC　　213
CBC-MAC　　217
CCM　　114
ccTLD　　202
CFB　　213
CFP 繰り返し期間　　111
CHAP　　126
CIDR　　173
Classless Inter-Domain Routing　　173
CNAME　　204
CRC　　74
CS　　109
CSMA　　85
CSMA/CA　　109
CSMA/CD　　85
CTR　　213
CTS　　111

DCE　　11
DCF　　108
Default　　201

索　引

DES　211
DFT-S-OFDMA　84
DHCP　172, 178
DH グループ　222
DiffServ　201
DIFS　109
DIX 規格　96
DMT　136
DMZ　223
DNS　41, 159, 203
DS　107
DSAP　103
DSCP　201
DTE　11

E-model　48
ECB モード　213
EDCA　109
EF　201
EGP　152
EIA　14, 69
ESP　220
ESS　108
ETSI　14
Everything on IP　160

Fast Recovery　195
Fast Retransmit　195
FCFS　231
FDD　66
FDDI　92
FDM　65, 84
FDMA　84
FEC　71
Fiber-To-The-Home　11
FIFO　201, 231
FQDN　202
FSK　63
FTP　41
FTTH　11

GakuNin　216
GBN ARQ　22
GET　206
gTLD　202

HC　112
HCCA　109
HCF　112
HCF/MCF Contention Access　109
HDLC　38, 117
HT　114, 115
HT20　115
HT40　115
HTML　205
HTTP　41, 159, 205
HTTP/1.0　205
HTTP/1.1　205
HTTPS　219
HTTP 応答メッセージ　205
HTTP 要求メッセージ　205
HWMP　113

IANA　152, 163
IBSS　107
ICANN　163
ICMP　176
ICT　1
ID　19
IEC　14
IEEE　14
IEEE 802.16-2004　95
IEEE 802.16 標準　95
IEEE802.11　11, 105
IEEE802.11ad　115
IEEE802.3 標準　96
IEEE802 委員会　14
IETF　14
IFS　109
IGP　152
IKE　220
IKE SA　222
IMAP　41
IntServ　201
IP　39, 139
IP on Everything　160
IPCP　126
IPsec　219, 220
IPv4　159, 160
IPv4 データグラム　100
IPv6　159, 160

IPアドレス	29, 101, 160, 163	MPEG	5
IPデータグラム	160	MSDU	43
IP電話サービス	48	MSS	184
IPマスカレード	185	MTU	168, 181
ISDN	117		
ISM帯	58	NAK	22
ISO	14	NAK再送	22
ISP	10	NAPT	166, 172
ITU-R	14	NAT	166
ITU-T	14	NAV	111
IW	154	NCP	124
IX	10	NGN	137, 201
		NIST	211
JIS	14	NRM	119
JPKI	216		
JPNIC	164	OFDM	55, 67, 78
		OFDMA	84
LAN	8	ONU	11
LANケーブル	57	OOK	61
LAPB	120	OSI	37
LCFS	231	OSI参照モデル	37
LCP	124	OSPF	149
LIFO	231		
LLC	103	PAP	126
LLC副層	38	PC	111
LTE	12, 58, 84	PCF	108
		PCI	43
M2M	16	PDU	42
MAC	10	PDU遅延	50
MACアドレス	29, 99, 100	PESQ	48
MAC副層	38	PHB	201
MACフレーム	99	PHY	106
MACプロトコル	10, 31, 81	PKI	33, 209, 215
MAN	8	POP	12
MBSS	108	POP3	41
MCCA	109	POST	206
MCF	113	PPP	38, 117, 124
MD	218	PPPoA	128, 135
MD5	218	PPPoE	127
Message Authentication Code	217	PPPセッションステージ	127
MIME	206	PQ	201
MIMO	115	PRMA	93
MISTY1	212	PSK	63
MOS	46	PSNR	47
MPDU	43		

索　引

QoE　44, 47
QoE 尺度　46
QoS　44
QoS AP　108
QoS BSS　108
QoS STA　108
QoS パラメータ　45
QoS マッピング　48

RARP　178
RED　155
REJ　121
RFC　14
Rijindael　213
RIP　146
RJ-45　69
RNR　121
RR　121, 201
RS232C　69
RSAES-OAEP　215
RSA 暗号　214
RTCP　197
RTP　197
RTS　111
RTT　190
R 値　48

SA　221
SABM　123
SABME　123
SAD　222
SARM　123
SARME　123
SC-FDMA　84
ScTP　57
SDLC　118
SDU　42
SHA-1　218
SHA-2　218
Shibboleth　216
SIFS　109
SIP　206
SLD　202
SMSS　192
SMTP　41, 206

SNA　37
SNR　54
SNRM　123
SNRME　123
SNS　20, 208
SPI　222
SREJ　121
SSAP　103
SSID　107
SSL　219
SSL ソケット　219
STA　106
STP　56

TBEB アルゴリズム　103
TCP　41, 181
TCP/IP　37, 159
TCP 擬似ヘッダ　183
TCP セグメント　181
TDD　67
TDEA　211
TDM　65, 84
TDMA　84
TDMA 予約方式　94
TELNET　41
TIA　14
Tier1　11
TLD　202
TLS　219
TLS ハンドシェイクプロトコル　219
TLS レコードプロトコル　219
TSS　8
TTC　14
TXOP　112

UA　120
UDP　41, 196
UI　125
UN　120
UP　112
UPKI　216
URI　205
URL　205
UTP　56

索　引

VPN　219, 223

WAN　8
WDM　65
Webサービス　205
WFQ　201
Wi-Fi　11, 105
WiMAX　12, 95
WirelessMAN-OFDM TDD　95
WRR　201
WWW　205

X.25　39, 139
X.509証明書　215

ア　行

相手認証　217
アクセスカテゴリ　112
アクセスネットワーク　11
アクセスポイント　107
アドホックネットワーク　107
アドレス　29
アドレス解決　19, 30, 177, 203
アドレス集約　174
アドレッシング　91
アプリケーションゲートウェイ方式　222
アプリケーションデータプロトコル　220
アプリケーションレベルQoS　47
誤り　6
誤り検出・再送要求方式　22, 71
誤り制御　22, 71
誤り制御符号　71
誤り訂正方式　71
アロハ形予約方式　94
暗号　33
暗号化　210
暗号鍵　210
暗号学　33, 209
暗号仕様切替　220
暗号文　210
安定性問題　86

イーサネット　11, 89, 96
イーサネットアドレス　101

位相ひずみ　54
位相変調　63
一次局　118
一方向性　218
一貫性　209
インターネット　10, 37
インターネットサービスプロバイダ　10
インターネットプロトコルスイート　37, 159
インターネットレジストリ　164
イントラネット　165
インフラストラクチャBSS　108
インフラストラクチャBSS-DSネットワーク　107
インフラストラクチャネットワーク　107

ヴィタビ復号　79
ウィンドウサイズ　24, 190
ウィンドウスケールオプション　184
ウィンドウフロー制御　24

エイリアス　204
エコーキャンセラー　98
エリア　152, 170
エリア0　175
エンティティ　42
エンティティ認証　20, 209, 217
エンドツーエンドレベルQoS　47
エンハンスドカテゴリ5　57

応答　204
応答時間　227
往復遅延時間　190
往復伝搬遅延　10
応用層　41
オーバヘッド　26
オクテット　15, 99
オクテットスタッフィング　122

カ　行

ガードインターバル　68, 116
ガードバンド　65
回線交換　30, 131
回線交換機　6

索　引

回線終端装置　11
階層化　17, 34
階層的ルーティング　151
開放型システム間相互接続基本参照モデル　37
開放型待ち行列網　232
鍵　210
学術認証フェデレーション　216
学認　216
確率過程　266
確率空間　260
確率測度　260
確率分布関数　263
確率変数　263
確率母関数　243
確率密度関数　263
隠れ端末　88, 105
隠れマルコフ連鎖　251
仮想 CS　111
仮想キャリアセンス　111
カテゴリ　57
カテゴリ 5　57
カテゴリ 6　57
カプセル化　43
カプセル化法　124
ガロア体　72
勧告　14
監視 (S) フレーム　121
完全性　209

期待値　264
期待値の基本定理　264
基地局　7
基底帯域伝送　61
基本形データ伝送制御手順　38, 118
基本手順クラス　120
基本フレーム　100
機密性　209
客　229
キャラクタ同期　59
キャリアエクステンション　102
キャリアセンス　109
共通鍵　210
共通鍵暗号　209, 210
局　2

許容待ち行列長　231
距離ベクトルルーティング　144
空間ストリーム　115
下り回線　91
国別トップレベルドメイン　202
クライアント-サーバプロトコル　178
クラスフル IPv4 アドレス　163
クラスレス IPv4 アドレス　172
グラフ理論　9
グローバル IP アドレス　165
携帯電話網　12
経路　20, 30
経路制御　20, 30, 143
経路表　143
ゲートウェイ　6
ケーブルテレビ網　12
欠落　6
検索エンジン　208
ケンドール記号　230

広域ネットワーク　8
公開鍵　33, 210, 214
公開鍵暗号　209, 210
公開鍵基盤　33, 209
公開鍵証明書　215
交換　6, 130
交換機　6, 130
攻撃者　210
呼受付制御　153
広告ウィンドウサイズ　183
高速回復　195
高速再送　195
拘束長　79
広帯域 ISDN　134
後着順サービス　231
公的個人認証サービス　216
国際規格　14
個人認証　20, 217
固定割当方式　83
コネクション解放　27
コネクション確立　27
コネクション型　27
コネクション識別番号　30, 138

コネクション終結　27
コネクション切断　27
コネクションレス型　27
コマンド　119
コマンド/レスポンス　103
コンテンションウィンドウ　111
コンテンション期間　111
コンテンションフリー期間　111
コンテンションプロトコル　85

サ 行

サービス　17, 36
サービスアクセス点　45
サービス時間分布　229
サービス順序　231
サービス設備　229
サービスデータ単位　42
サービス品質　17, 44
最下位ビット　15
再帰的問い合わせ　204
最上位ビット　15
最小ハミング距離　73
最大セグメントサイズ　184
最短パスルーティング　143
最尤復号　79
作業内容　46
査証　32
雑音　54
サブネットマスク　167
サブネットワーク　166
三方向ハンドシェイク　186

シーケンス番号　22
時間位置多重　136
識別情報　19
資源レコード　203
試行　260
事象　260
指数分布　247
システム内平均客数　235
持続時間フィールド　111
持続的コネクション　205
実験　260
自動交渉　98

時分割多重　65
シボレス　216
ジャック　97
終結畳み込み符号　80
集中形ネットワーク　8
集中制御方式　90
周波数帯域幅　54
周波数分割多重　65
周波数変調　63
周波数ホッピング　105
終結　80
守秘性　209
純アロハ　85
巡回符号　74
順序制御　26
順序番号　23
条件付確率　261
衝突　85
衝突強化　103
衝突困難性　218
情報圧縮符号化　5
情報検索　20
情報交換用符号　118
情報通信　1
情報通信技術委員会　14
情報ネットワーク　1
情報ビット　74
情報 (I) フレーム　121
証明機関　33
証明書　33
自律システム　152
シングルモードファイバ　57
信号　53
信号対雑音電力比　54
振幅ひずみ　54
振幅変調　61
信用の連鎖　33, 215
心理的尺度　46

スイッチングハブ　12, 97
スター形　97
ステイトフルパケットフィルタリング　223
ステイトレスプロトコル　205
ステータスコード　206
ストップ-アンド-ウエイト ARQ　22

索　引　　**279**

ストリームメディア　3
スペクトル拡散　105
スライディングウィンドウ　190
スループット　24, 50, 84, 226
スロースタート　154, 192
スロット時間　88, 100
スロット付アロハ　85

正規応答モード　119
制御エスケープオクテット　122
生成多項式　75
静的 NAT　166
性能　17, 45
性能評価尺度　45
セカンドネームサーバ　203
セグメント　181
セッション鍵　215, 220
セッション層　41
セル　134
セレクティング　91
全確率の定理　261
選択的再送 ARQ　22
先着順　201
先着順サービス　231
全二重　21
全二重モード　96
専用線　117

層　35, 37
走査　4
送達確認　21
送達確認応答信号　22
ソースルーティング　143
ゾーン　203
ソケット　198
組織符号　74

タ　行

第 2 レベルドメイン　202
第 3 世代　58
第 3 レベルドメイン　202
ダイアルアップ接続　12
対称鍵　210
対称鍵暗号　210

タイムアウト再送　22
多元接続　10
多重化　65
タスク　46
タスクの効率　46
タスクの有効性　46
畳み込み符号　71
単方向　21
端末　2
端末間同期　48
遅延　6, 226
遅延波　54
遅延揺らぎ　50
蓄積交換　132
チャネル　6
チャネルフレーム　66
チャネル利用効率　84
チャレンジ-レスポンス　218
中間証明機関　33
中継局　7
調歩同期方式　59
直接拡散　105
直接波　54
直交周波数分割多重　67
直交振幅変調　64

通信回線　6
通信セキュリティ技術　209
通信チャネル　6
通信トラヒック　7
通信トラヒック理論　233
通信ネットワーク　2
通信プロトコル　17, 20
ツリー形　96

ティア 1　11
ディジタル署名　216, 217
データグラム　124, 139, 160
データ通信　1
データ転送　27
データフレーム　83
データリンク層　38
データリンクレベル QoS　47
手順クラス　119

手順要素　119
デフィー-ヘルマングループ　222
デフォルトゲートウェイ　151
デフォルトルーティング　151, 175
デフォルトルート　151
電子証明書　215
電子メールアドレス　29
伝送　6
伝送時間　53
伝送路　6
電波産業会　14
伝搬遅延　53

問い合わせ　204
同位エンティティ　36, 42
同期システム　59
同期転送モード　136
統計多重化効果　137
統計的に独立　261
動作モード　118
同軸ケーブル　56
到着間隔分布　229
動的 NAT　166
トークンバス　92
トークンパッシング　90
トークン保持時間　92
トークンリング　92
独立 BSS　107
都市域ネットワーク　8
ドット付き 10 進数表記　164
トップレベルドメイン　202
ドメイン名前空間　202
ドメインネームシステム　30, 159, 203
ドメイン名　29, 202
トラヒック　7, 228
トラヒックシェーピング　154
トラヒック量　7
トランスポート層　40
トランスポートモード　222
トランスポートレベル QoS　47
トリプル DES　211
トレーラ　43
トレリス線図　79
トンネルモード　222

ナ 行

名前解決　203
なりすまし　20
ナンス　218, 220

二元対称通信路　262
二元ブロック符号　72
二次局　118
認証　20, 33, 209, 217

ネームサーバ　203
ネットワークアーキテクチャ　7, 17, 36
ネットワーク制御プロトコル　124
ネットワークセキュリティ　20, 209
ネットワーク層　39
ネットワークトポロジー　9
ネットワークバイトオーダ　15
ネットワーク番号　163
ネットワークフロー理論　9
ネットワークマスク　173
ネットワークレベル QoS　47

上り回線　91

ハ 行

バーチャルコール　139
バーチャルサーキット　139
バイト　15
バイトスタッフィング　122
ハイパーリンク　205
排反　260
ハイブリッド回路　98
ハイレベルデータリンク制御手順　117
パケット　30, 39, 132
パケット間ギャップ　102
パケット交換　30, 132
パケット交換機　30
パケットスケジューリング　200
パケット遅延　50
パケットバースティング　103
パケット廃棄　154
パケットフィルタリング方式　222
パス MTU 発見　181

索引

バス形　96
パスベクトルルーティング　152
パスポート　32
パスワード認証　218
波長分割多重　65
バックオフ　85
発見ステージ　127
ハッシュ関数　218
バッファ　21
バッファオーバフロー　21
ハブ　8, 97
ハブポーリング　91
ハミング距離　72
パリティチェックビット　74
搬送波　61
半二重　21
半二重通信　82
半二重通信モード　82
半二重モード　96
汎用トップレベルドメイン　202

ビーコンフレーム　111
光ファイバケーブル　56
ピギィバック ACK　26
ピクチャ　4
非持続的コネクション　205
非対称暗号　210
ビッグエンディアン　15
ビットスタッフィング　122
ビット伝送速度　64
ビット同期　59
ビデオフレーム　4
非同期　19
非同期応答モード　119
非同期システム　59
非同期転送モード　136
非同期平衡モード　119
秘匿性　209
非番号制 (U) フレーム　121
非武装地帯　223
秘密鍵　210, 214
標準偏差　265
標本化　3
標本関数　266
標本空間　260

標本点　260
平文　210

ファイアウォール　219
ファイナル (F) ビット　122
不安定　86
フェイステル構造　212
フォワーディング　129, 130, 143
負荷　7, 228
復号　210
復号鍵　210
複合局　118
副層　38
輻輳　153
輻輳ウィンドウ　192
輻輳回避　192
輻輳制御　39, 153
副搬送波　68
符号化　3
符号化率　74
符号語　72
符号分割多元接続　83
符号理論　73
物理アドレス　101
物理層　38
物理的 CS　111
物理レベル QoS　47
不平衡型　118
プライベート IP アドレス　165
プラグ　69
フラグシーケンス　121
フラグメント　162, 168
プラチナバンド　58
フラッディング　143
プリアンブル　99
プレイアウトバッファリング制御　50
フレーミング　38
フレーム　24, 38, 83, 117
フレーム開始デリミタ　99
フレーム間ギャップ　102
フレーム間スペース　102
フレーム検査シーケンス　101, 121
フレーム構成　120
フレーム遅延　50, 86
フレーム同期　67

フレームパターン 67
フレームビット 67
フレームレート 48
プレゼンテーション層 41
プレフィックス 173
プレフィックス 0x 99
プレフィックス長 173
フロー制御 23
ブロードキャスト 33
ブロードキャストアドレス 165
ブロードバンドルータ 12
ブロック ACK 112
ブロック暗号 211
ブロック符号 71
プロトコル 7, 20, 36
プロトコル制御情報 43
プロトコルデータ単位 42
分割・組み立て 29
分割統治法 34
分散 264
分散形ネットワーク 8
分散制御方式 90
文書認証 20, 217

平均オピニオン評点 46
平均サービス時間 235
平均サービス率 235
平均システム滞在時間 235
平均値 264
平均到着率 235
平均待ち行列長 235
平均待ち時間 235
平衡型 118
平衡状態 234
閉鎖型待ち行列網 232
ペイロード 43, 161
ベースバンド伝送 61
ベストエフォート 95
ベストエフォート型サービス 139, 160
ヘッダ 43, 132, 161
別名 204
ベンダーコード 101
変調 61
変調速度 64
変動係数 237, 266

ポアソン到着 231
ポアソン分布 245
ポイントツーポイントチャネルネットワーク 9
ポイントツーポイントプロトコル 117, 124
放送形チャネルネットワーク 9
放送形パケット通信網 81
放送形ネットワーク 9
ポート番号 166, 181
ホームゲートウェイ 11
ホームネットワーク 11
ポーリング 90
ポーリング-セレクティング 91
ポール (P) ビット 122
母集団 229
ホスト 2, 159
ホスト番号 163
ホップ 130
ホップバイホップルーティング 143
ボトルネック 227
ポラツェック-ヒンチンの式 237
ポリシーベースルーティング 152

マ 行

待ち行列 7, 50, 225
待ち行列網モデル 232
待ち行列理論 7, 51, 225
窓口 229
窓口数 229
窓口利用率 235
マルコフ過程 230, 266
マルコフ連鎖 266
マルチキャスト 33
マルチパスフェージング 54
マルチポートリピータ 97
マルチホップネットワーク 108
マルチモードファイバ 57

無記憶性 248
無線 LAN 11
無線ネットワーク 2

メソッド 206

メッシュBSS　108
メッシュSTA　108
メッシュゲート　108
メッシュネットワーク　107
メッシュパス選択・転送　113
メッシュ発見　113
メッセージダイジェスト　218
メッセージ認証　20, 209, 217
メディアアクセス制御　10
メディアアクセス制御副層　38
メディア間同期　48
メディア同期　48
メディア内同期　48

モジュロ2　72

ヤ 行

有限体　72
ユーザ体感品質　17, 44
ユーザデータグラム　196
ユーザ満足度　46
ユーザレベルQoS　44
優先順サービス　231
有線ネットワーク　2
ユニキャスト　33
緩やかな切断　188

要求/応答型プロトコル　205
要求割当方式　83
よく知られたポート　185
予約アロハ　90
予約方式　90
より対線　56

ラ 行

ラインドール　213
ラベル　132
ラベル多重　136

ランダムアクセス方式　83
ランダム到着　231
リーキィバケットアルゴリズム　154
リード-ソロモン符号　74
離散メディア　3
リップシンク　50
リトルの公式　234
リピータ　97
量子化　3
リンク状態データベース　148
リンク状態パケット　148
リンク状態ルーティング　144
リンク制御プロトコル　124

ルータ　6, 30, 132
ルーティング　20, 30, 143
ルーティング表　143
ルート　20, 30
ルートCA　215
ルート証明機関　33
ルートネームサーバ　203

レスポンス　119
連結・分離　29
連接符号　78
連続ARQ　22
連続メディア　3

ローカルエリアネットワーク　8
ロールコールポーリング　91
ロボット型検索エンジン　208
論理リンク制御副層　38
論理リンク制御プロトコルデータ単位　100

ワ 行

ワイファイアライアンス　105

著者略歴

田坂　修二（たさか　しゅうじ）

1971 年	名古屋工業大学工学部電気工学科卒業
1973 年	東京大学大学院工学系研究科 電子工学専門課程修士課程修了
1976 年	同博士課程修了，工学博士
2012 年まで	名古屋工業大学大学院工学研究科 情報工学専攻教授
専門分野	情報ネットワーク
現　在	名古屋工業大学名誉教授

主要著書

Performance Analysis of Multiple Access Protocols
(MIT Press, 1986)

情報システム工学＝MKC-3

情報ネットワークの基礎 [第 2 版]

2003 年11月25日 ©	初　版　発　行
2013 年 1 月25日	初版第7刷発行
2013 年11月10日 ©	第 2 版　発　行
2025 年 2 月10日	第 2 版7刷発行

著者　田坂修二	発行者　田島伸彦 印刷者　中澤　眞 製本者　小西惠介

【発行】　　　　株式会社　数理工学社
〒151-0051　東京都渋谷区千駄ヶ谷 1 丁目 3 番25号
編集 ☎(03)5474-8661(代)　　サイエンスビル

【発売】　　　　株式会社　サイエンス社
〒151-0051　東京都渋谷区千駄ヶ谷 1 丁目 3 番25号
営業 ☎(03)5474-8500(代)　　振替 00170-7-2387
FAX ☎(03)5474-8900

組版　ゼロメガ
印刷　シナノ　　製本　ブックアート

《検印省略》

本書の内容を無断で複写複製することは，著作者および出版者の権利を侵害することがありますので，その場合にはあらかじめ小社あて許諾をお求め下さい．

ISBN978-4-86481-008-1
PRINTED IN JAPAN

サイエンス社・数理工学社のホームページのご案内
http://www.saiensu.co.jp
ご意見・ご要望は suuri@saiensu.co.jp まで